Pythonによる実践Webサービス開発

作ってわかる［入門］Streamlit

著 豊沢 聡

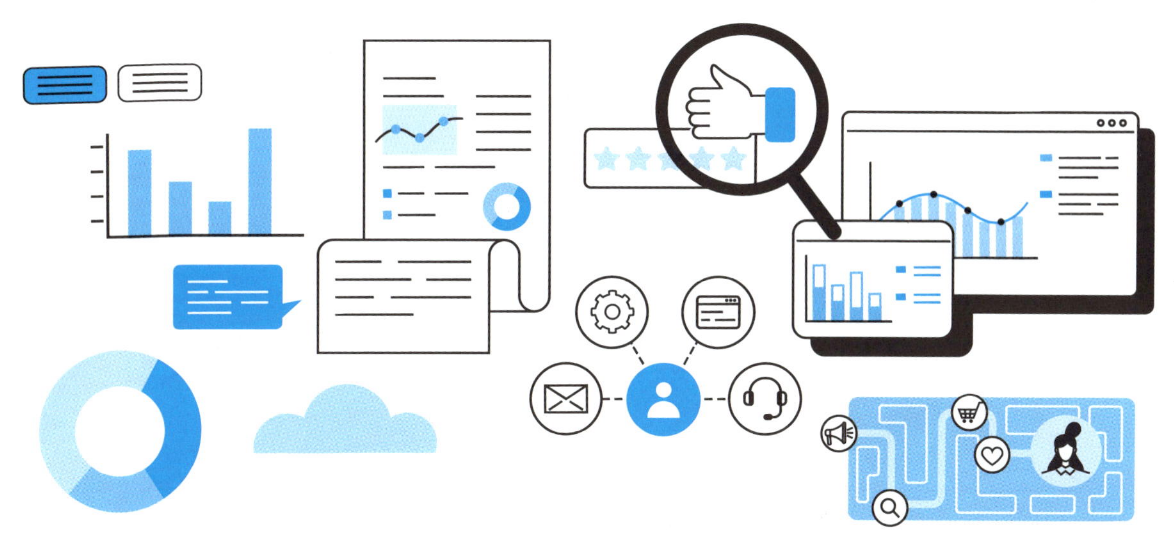

技術評論社

●本書をお読みになる前に

・本書に記載された内容は、情報の提供のみを目的としています。したがって、本書を用いた運用は、必ずお客様自身の責任と判断によって行ってください。これらの情報の運用の結果について、技術評論社および著者はいかなる責任も負いません。
・本書記載の情報は、2024年10月現在のものを掲載していますので、ご利用時には、変更されている場合もあります。
・本書で紹介するソフトウェア／Webサービスはバージョンアップされる場合があり、本書での説明とは機能内容や画面図などが異なってしまうこともあり得ます。

以上の注意事項をご承諾いただいたうえで、本書をご利用願います。これらの注意事項をお読みいただかずに、お問い合わせいただいても、技術評論社および著者は対処しかねます。あらかじめ、ご承知おきください。

●商標、登録商標について

はじめに

Streamlit（ストリームリット）は、PythonスクリプトをWebアプリケーションに生まれ変わらせるフレームワークです。

ソフトウェア開発、研究や調査のデータ処理、あるいは業務手続の自動化などのため、わたしたちは、これまでに何本ものPythonスクリプトを書いてきました。しかし、データの可視化やグラフィカルユーザインタフェースまで作り込むことは、そうはなかったはずです。結果はCSVで出力し、グラフ化はExcelに頼ったということが何度もあったでしょう。pandasの作図機能やMatplotlibを利用したことはあっても、表データと複数のグラフを１枚のページに統合したり、インタラクティブにパラメータを操作する機能を加えたりすることでアプリケーション化したことは、まれだったと思います。

本人あるいは身近な同僚たちだけで使っているぶんには無骨でもよいのですが、第三者に使ってもらうには、それなりのヒューマンインタフェースが求められます。しかし、プルダウンメニューやファイル入力のGUIを加え、誰でも使えるアプリケーションに改築するには、それなりの修行が必要です。

そんなときこそ、Streamlitの出番です。

Streamlitは、標準的な枠組みやテンプレートを提供することで開発の手間を省いてくれる、Webアプリケーションフレームワークと総称されるライブラリです。このカテゴリーのソフトウェアには、GUIコンポーネントだけを提供する低レベルなものから、１行でアプリを書けてしまうほどの高水準のものまで含まれますが、Streamlitは後者に属します。

既存のPythonスクリプトは、Streamlitコマンドを組み込むだけでWebアプリケーション化できます。表形式のデータは、インタラクティブな表やグラフとして表示できます。パラメータも、プルダウンメニューやラジオボタンから直感的にコントロールできます。さらには、ネットワーク経由でアクセスできるので、同僚、共同研究者、顧客、納入先、友人、知人、あるいは好事家仲間など、広い範囲でのシェアが可能になります。

それも、たった数行です。次に、pandasのデータを表とグラフで示すアプリケーションを示します。

リスト1 introduction.py

```
1    import pandas as pd
2    import streamlit as st
3
4    csv_file = st.file_uploader('人口データを入力してください')
5    if csv_file:
6        df = pd.read_csv(csv_file, index_col='Prefecture')
7        cols = st.columns([1,3], vertical_alignment='center')
8        cols[0].dataframe(df)
9        cols[1].bar_chart(df)
```

　仕上がりを図1に示します。データのダウンロード、拡大縮小、ソートといった機能もデフォルトで付いてきます。

図1 Streamlit 画面例。9行のコードでここまで表現できる

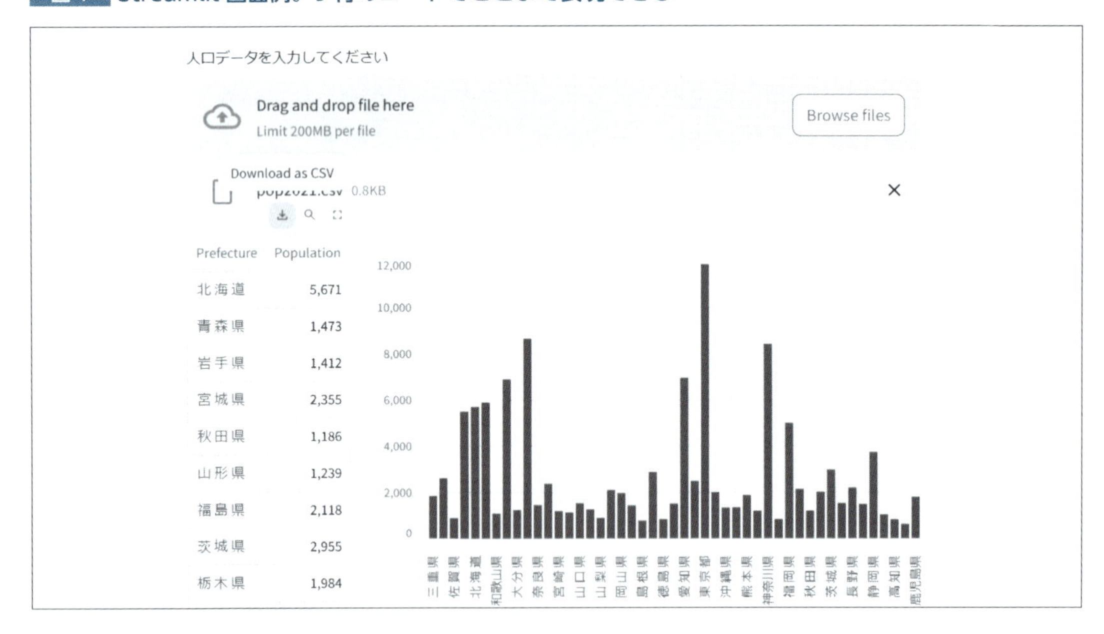

　プログラムの6行目を、既存のデータ処理部分と考えてください。取り組んでいる課題

の複雑さに応じて、ここはいくらでも長くなります。しかし、ファイルアップロードのインタフェース、表データおよび棒グラフの生成と貼り付けといったWebアプリケーション化の部分はたったの5行です。

Streamlitには Webサーバ機能も備わっているので、すぐにローカル運用ができます。フリーのコミュニティクラウドがStreamlitから提供されているので、インターネットでの展開もできます。

Streamlitを紹介する記事や書籍は、機械学習やデータサイエンスを絡めたものが大半ですが、Web化したいのはそれらの分野ばかりではないはずです。本書では次のように、より幅広くユースケースを示します（⚙はAI技術を用いたもの）。

- チートシート（表形式の静的なページ。アプリケーションのマニュアルを用意するときに必要です）。
- テキスト分析（青空文庫のテキストからのワードクラウドの生成、感情分析⚙）。
- チャットボット（入力テキストへのルビ振り、精神科セラピー、通訳⚙）。
- 画像処理（フォーマット変換、ポスタリゼーション）。
- カメラ映像処理（顔検出⚙、アニメ絵化）。
- テキスト起こし（音声データファイルの文字化⚙）。
- データアプリケーション（総務省のデータをスクレイピングしてグラフ化）。
- ブラックジャック（トランプゲーム）。

Pythonプログラムを共有あるいは公開したくなったことは、少なくとも1回以上はあるでしょう。そんなときはGitHubのリンクを渡したり、スクリプトとデータをまとめたZipファイルを引き渡したりするわけですが、送り手も受け手も面倒です。しかし、Webアプリ化しようと思い立っても、厳しい修行を要するフレームワークやサーバ運用が必要だとわかると、そこまでの手間をかける暇はない、とあきらめたことでしょう。

Streamlitは、そんな人たちのためにあります。

2025年2月
豊沢 聡

■本書の構成

本書はWebアプリケーションのユースケース単位で章立てしています。

- 第１章　Hello World
- 第２章　チートシート
- 第３章　テキスト分析
- 第４章　チャットボット
- 第５章　画像処理
- 第６章　カメラ映像処理
- 第７章　テキスト起こし
- 第８章　データアプリケーション
- 第９章　ブラックジャック

話はそれぞれ独立しているので、どこから読み始めてもかまいません。ただし、第１章は「Hello World」を題材にしつつ、サーバの設定やコミュニティクラウドへのアプリケーション展開の方法を説明しているので、最初に目を通してください。

第１章を除く各章では、目的のタスクをこなすPythonプログラムがすでにあり、それをStreamlitに組み込む、という流れで話を進めます。たとえば、第３章のテキスト分析では、青空文庫からHTTPリクエストを介してテキストを取得・整形するプログラム、テキストデータからワードクラウドを生成するプログラム、テキストの感情分析を行うプログラムの３本があり、それらをStreamlitで統合するという形になっています。組み込むプログラムの構成にも触れますが、その背後のサードパーティライブラリについては、使っている機能のみ説明します。

Streamlitの機能は順に説明していくので、説明されずに使われているStreamlitコマンドがあれば、それよりも前の章を参照してください。掲載したコマンドの一覧は付録Cに章節番号付きで示したので、そちらから探せます。HTMLに慣れた読者なら、HTMLタグとStreamlitコマンドの対照表（ただし本書で紹介したコマンドのみ）を付録Dに用意したので、そちらから逆引きもできます。

Streamlitアプリケーションをコミュニティで公開するには、ソースコードをGitHubに置かなければなりません。GitHubのアカウントがない読者は付録Aを参照してください。

Streamlitで装飾したテキストを書くときは、マークダウンと呼ばれる簡易マークアップ言語が主として使われます。不慣れなら、付録Bを参照してください。文法はシンプルなので、すぐに理解できます。

参考資料は、本文中にQRコードで示しました。紙の書籍をご利用の方は、スマートフォンのカメラなどから当該ページにアクセスできます。リンクは本書執筆時点のものです。リンク先が見当たらないときは表題から検索してください。

■注意事項

以下、本書で注意すべき点を説明します。

●実行環境

本書はWindowsあるいはWindows Subsystem for Linux（WSL）をターゲットに説明しています。したがって、用例のプロンプトマークは`C:\temp>`または`$`です。Pythonのインタラクティブモードから用例を示しているときのプロンプトは`>>>`です。

言語環境はPythonです。Streamlit自体はバージョン3.9以降でサポートされています。自分の環境が最新でなければ、これを機会にアップデートするとよいでしょう。

Pythonはプラットフォーム非依存なのでOSは問いませんが、ネットワークまわりやセキュリティ関連でOS固有の問題が生じるかもしれません。そうしたときは、それぞれのOSを参照してください。

本書は言語としてのPythonそのものの指南書ではないので、一般的な用法は説明しません。細かい点はPythonのリファレンスを参照してください。

Python 3 ドキュメント
https://docs.python.org/ja/3/

●サンプルスクリプト

本書掲載のスクリプトは、技術評論社のサポートページからダウンロードできます（以下、本書ダウンロードパッケージ）。このパッケージにはリンク付きの参考文献集も含まれています[注1]。

注1　技術評論社の本書のサポートページ：https://gihyo.jp/book/2025/978-4-297-14764-8。ダウンロード用パスワード：5treaml1tBOOK。

ソースファイルはCodesディレクトリに、章単位のサブディレクトリに分けて収容しています。たとえば、第6章のカメラ映像処理アプリケーションならCodes/videoです。

サンプルスクリプトは、目的を達成できる最小限の内容で書かれています。例外にはほとんど対処しないので、エラー終了することもあります。また、読みやすさを優先しているので、あえて効率的には書いていないところもあります。

本書の目的は、即座に利用できるスクリプトを提供することではなく、Streamlitによ るWebサービス構築方法を示すところにあります。アプローチの仕方がわかったら改造する、他と組み合わせるなど、いろいろと試してください。

●外部データ

本書のアプリケーションは各種の外部データを利用します。テキスト分析なら青空文庫、表データなら総務省の公開しているExcelファイルなどです。AI技術を使うときは、そのモデル定義ファイルなども外部からダウンロードします。

大半のデータはアプリケーション実行時にダウンロードされますが、一部、サーバローカルに用意しておかなければならないものもあります。これらローカルファイルの一部は、ソースファイル直下のdataディレクトリに収容してあります。たとえばCodes/video/dataです。

外部データの仕様、整形など解析の方法は、各章の冒頭で示します。

●外部ライブラリ

Streamlitも含めて、本書で直接的に導入する外部ライブラリは次のとおりです（アルファベット順）。

```
acceptlang
janome
jinja2
numpy
openai-whisper
opencv-python
openpyxl
pandas
pillow
pykakasi
```

```
requests
sentencepiece
streamlit
transformers["ja"]
wordcloud
```

外部ライブラリのリストはソースファイルのCodes/requirements.txtに収容してあります。すべてインストールするときは、次のようにpipを実行します。

```
$ pip install -r requirements.txt
```

Python仮想環境（venv）を用いているならば、仮想環境をアクティベートしてからインストールしてください。

本書は、外部ライブラリを必要に応じて使います。その都度、必要なところは説明しますが、そのライブラリの全体像は示しません。細かい点は、そのライブラリのオンラインリファレンスなどを参照してください。

● Streamlitのバージョン

本書は、2024年10月1日リリースのバージョン1.39.0をベースにしています。

Streamlitは毎月のようにマイナーリリースを繰り返します。基本構造にさほど変わりはありませんが、コンポーネントの配置やメッセージの文言が変わったり、新規にパラメータが追加されたり、細かいところが本書と異なることもあります。そうしたときは、1.39.0のリファレンス、あるいは実際の挙動に合わせて本書の記述を読み替えてください。

たとえば、2024年11月6日リリースのバージョン1.40.0では、1.6節で用いているst.textのフォントが等幅からプロポーショナルに変わりました。本文の「等幅」という説明は変更していないので、「プロポーショナル」と読み替えてください。

リリースノートは次のURLから確認できます。

Streamlit “Release Notes”
https://docs.streamlit.io/develop/quick-reference/release-notes

● Streamlitリファレンス

Streamlitのトップページ（図2）には次のURLからアクセスできます。

Streamlit
https://streamlit.io/

図2 Streamlitのトップページ

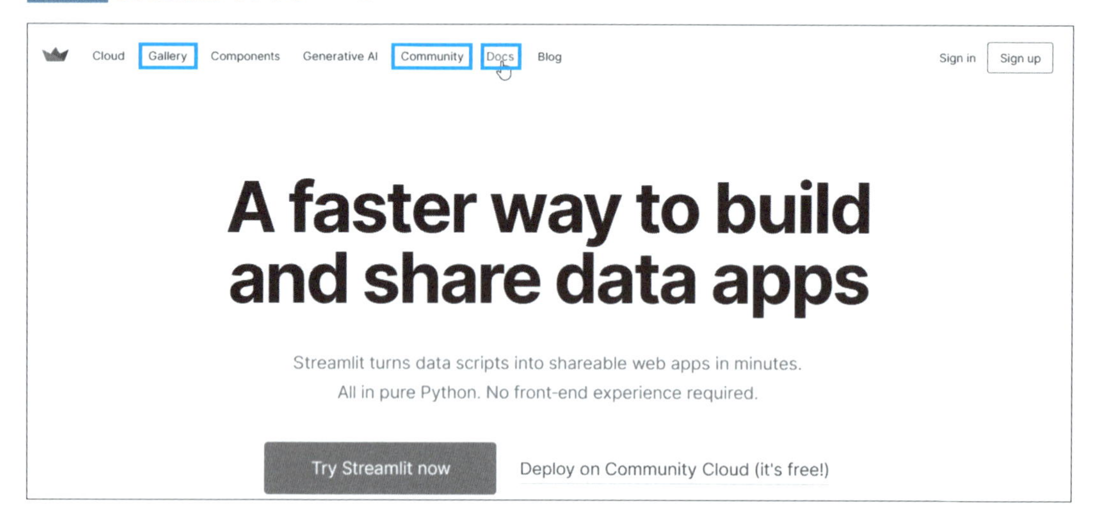

画面上端にメニューが並んでいます。

とくに注目すべきは左から2番目の［Gallery］で、コミュニティクラウドに展開されているアプリケーションの中でも精選されたものが展示されています。「トレンド」や「LLM」（大規模言語モデル）などカテゴリー別に分類されてるので、好みの分野でどのようなアプリケーションが作れるかを確認できます。

同じように重要なのは、APIなどのリファレンスを示した［Docs］です。リファレンスは4章に分かれていますが、最も頻繁に参照することになるのは、「Develop」章の「API reference」です。ここにはカテゴリー別にウィジェットなどの要素の関数定義（シグニチャ）が示されています。図3に、「Write and magic」節の`st.write`のページを参考までに示します。

図3 Streamlit API リファレンスの st.write のページ

探しているコマンドがどの節にあるかは慣れないとわかりませんが、見つけられないときはページ上部の［Search］フィールドから検索します。

コマンド名の右側に「Version」と書かれたプルダウンメニューがあります。探しているコマンド、あるいは特定の引数がリファレンスに見当たらないのなら、そのとき読んでいるリファレンスのバージョンが異なります。プルダウンメニューから自分の使用しているStreamlitのバージョンのリファレンスを参照してください。あるいは、pip installコマンドからStreamlitをアップデートします。

```
$ pip install -U streamlit
```

使用しているバージョンはpip showコマンドから確認できます。

```
$ pip show streamlit | grep Version
Version: 1.39.0
```

あるいは、コマンドstreamlit（1.4節）でも確認できます。

```
$ streamlit --version
Streamlit, version 1.39.0
```

メニュー項目［Community］からアクセスできるユーザフォーラムには、Q&Aやアナウンスメントが掲示されています（図4）。リファレンスで不明な点は、しばしばここの質問と回答から見つけられます。ユーザフォーラムにポストするには、1.7節で解説するStreamlitコミュニティクラウドのアカウントが必要です。

Streamlit ユーザフォーラム
https://discuss.streamlit.io/

図4 Streamlit ユーザフォーラム

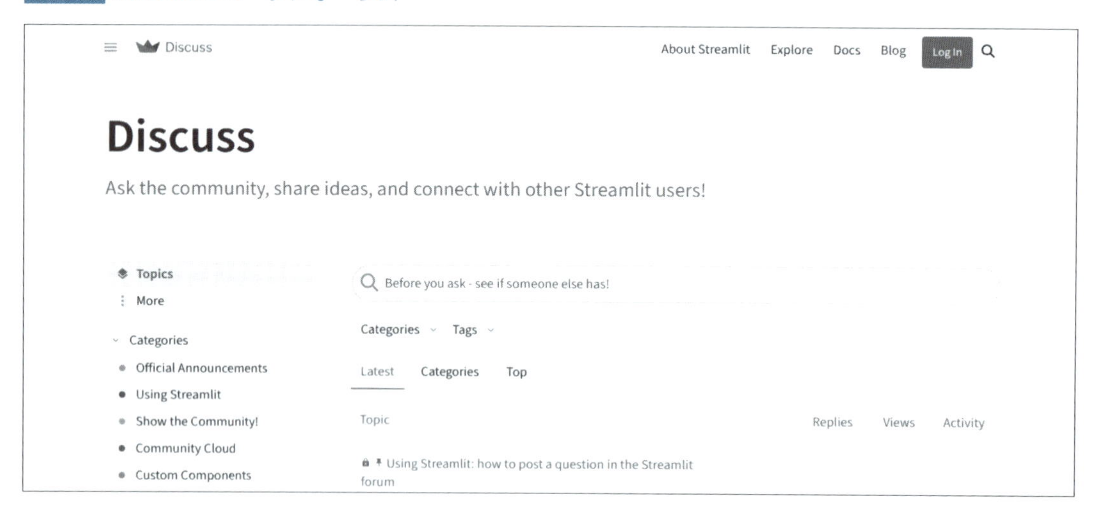

目次

第2章　チートシート　37

第3章 テキスト分析 61

第4章　チャットボット　125

第5章 画像処理 155

第6章 カメラ映像処理 203

付録A　GitHub　333

付録B　マークダウン記法　343

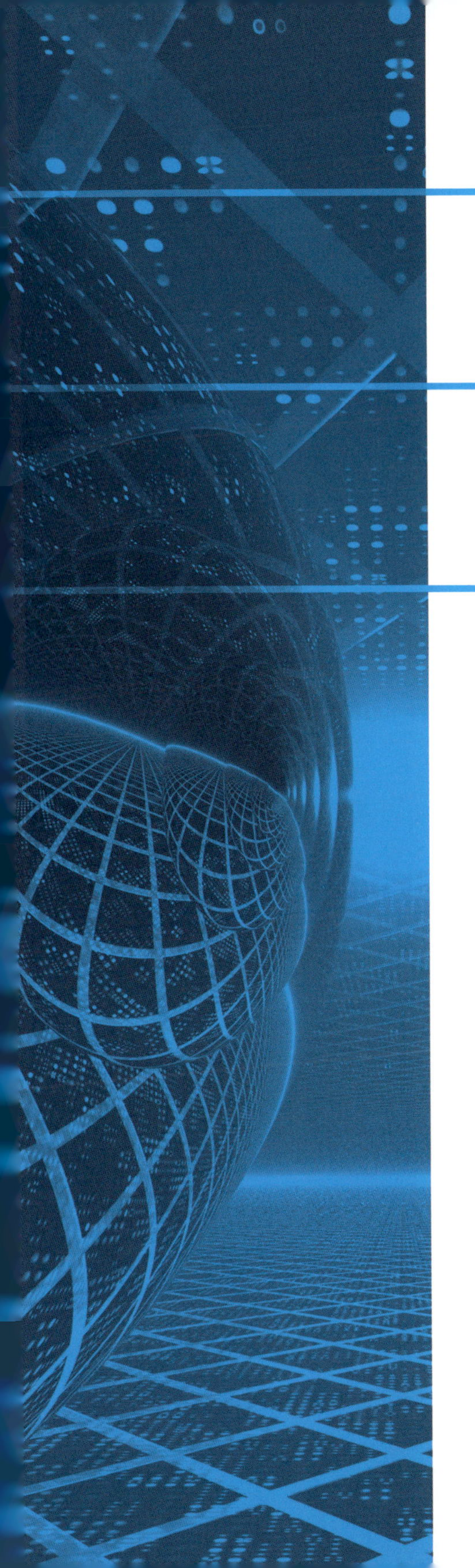

第1章

Hello World

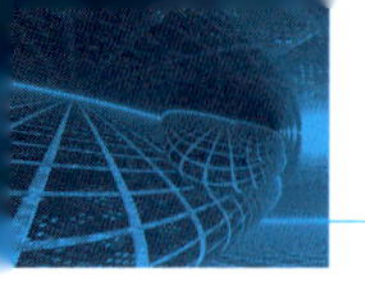

1.1　目的

●アプリケーションの仕様

はじめてのプログラムといえば、もちろん「Hello World」です。
図1.1に画面を示します。

図1.1　Hello Worldアプリケーション（hello_world.py）

本章ではこのアプリケーションの作成をつうじて、Streamlitの導入とサーバの設定方法を説明します（1.4、1.5節）。また、アプリケーションをインターネットに公開するのに必要な、Streamlitコミュニティクラウドの登録と利用の方法も示します（1.7、1.8節）。

Hello Worldアプリケーションは、HTMLの<h1>に相当するサイズで「Hello World」を表示し、まわりながら降ってくる雪の結晶のアニメーションを背景で示します（1.6節）。

●紹介するStreamlitの機能

本章では次のStreamlitの機能を紹介します。

- ローカルでStreamlitサーバを起動する実行コマンド（`streamlit run <script>`）。
- ローカルサーバの設定ファイル（`config.toml`）。
- アプリケーションタイトルの表示（`st.title`）。HTMLでは<h1>に相当します。加えて、<h2>と<h3>に相当する`st.header`と`st.subheader`も取り上げます。
- 降雪アニメーション（`st.snow`）。
- 各種のテキスト修飾コマンド（`st.caption`、`st.text`、`st.code`）。HTMLではそれぞれ<caption>、<pre>、<code>に相当します。

付録（1.9節）では次の機能を紹介します。

- カラフルな風船が空に昇るアニメーション（st.balloons）。
- コードを表示するとともに実行するコマンド（st.echo）。

●コード

本章で掲載するファイル名付きのコードは、本書ダウンロードパッケージのCodes/helloworldディレクトリに収容してあります。サーバとの通信をHTTPS化するための自己署名証明書および秘密鍵は、サンプルをCodes/helloworld/dataに置きました。

1.2 外部データについて

本章のアプリケーションでは、外部のデータは利用しません。

1.3 外部ライブラリについて

本章のアプリケーションでは、サードパーティのPythonパッケージは使用しません。

1.4 Streamlitの導入

●インストール

開発環境にPythonがあることを確認したうえで、pip installコマンドからStreamlitをインストールします（Python仮想環境を利用しているなら、venvで環境をアクティベートしてから）。

```
$ pip install streamlit
```

pip showコマンドからパッケージがインストールされた場所、依存関係にあって同時にインストールされたパッケージなどが確認できます。

```
$ pip show streamlit
Name: streamlit
Version: 1.39.0
Summary: A faster way to build and share data apps
Home-page: https://streamlit.io
Author: Snowflake Inc
Author-email: hello@streamlit.io
License: Apache License 2.0
Location: /home/user/Streamlit/venv/lib/python3.12/site-packages
Requires: altair, blinker, cachetools, click, gitpython, numpy, packaging,
 pandas, pillow, protobuf, pyarrow, pydeck, requests, rich, tenacity, toml,
 tornado, typing-extensions, watchdog
Required-by:
```

●ライセンス

pip showの出力には、適用される使用許諾条件も示されます（License）。Apache License 2.0はOpen Source Group Japanが日本語訳を提供しているので、目を通してください。URLは次のとおりです。

Apache License, Version 2.0（日本語訳）
https://licenses.opensource.jp/Apache-2.0/Apache-2.0.html

オリジナルの英語版はこちらです。

Apache License, Version 2.0（英語オリジナル）
https://www.apache.org/licenses/LICENSE-2.0

●サーバ起動

Streamlitをインストールすれば、HTTPサーバのstreamlitスクリプトも同時に導入されます。ユーザレベルでインストールしたときは、スクリプトは通常、次のディレクトリに置かれます。

- Unix系：~/.local/bin（仮想環境venvの下ではvenv/bin）。
- Windows：パッケージがインストールされたディレクトリ（pip showのLocation参照）。

コンソールから起動するときは、引数にスクリプト名を指定します。試せるスクリプトが手元になければ、内部に用意されたデモ用のhelloを試せます。

```
$ streamlit hello
```

初回はいろいろなメッセージが示されますが、まずは先に、このサーバにアクセスしたブラウザの画面を図1.2に示します。

図1.2 サーバのデモ用helloアプリケーション

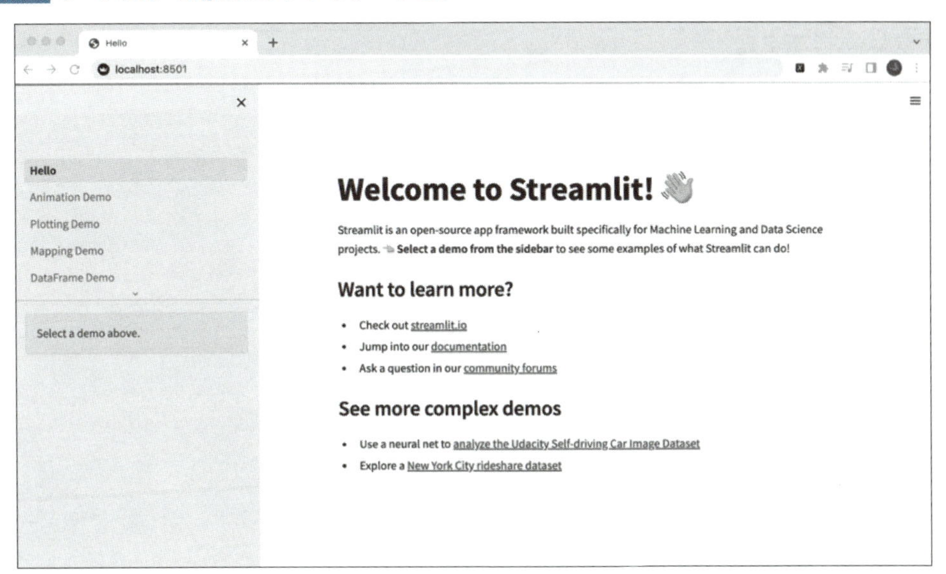

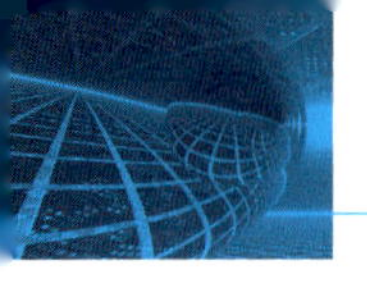

●初回の挨拶

起動時の挨拶はバージョンによって異なるので、細かいことは気にしなくても大丈夫です。次のように「お知らせなどが入用なら、メールアドレスを教えてね」と訊かれるかもしれません。

```
👋 Welcome to Streamlit!

If you'd like to receive helpful onboarding emails, news, offers, promotions,
and the occasional swag, please enter your email address below. Otherwise,
leave this field blank.

Email:
```

ブランクのままEnterで問題ありません。

●利用状況の収集

次のメッセージは、デフォルトで利用状況を収集すると述べています（細かい文言は違っても大意は同じです）。

```
You can find our privacy policy at https://streamlit.io/privacy-policy

Summary:
- This open source library collects usage statistics.
- We cannot see and do not store information contained inside Streamlit apps,
  such as text, charts, images, etc.
- Telemetry data is stored in servers in the United States.
- If you'd like to opt out, add the following to ~/.streamlit/config.toml,
  creating that file if necessary:

  [browser]
  gatherUsageStats = false
```

利用状況の収集を無効化する方法は次節で説明します。

●サーバへのアクセス

Streamlitでサーバを起動すると、毎回、次のようにサーバへのアクセスURLが示されます。

```
  You can now view your Streamlit app in your browser.

  Local URL: http://localhost:8501
  Network URL: http://192.168.0.10:8501
  External URL: http://xxx.xxx.xxx.xxx:8501
```

- `Local URL`：サーバマシン内（自機）からアクセスするとき。`localhost`は`127.0.0.1`または`::1`のループバックアドレスです。
- `Network URL`：サーバの所属するローカルネットワーク内からアクセスするとき。IPアドレスは、そのホストのプライベートIPアドレスです。
- `External URL`：インターネット（外部）からアクセスするとき。IPアドレスは、インターネットプロバイダが境界のルータに付与したグローバルIPアドレスです。ルータでポートフォワーディングを設定しなければ利用できません。

URLスキームが`http`であることからわかるように、デフォルトでは通信は平文で行われます。

ポート番号のデフォルトは8501番です。サーバを複数起動すると、8502番、8503番、…と、続き番号が用いられます。

ポート番号や待ち受けIPアドレスの変更、通信をTLS/SSLでセキュアにする方法は、次節で説明します。

●gio エラー

バージョンによっては、起動時に次のエラーメッセージが表示されることがあります。

```
gio: http://localhost:8501: Operation not supported
```

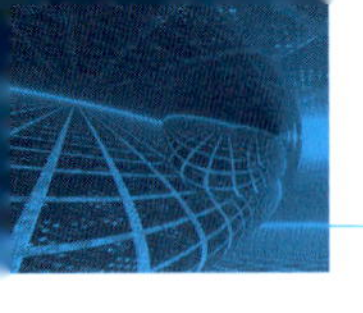

Streamlitがブラウザも自動で開こうとして、失敗しているだけです。クライアントくらい自分で起動できるので、気にしなくても結構です。気になるなら、Streamlitにブラウザを開かせないように設定します。これも次節で説明します。

●ファイアウォールの設定

サーバホストでは、他のホストからアクセスできるように明示的にファイアウォールに許可を与えなければなりません。

Windows DefenderはデフォルトでTCP 8501番を開いていないので、最初にアクセスしたときにOSから許可が懇請されます。

図 1.3　所定の TCP ポートを開くのを許可する（Windows）

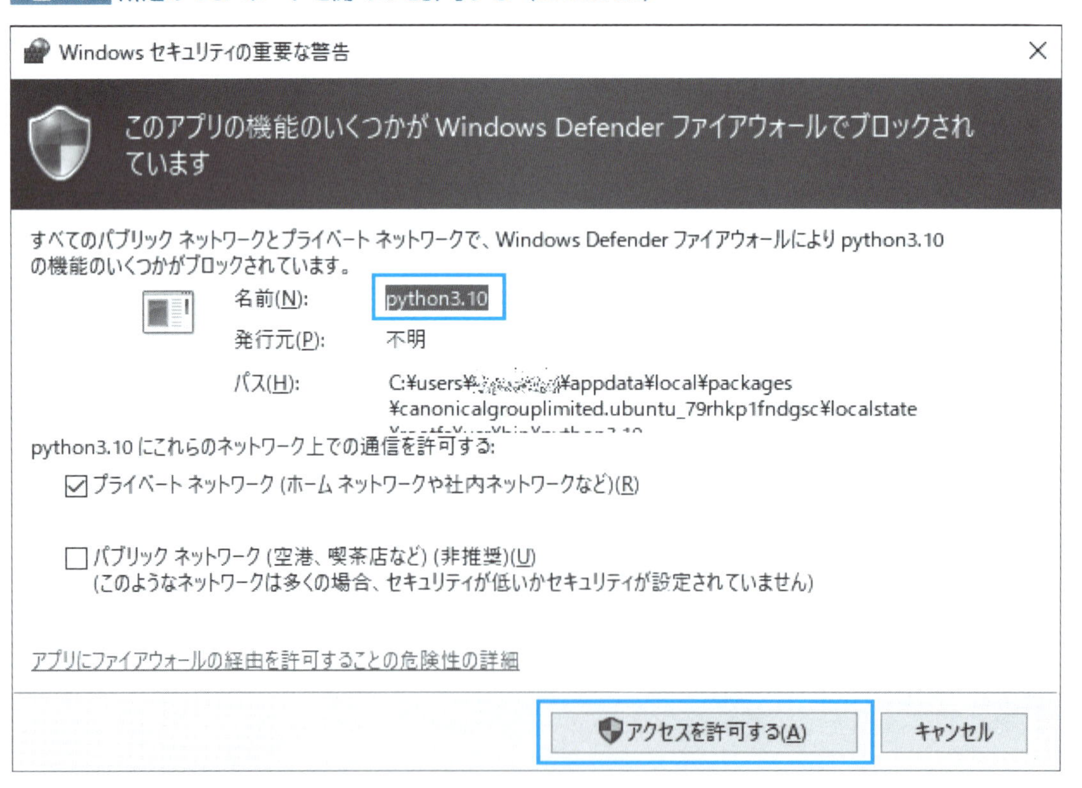

適宜許可を与えてください。

1.5 サーバの設定

●設定の変更方法

本節では、利用状況の収集、ブラウザ起動、サーバのバインドアドレスおよびポート番号、TLS/SSLの証明書、マジックの設定変更方法を示します。

設定は次の4か所から変更できます。

- グローバル設定ファイル：ファイルはUnix系なら`~/.streamlit/config.toml`、Windowsなら`%userprofile%/.streamlit/config.toml`です。このファイルはデフォルトでは用意されていません。
- 個別の設定ファイル：ファイル名はグローバル設定と同じですが、実行するアプリケーションファイルと同じディレクトリの`.streamlit`ディレクトに置きます。つまり、`./.streamlit/config.toml`です。
- 環境変数：変数名は`config.toml`のパラメータ名から、固定文字列`STREAMLIT_`、セクション名、設定キーを大文字スネークケースで連結して形成します。たとえば`[server]`セクションの`port`なら`STREAMLIT_SERVER_PORT`です。
- 実行時のコマンドライン引数：引数名は環境変数の変数名と同じ要領で形成しますが、ドット連結にします。設定キーはもともと小文字キャメルケースなので、これは分割せずにそのまま使います。たとえば、`streamlit run your_script.py --server.port 80`です。

同じパラメータが複数の方法で指定されているときの優先順位は、上記の逆順です（最優先はコマンドライン）。

ここでは、`config.toml`の設定方法を示します（グローバル、個別共通）。ファイルはTOMLという、どことなく`.INI`ファイルに似た形式で書かれているので、細かい仕様は知らずとも支障はありません。興味があれば、次のURLを参照してください。

TOML "A config file format for humans"

https://toml.io/ja/v1.0.0

●設定の確認

現在設定されているパラメータとその値の一覧はstreamlit config showコマンドから得られます（右側のコメントは筆者の補記）。

```
$ streamlit config show

# Below are all the sections and options you can have in
~/.streamlit/config.toml.
⋮
[server]                                                    # セクション名

# List of folders that should not be watched for changes.   # 概要
# Relative paths will be taken as relative to the current working directory.
# Example: ['/home/user1/env', 'relative/path/to/folder']

# Default: []                                               # デフォルト値
# folderWatchBlacklist = []                                 # デフォルトのまま
⋮
```

ファイルは.INIのように半角角括弧[]でくくられたセクションに分かれています。セクションには次のものがあります。

```
[global]   [logger]   [client]   [runner]
[server]   [browser]  [mapbox]   [theme]
```

セクション配下のエントリは概要、デフォルト値、「キー = 値」で構成されています。概要やデフォルト値は#で始まるコメント行として示されます。「キー = 値」もデフォルトのままなら#で始まるコメントになっています。設定されていれば、エントリは次のようにじか書きになります。

```
# Default: 8501
# The value below was set in /home/user/.streamlit/config.toml
port = 8080                                                 # 変更あり
```

変更をもたらした方法も併せて示されます。ここでは、ポート番号の変更がグローバル設定ファイルに記述されていることがわかります。

●利用状況収集をオフ

Streamlitは、デフォルトで利用統計を自動収集するように設定されています。この挙動を止めるには、[browser]セクションのgatherUsageStatsにfalseをセットします（真偽値の先頭文字が小文字なのに注意）。

```
# Default: true
# The value below was set in /home/user/.streamlit/config.toml
gatherUsageStats = false
```

データ収集のプライバシーに関わる通知事項は、次のURLから確認できます。

Streamlit "Privacy notice"
https://streamlit.io/privacy-policy

●ブラウザ起動をオフ

サーバ起動時にブラウザを開くのを抑制する（gioエラーメッセージを出さないようにする）には、[server]セクションのheadlessにtrueをセットします。

```
# If false, will attempt to open a browser window on start.

# Default: false unless (1) we are on a Linux box where DISPLAY is unset, or
# (2) we are running in the Streamlit Atom plugin.
# The value below was set in /home/user/.streamlit/config.toml
headless = true
```

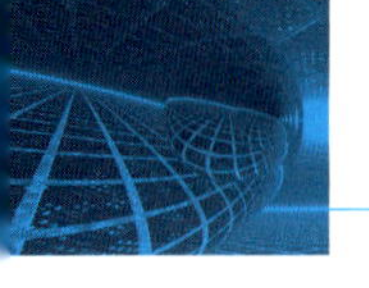

●バインドアドレスとポート番号

サーバのバインドアドレス（リッスンするIPアドレス）は[server]セクションのaddressキーから、ポート番号も同じ[server]セクションのportキーから、それぞれ変更します。

```
[server]
address = "192.168.0.10"
port = 8080
```

アドレスは文字列なので二重引用符でくくります。ポート番号は数値なので、そのまま書きます。

●HTTPSアクセス

サーバのHTTPセッションは平文（暗号化されていないTCP）を介します。URLスキームでいえばhttp://です。TLS/SSLを介したHTTPS通信にするには、[server]セクションのsslCertFileにサーバ証明書ファイルを、sslKeyFileにプライベートキーファイルを指定します。次に例を示します。

```
[server]
sslCertFile = "data/ServerCertificate.crt"
sslKeyFile = "data/ServerPrivate.key"
```

テスト用に、本書ダウンロードパッケージのhelloworld/dataに自己署名証明書（self-signed certificate）を用意しました。パスフレーズはpassphrase.txtにあります。もっとも、自己署名証明書はOpenSSLがあればいつでも作れるので、検索して試してください。

●マジックの抑制

Streamlitには、Pythonインタラクティブモード（REPL）のように、リテラルや変数の評価結果をページに表示する「マジック」と呼ばれる機能があります。これは便利ですが、コメントとしても使われる3連引用符の中身も表示されるという副作用があります（関数やクラスのdocstringは無視するので問題ありません）。

次のコードを考えます。

リスト1.1 magic_disable.py

```
1    import streamlit as st
2
3    '''これはテスト用です。'''
```

実行結果を図1.4に示します。コメントのつもりが、画面に表示されています。

図1.4 マジックが発動すると、3連引用符コメントが表示される（magic_disable.py）

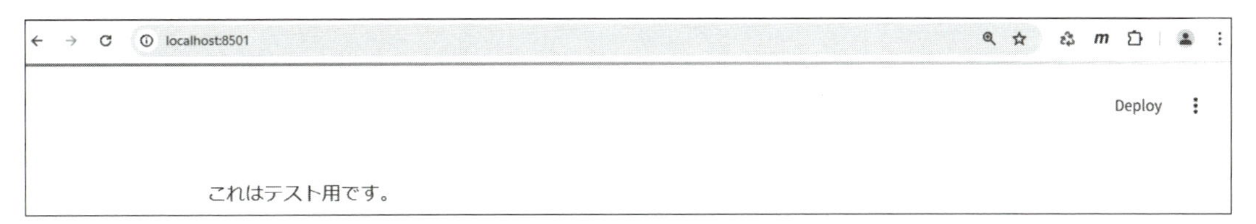

マジックを抑制するには、[runner]セクションのmagicEnabledにfalseをセットします。

```
# Allows you to type a variable or string by itself in a single line of
# Python code to write it to the app.

# Default: true
# The value below was set in /home/user/.streamlit/config.toml
magicEnabled = false
```

マジックは2.4節で取り上げます。

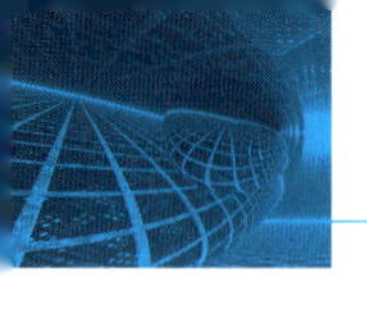

1.6 Hello Worldアプリケーション

●コード

本節では、Hello Worldアプリケーションを順を追って組み立てていきます。最初の段階でのhello_world.pyを次に示します。

リスト1.2 hello_world.py

```
1    import streamlit as st
2
3    st.title('Hello World')
```

●インポート

1行目のimportでは、インポートしたstreamlitモジュールをstという別名でバインドしています。これは標準的なインポート方法で、リファレンスもモジュール名をstとして参照しています。

```
1   import streamlit as st
```

●タイトル表示

3行目のst.titleはStreamlitのコマンドです。HTMLの<h1>に相当する画面要素を配置します。

```
3   st.title('Hello World')
```

第1引数は必須で、タイトル文字列を指定します。HTMLの<h1>と</h1>の間に挟む文字列に相当し、マークダウン記法も使えます。他にもオプション引数がありますが、それらはあとで説明します。

●スクリプトの実行

Streamlitスクリプトをコマンドラインからローカルに実行すると、Webサーバが起動します。

```
$ streamlit run hello_world.py
```

デモアプリケーションと同じようにアクセスURLが示されるので、それに従ってブラウザからアクセスします。実行結果は、降雪アニメーションがないだけで、本章冒頭の図1.1と同じです。

Unix系ならば、次のハッシュバンが便利です。

```
#!/usr/bin/env -S python -m streamlit run
```

envの-Sオプションは--split-stringsの略記で、入力を単語単位に分けてそれぞれを引数とします。

●ビジー

時間のかかる処理の間はページ右上に「RUNNING...」が表示され、その脇にアニメーションが表示されます。

図1.5 ビジー表示

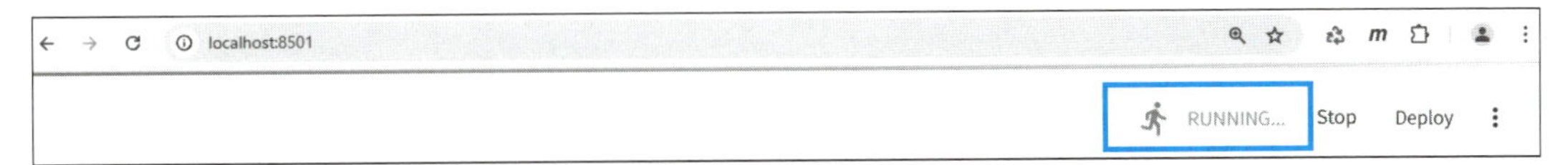

●降雪アニメーションの追加

サーバを実行している状態でも、スクリプトは編集できます。次のように、hello_world.pyスクリプトの4行目に降雪アニメーションを生成する行を追加します。

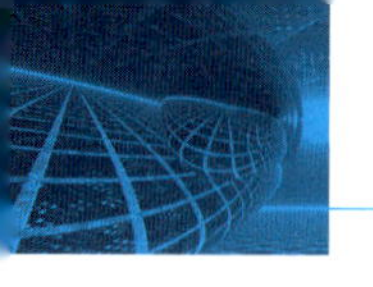

```
4    st.snow()
```

このコマンドには引数も戻り値もありません。

ブロッキング型ではないので、アニメーションの開始直後に次の行に制御が移ります。そのため、st.snowを連続して数回呼び出せば、それらは同時に実行され、豪雪なアニメーションになります。

実行中にスクリプトが編集されると、ページ上端に「Source file changed」と表示されます。見えなければ、右上にある*i*をクリックすることで、その他の項目も含めてメニューが表示されます。

図 1.6　編集すると「Source file changed」と表示される

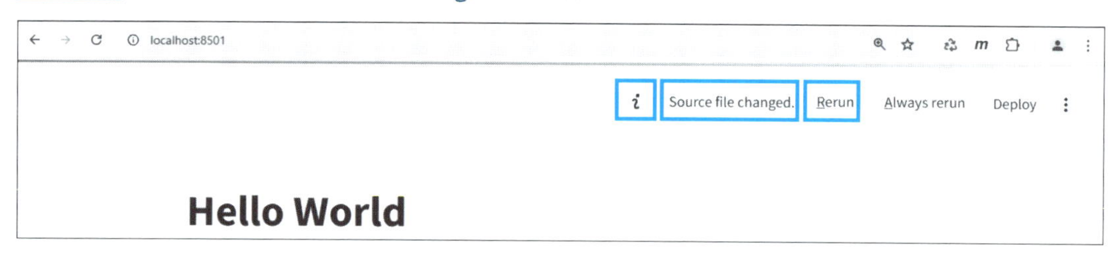

[Rerun] をクリックすれば、更新済みのソースが実行されます。画面とソースが同期すると、*i*は消えます。

図 1.7　画面とソースが同期すると、上部のメッセージが消える

スクリプトにエラーがあれば、起動元のコンソールとブラウザ画面にその旨が表示されます。次の画面例は、st.sno()とミスタイプしたときのものです。

図 1.8 エラー表示例

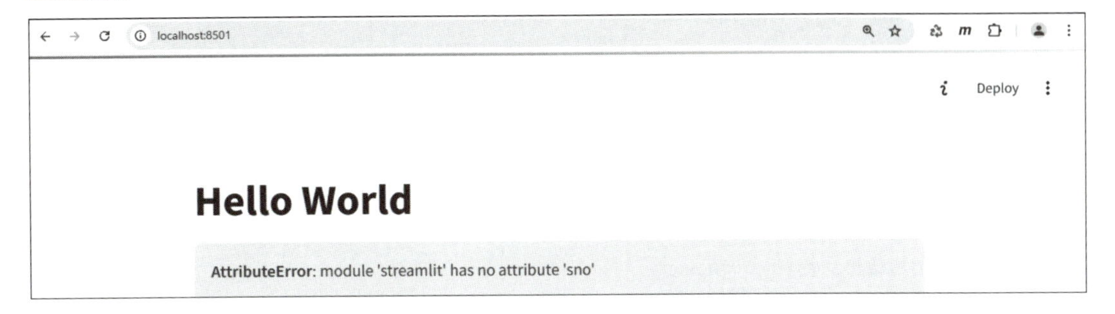

同じようなアイキャッチ機能に、本章付録で取り上げる風船アニメーションもあります。

●章節見出しコマンド

HTMLに見出しタグが何種類かあるように、Streamlitにも章節見出しコマンドが3つ用意されています。st.titleも含めて表1.1に示します。

表 1.1 章節見出しコマンド

コマンド	マークダウン	HTML	意味
st.title	#	<h1>	タイトル
st.header	##	<h2>	大見出し（section、章）
st.subheader	###	<h3>	中見出し（subsection、節）

2列目はマークダウン記法での等価なシーケンス、3列目はHTMLでの等価なタグを示しています。

それぞれの大きさとマージンの塩梅を次のコードで確認します。

リスト 1.3 headings.py

```
1    import streamlit as st
2
3    st.title('title string `<h1>`')
4    st.header('大見出し `<h2>`')
5    st.subheader(
6        body='中見出し `<h3>`',
```

```
7         anchor='title',
8         help='`<h3>`あるいは`###`に相当するStreamlitのコマンド',
9         divider=True
10    )
```

実行例を図1.9に示します。

図1.9 章見出しコマンド（headings.py）

いずれのコマンドでも、第1引数で指定した文字列が印字されます。文字列にはGitHubスタイルのマークダウン記法に加えて、カラーリングや絵文字ショートコードのある拡張機能が使えます（付録B参照）。キーワード名はbodyです（6行目）。

anchorにはアンカー文字列を指定します（7行目）。HTMLでいえば、<a name="xyz">で指定するものです。指定がなければ、bodyから不都合な文字を回避しながら自動生成されます（役物文字を除き、スペースをハイフンに置き換えた小文字ケバブケース）。たとえば、3行目の`st.title('title string `<h1>`')`であれば`#title-string-h1`です。日本語のときは8桁の16進数に置換されます（4行目は`#cfd1ae4f`）。見出し文字列の領域にマウスホバーするとリンクマーク🔗が現れ、ウィンドウ下にセグメントを含むURLが示されます（図1.9では左下に表示）。

helpはツールチップを表示します（8行目）。これは図1.9の「中見出し」の右脇にあるクエスチョンマークに対応し、マウスホバーするとヘルプメッセージが表示されます。このキーワード引数はStreamlitの多くコマンドで採用されており、ボタンクリックの`st.button`やラジオボタンの`st.radio`といったユーザインタフェース系ウィジェットで使えます。

dividerは見出し下に線を引くか否かのオプションです（9行目）。値は色名です。指定可能な文字列はblue、green、orange、red、violet、gray/grey、rainbowのいずれかです（grayとgreyはどちらも同じ灰色）。Trueを指定すると、青緑橙赤紫灰虹の7色を順に使います。

●テキストフォーマットコマンド

これら以外のタイポグラフィ変更コマンドを表1.2に示します。

表1.2 テキストフォーマットコマンド

コマンド	マークダウン	HTML	意味
st.caption	なし	<caption>	図や表の見出し
st.text	`	<pre>	整形済みテキスト
st.code	`	<code>	コード（等幅）

st.captionは図や表の見出しに使うもので、灰色がかった文字色が使われます。Streamlitの表コマンド（st.dataframeなど）には<table>内の<caption>のような見出し機能はないので、このコマンドから別途加えます。ただし、画像を配置するst.imageにはcaptionオプションがあります。st.captionとst.image(caption='...')の違いは6.8節で示します。

st.textはHTMLの<pre>に相当し、等幅フォントで印字をするコマンドです。1行がどれだけ長くても、ブラウザは折り返しません。

st.codeも同様に等幅フォントでの印字コマンドです。HTMLの<code>とおおむね同じですが、インライン要素ではない点が異なります。

いずれのコマンドでも、印字する文字列を第1引数に指定します。st.captionではマークダウン文字列も指定できます。st.textとst.codeでは、マークダウン文字列を指定してもリテラルに表示されます。

st.codeでは、languageキーワード引数から言語を指定するとシンタックスハイライトされます。pythonやjavascriptなどのプログラミング言語だけでなく、tomlのような設定ファイルもサポートされています。デフォルトはNoneで、ハイライトなしです。利用可能な言語のリストは次のGitHubのページから調べられます。

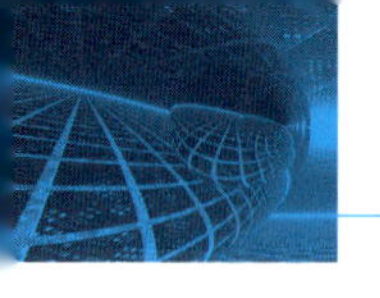

GitHub “React Syntax Highlighter”

https://github.com/react-syntax-highlighter/react-syntax-highlighter/blob/master/AVAILABLE_LANGUAGES_PRISM.MD

st.codeにはline_numbersキーワード引数もあり、Trueを指定すれば行番号を振ってくれます。デフォルトはFalse（番号なし）です。

次のコードから、以上3点のコマンドを試します。

リスト1.4 texts.py

```
1   import streamlit as st
2   
3   st.caption('キャプション `<caption>`')
4   
5   st.text('''
6   Lorem ipsum dolor sit amet, consectetur adipiscing elit. Mauris vel velit leo.
7   Suspendisse fermentum augue metus, ac lacinia ipsum varius sit amet.
8   Nullam sagittis, tellus id finibus tincidunt, elit mi pellentesque sem, sed ➡
    suscipit mi lectus non quam.''')
9   
10  st.code('''
11  import streamlit as st
12  st.snow()''',
13      language='python',
14      line_numbers=True)
```

実行結果を図1.10に示します。

図 1.10 テキストフォーマットコマンド（texts.py）

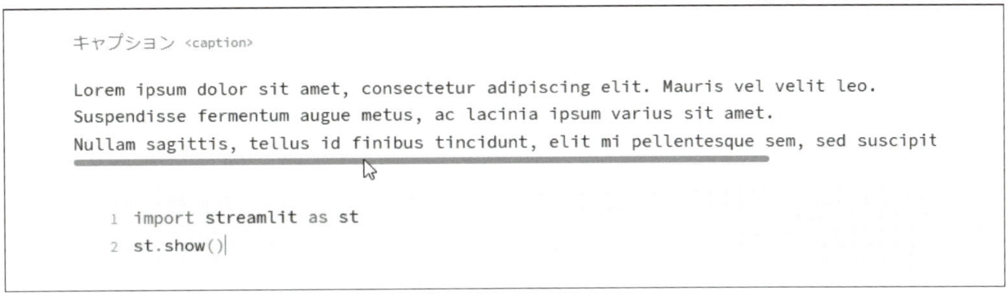

キャプション <caption>

```
Lorem ipsum dolor sit amet, consectetur adipiscing elit. Mauris vel velit leo.
Suspendisse fermentum augue metus, ac lacinia ipsum varius sit amet.
Nullam sagittis, tellus id finibus tincidunt, elit mi pellentesque sem, sed suscipit
```

```
1 import streamlit as st
2 st.show()
```

st.textは<pre>に相当し、紙面幅よりも長い文があるときは自動的に横スクロールバーが加わります。

1.7 Streamlit コミュニティクラウド

●Streamlit コミュニティクラウドとは

Streamlit コミュニティクラウド（Community Cloud）は、アプリケーションを公開、共有するスペースです（以下、Streamlitクラウド）。Streamlitの開発元であるSnowflakeが運用しています。

本節では、Streamlitクラウドアカウントの作成方法を示します。画面構成や文言は本書執筆時のものです。

●アプリケーションの種類と制限

Streamlitクラウド上のアプリケーションは、そのアクセス可能性から、プライベートおよびパブリックに分けられます。プライベートなアプリケーションは、所有者本人および認可されたユーザだけが実行できます。パブリックなアプリケーションは、誰でも無制限にアクセスできます。

Streamlitクラウドアカウントは無償で作成できますが、リソースに次の制限があります。

- アプリケーション1つにつき1 GBまで。
- プライベートアプリケーションは1つまで（パブリックのものは無制限）。

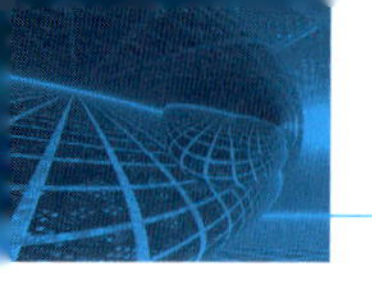

●2つのアカウント

Streamlitクラウドを利用するには、GoogleとGitHubのアカウントが必要です。

Googleアカウント（とそのメールアドレス）は、ソーシャルログイン（OAuth）を介してStreamlitクラウドでのユーザ識別に用いられます。Googleアカウントはまた、プライベート制限のあるアプリケーションにアクセス権限を与えるときの認証にも用いられます。Google以外のメールアドレスでもかまいませんが、Googleアカウントを利用したほうが簡単です。

まだお持ちでないならば、https://accounts.google.com/から作成します。詳しい方法や関連事項は、次に示すGoogleのアカウントヘルプを参照してください。

Googleアカウントヘルプ"Googleアカウントの作成"
https://support.google.com/accounts/answer/27441

GitHubはアプリケーションのソース管理に用いられます。StreamlitクラウドとGitHubは裏でつながっているので、GitHub上でソースが更新されれば、アプリケーションも自動的にアップデートされます。

GitHubアカウントの作成方法は付録Aを参照してください。

●Streamlitクラウドアカウントの作成

トップページ右上の[Sign up]ボタンから、あるいはhttps://share.streamlit.io/signupから直接サインアップページに行き、[Continue to sign-in]（サインインを続ける）をクリックします。

図 1.11 Streamlit クラウドサインアップページ

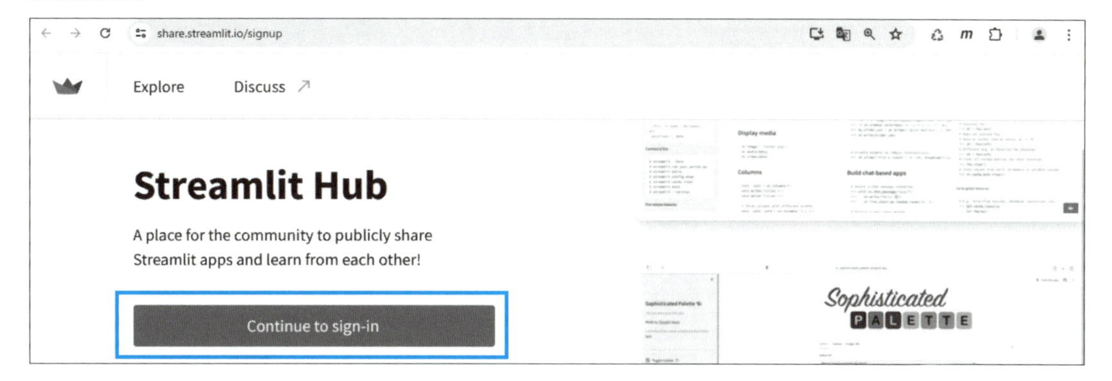

サインインページに遷移したら、[Continue with Google] をクリックします。

図 1.12 Streamlit サインインページ

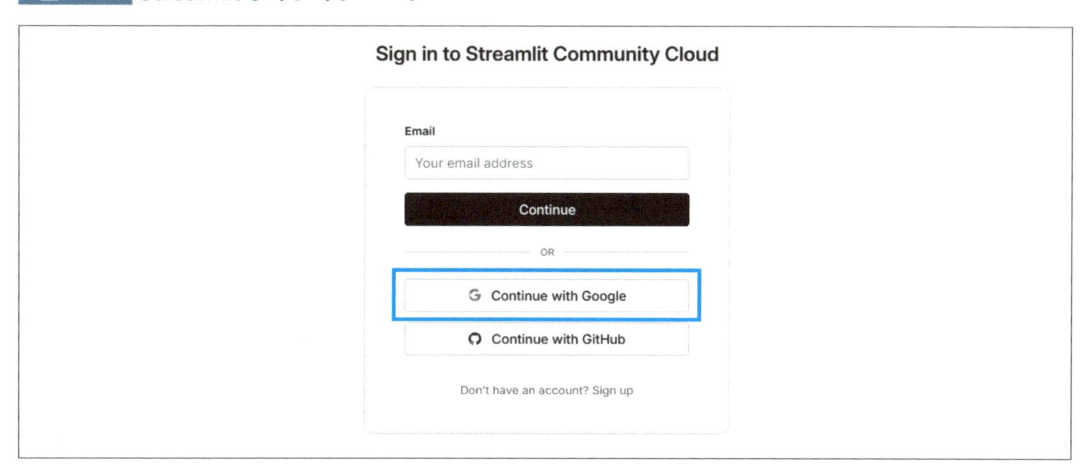

Googleのログインページに遷移するので、Googleのアカウントからログインします。

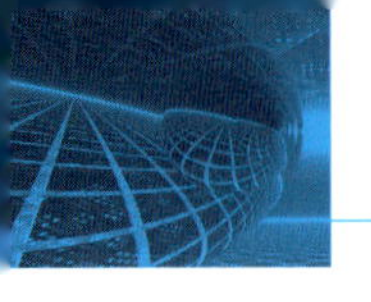

図 1.13　Google アカウントでログイン

Googleへのログインが完了すると、そこから`streamlit.io`にログインするかが確認されます。[次へ] で続行します。

図 1.14　Google アカウントを Streamlit と共有してよいかの確認

Streamlitクラウドのアカウント設定画面に遷移します。

図 1.15 Streamlit アカウント設定画面

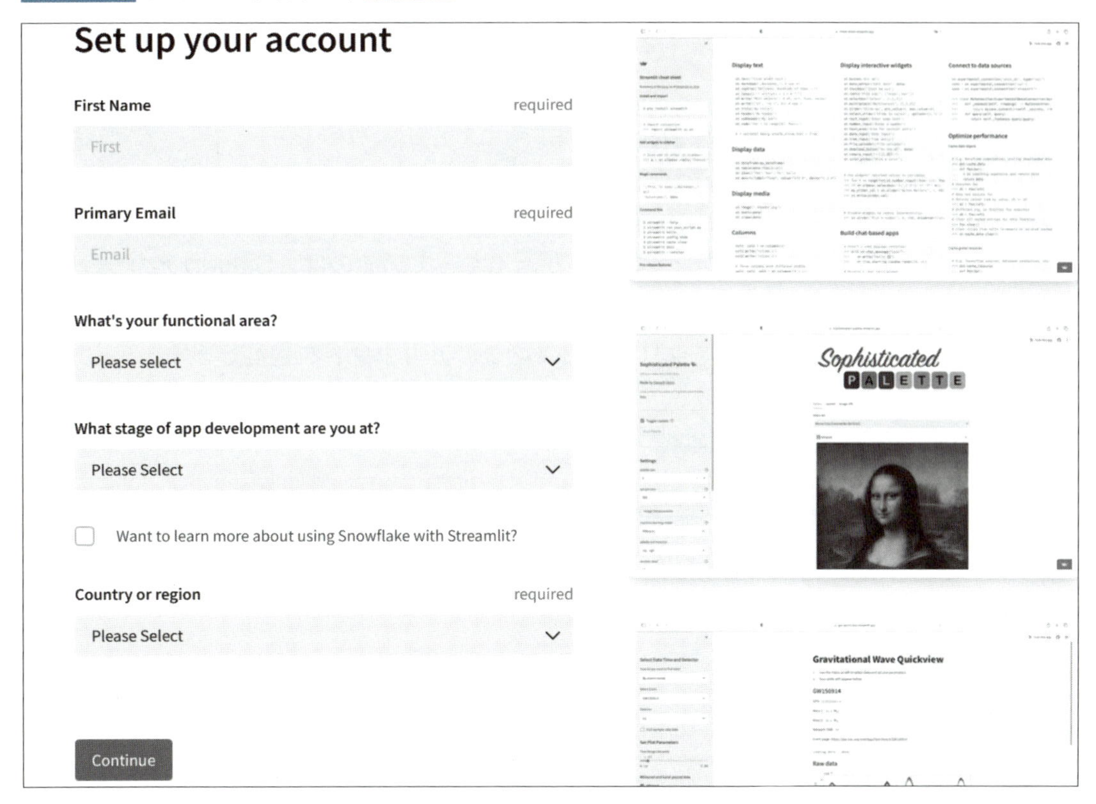

最初の項目の「First Name」には名前を入れます。

2番目の項目の「Primary Email」にはGoogleのメールアドレスを入れます。

3番目と4番目の項目は、ただのアンケートなのでお好みのものを選択肢から選んでください。「What's your functional area?」はStreamlitサービスをなにに使うか、「What stage of app development are you at?」はアプリケーション開発の進捗状況をそれぞれ訊いています。

4番目の項目の下には「Want to learn more about using Snowflake with Streamlit?」(StreamlitとSnowflakeの連携について知りたいですか?)というチェック項目があります。Snowflakeはデータストレージサービスであり、この機能を使うと、Snowflakeのデータと連携させたアプリケーションを手早く構築できます。本書では扱わないので、チェックはオフのままにしておきます。

5番目の項目の「Country or region」は所在です。必須項目になっているのは、最寄

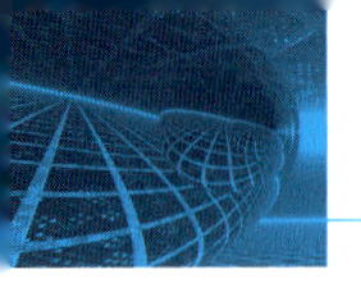

りのサーバを選択するためでしょう。適宜選択してください。

すべて選択したら［Continue］をクリックします。

●GitHub アカウントとの連携

Streamlitクラウドアカウントが作成されると、自分のトップページに遷移します。

図1.16の画面左上のプルダウンメニューが⚠になっているのは、GitHubアカウントとの連携がまだできていないからです。メニューをプルダウンすると［Connect GitHub account］が現れるので、これをクリックして2つのアカウントを連携します。

図1.16 GitHub アカウントとの連携

Workspaces ⚠
My apps
Explore
Discuss ↗
Create app
Settings ⚠
Docs
Connect GitHub account

まず、GitHubにサインインするよう懇請されます。

図1.17 GitHub アカウントにサインイン

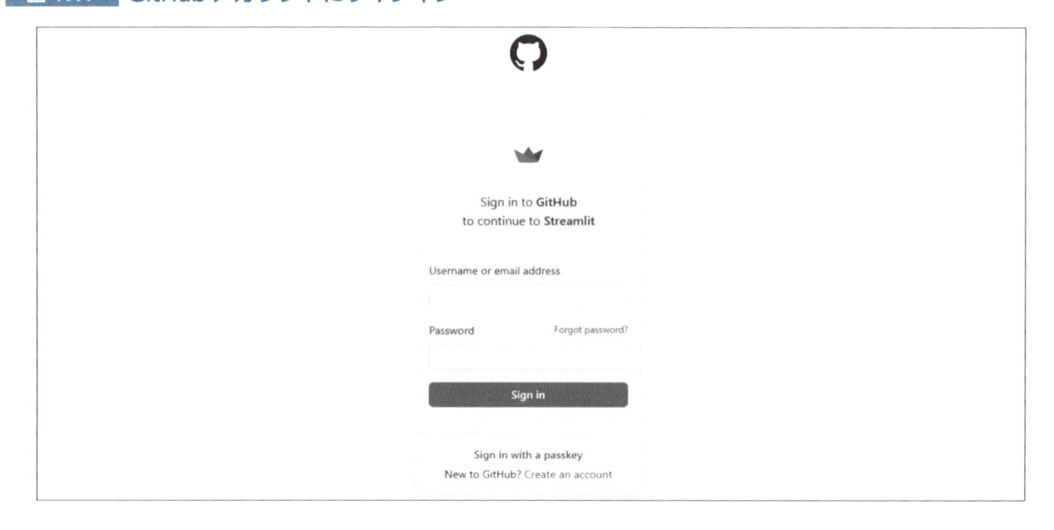

ログインすると、StreamlitがアクセスするGitHubのリソースが示されます。[Authorize streamlit] から許可を与えます。

図 1.18 StreamlitがアクセスするGitHubのリソース

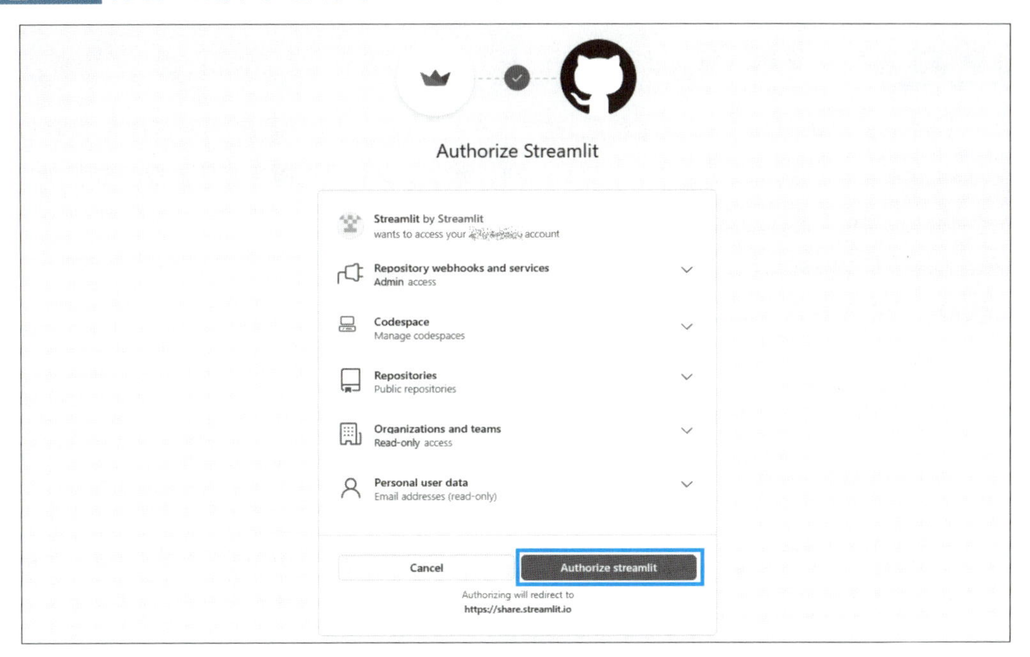

これで終わりです。トップページから⚠が消えます。

●Streamlitへのログイン

Streamlitクラウドアカウントにログインするときは、GoogleアカウントとGitHubアカウントの両方にサインインします。

1.8 クラウドへのアプリケーションの配置

●作成する前に

アプリケーションコードはGitHubに置きます。GitHubの用法は、付録Aに示したと

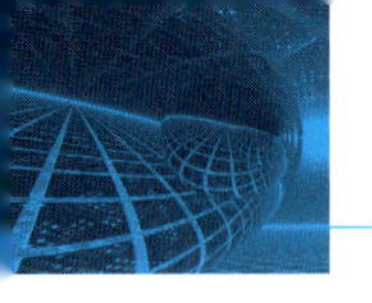

おりです。

Streamlitアプリケーションを作成するには、GitHubのアカウント名、リポジトリ名、アプリケーションのメインのファイル名が必要です。

●依存するサードパーティパッケージ

サードパーティのパッケージを利用しているときは、pipで指定する名称を収容したrequirements.txtファイルを、スクリプトと同じディレクトリに置きます。クラウドがファイルを読み、pipでそれらを準備してくれます。

たとえば、Requests、Janome、WordCloudの3点を用いているのなら、ファイルには次のように書きます。

```
requests
janome
wordcloud
```

requirements.txtはpipの機能です。バージョンを特定のものに限定したいなど、特別な要件については次に示すpipのドキュメントを参照してください。

pip documentation “Requirements File Format”
https://pip.pypa.io/en/stable/reference/requirements-file-format/

パッケージが多かったり大きかったりすると、アプリケーションの最初の起動に時間がかかります。

パッケージにもよりますが、パッケージのロード完了を待たずにエラーメッセージが出ることがあります（たとえばimportするモジュールが見当たらないというエラー）。その場合は、ブラウザをリフレッシュして再度試してください。

●作成

Streamlitクラウドにログインし、右上の［Create app］からアプリケーションを作成します。

図1.19 アプリケーションの作成開始

「Do you already have an app?」（アプリケーションはもう作成しましたか？）と訊かれるので、Octocatマークの［Yup, I have an app］（できてま～す）をクリックします。

図1.20 アプリケーションのソースが用意できているかの確認

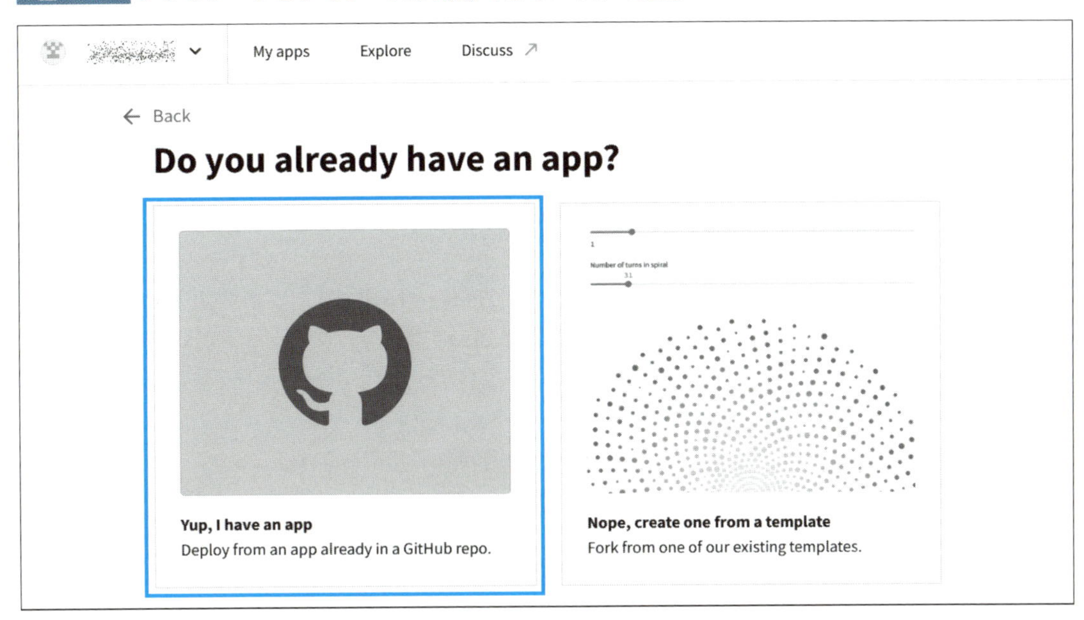

アプリケーションの所在を確認する画面に遷移します。

図 1.21　アプリケーションの所在を確認

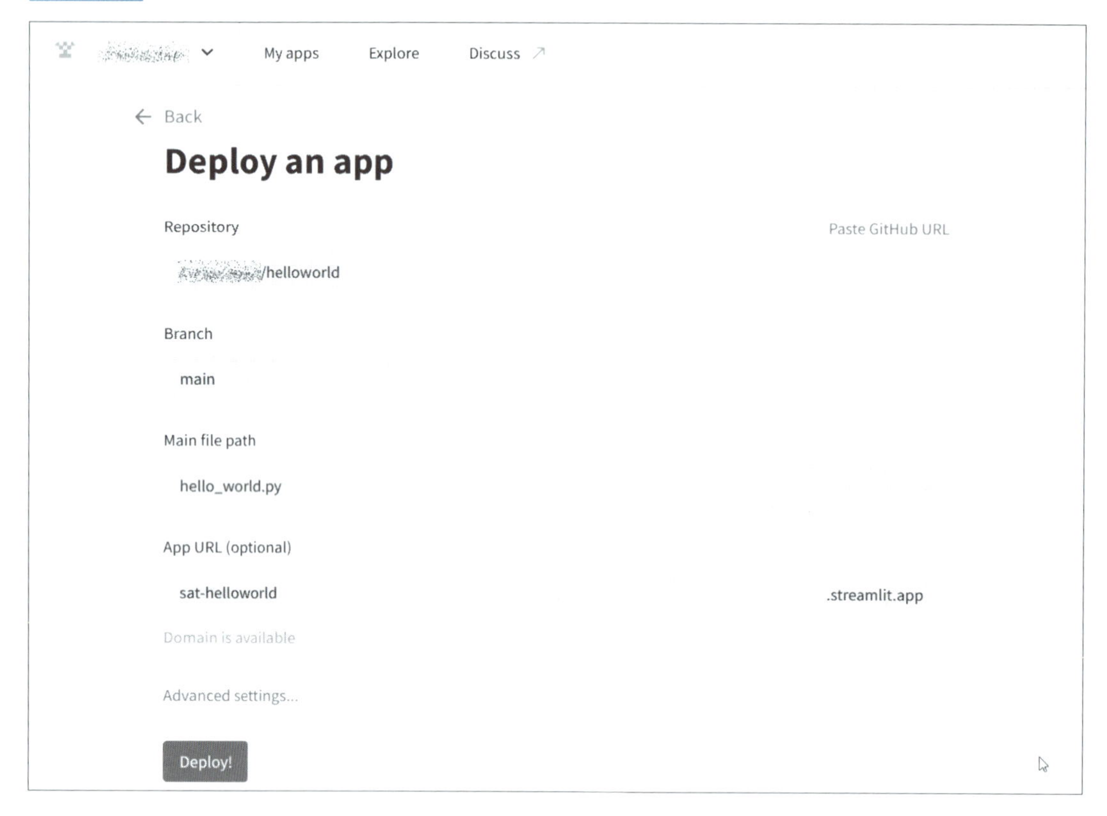

- Repository：リポジトリ名は「GitHubユーザ名/リポジトリ名」です。プルダウンメニューになっているので、自分のリポジトリから選択できます。該当するアプリケーションがGitHubに見当たらなければ、赤くハイライトされます。
- Branch：（たいてい）mainです。
- Main file path：メインで呼び出されるファイル名です。ここでもプルダウンメニューで候補が得られます。
- App URL：このアプリケーションへのアクセスURLで、そのフォーマットは`xxx.streamlit.app`です。xxxの部分はドメイン名ラベルが許容する文字列ならなんでもかまいません。ただし、早いもの勝ちなので、望みの名前はすでに取られているかもしれません（その場合、「This subdomain is already taken. Please provide an alternative subdomain」と赤字で示されます）。

用意ができたら、[Deploy!] ボタンをクリックします。

完成したら、アプリケーションにページが遷移します。

図 1.22 アプリケーションが表示される

●アクセス許可

アプリケーションへのアクセス許可を変更するには、Streamlit クラウドアカウントの [My apps] タブから作成したアプリケーションのリストを開き、目的のアプリケーションの右側の ⋮ から表示されるメニューで [Settings]（設定）を選択します。

図 1.23 アプリケーションの設定画面

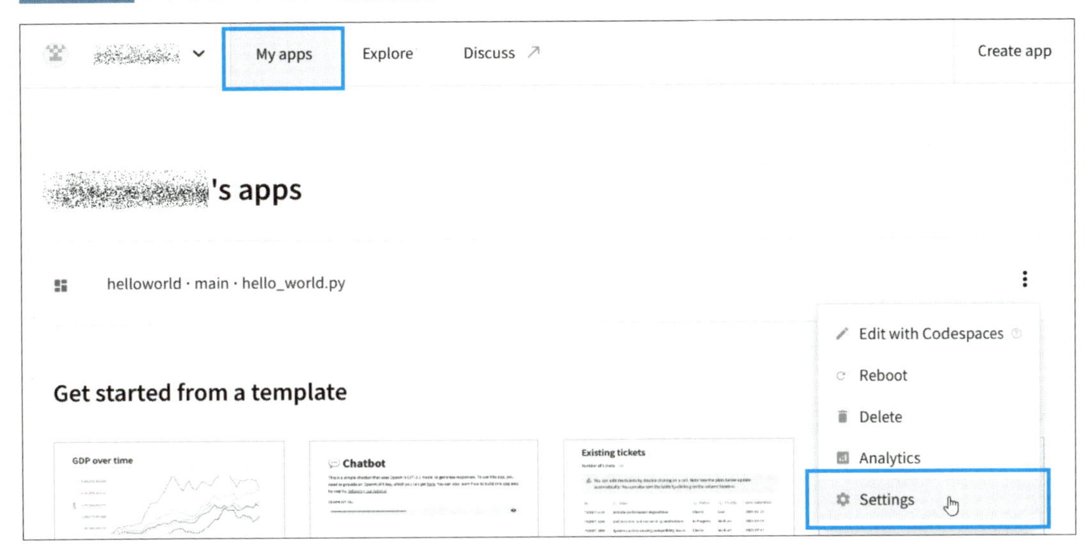

ダイアログメニューが表示されます。左側がメニューになっているので [Sharing] を選択します。

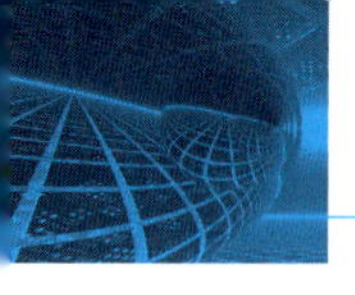

図 1.24　アクセス許可の変更

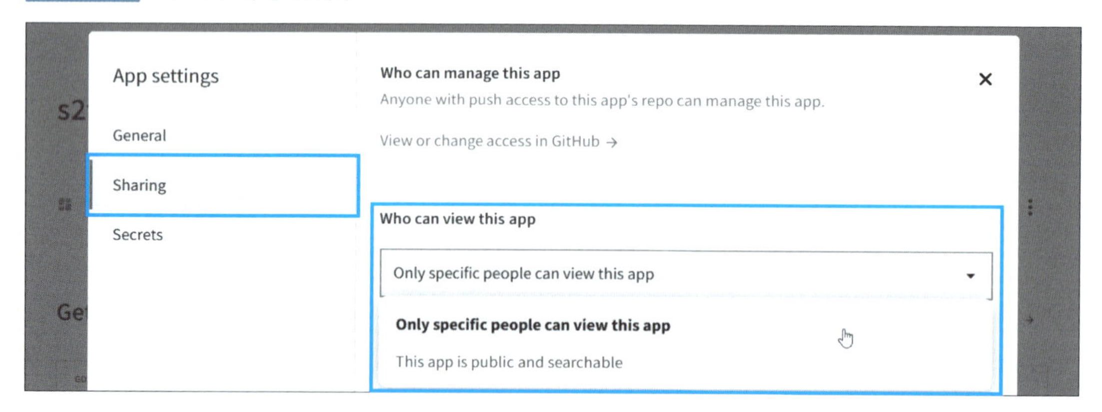

メインパネルに「Who can view this app」（誰が見られる？）欄が現れ、「Only specific people can view this app」（プライベート）か「This app is public and searchable」（パブリック）が選べます。前者については、メールアドレスを記入することで、アクセスできる人に招待状（invitation）を送れます。

設定が完了したら［Save］ボタンをクリックします（図1.24ではプルダウンに隠れて見えなくなっています）。

●古いアプリケーション

アプリケーションは使われていないと退蔵されます。そのため、次にアクセスしたときは、起動にやや時間がかかります。

●アプリケーションの削除

アプリケーションを削除するには、Streamlitクラウドアカウントの［My apps］タブから作成したアプリケーションのリストを開き、目的のアプリケーションの右側の：から表示されるプルダウンメニューで［Delete］（削除）を選択します。

図 1.25 アプリケーションの削除

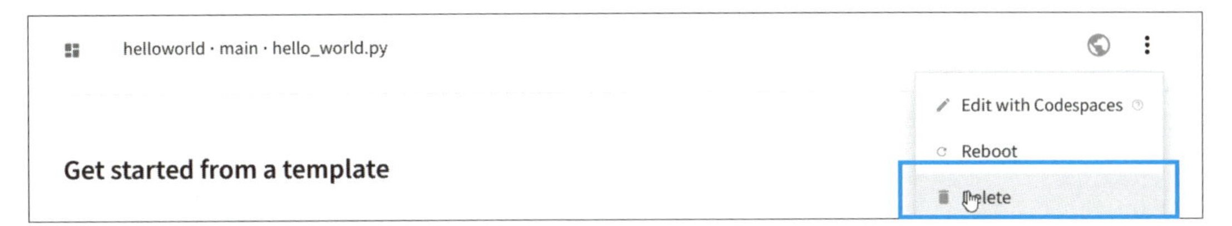

アプリケーションを削除しても、GitHub上のソースは消されません。必要に応じて、いつでも再配置できます。当然ながら、同じアクセスURLが得られる保証はありません。

●モニタリング

クラウド上にあるとき、アプリケーションのエラーメッセージは一部隠されます。これはアプリケーションの内部を晒さないための措置です（The original error message is redacted to prevent data leaks）。ただ、そのせいでエラーの所在がわからなくなることもあります。

あるいは、「Your app is in the oven」と表示したまま、エラーも出さずにずっと稼働しないこともあります。

そうしたときは、クラウドにログインした状態でアプリケーションにアクセスし、画面右下の「< Manage app」からログを確認します。

図 1.26 ログ画面

```
[    UTC    ]
────────────────────────────────────────
[05:41:49] Provisioning machine...
[05:41:49] Preparing system...
[05:41:49] Spinning up manager process...
[03:14:58] Starting up repository: 'streamlit', branch: 'main', main module
[03:14:58] Cloning repository...
[03:15:00] Cloning into '/mount/src/streamlit'...
Warning: Permanently added the        host key for IP address              to the list of known hosts.
[03:15:00] Cloned repository!
[03:15:00] Pulling code changes from Github...
[03:15:01] Processing dependencies...
──────────────────── uv ────────────────────
Using uv pip install.
Resolved 66 packages in 441ms
Downloaded 66 packages in 39.05s
Installed 66 packages in 1.12s
 + absl-py==2.1.0
 + acceptlang==0.0.5
 + astunparse==1.6.3
 + certifi==2024.8.30
 + charset-normalizer==3.3.2
 + filelock==3.15.4
```

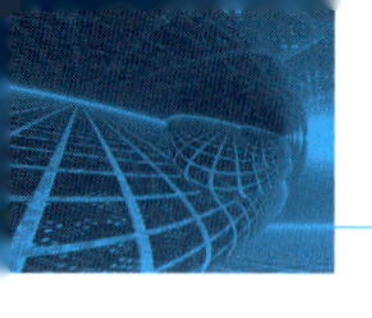

黒いログ画面の下部に置かれたプルダウンメニュー⋮から、各種の操作ができます。

図 1.27 ログ画面からの操作

コードがローカルで動作確認されていて、`requirements.txt`も用意されているのに稼働しなければ、アプリケーションを再起動（Reboot app）するか、削除（Delete app）して再配置します。

1.9 付録：風船アニメーションアプリケーション

●風船アニメーション

アイキャッチには、カラフルな風船が上がっていくものもあります。本付録ではこれを使ったアプリケーションを示し、おまけとして、コードを実行すると同時に画面に表示する`st.echo`も紹介します。

実行結果を図1.28に示します。

図 1.28 風船アニメーションアプリケーション（balloons.py）

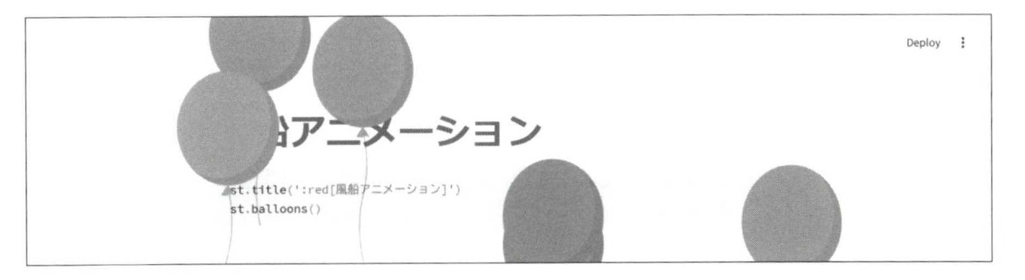

●コード

風船アニメーションアプリケーションのコードballoons.pyを次に示します。

リスト 1.5 balloons.py

```
1   import streamlit as st
2
3   with st.echo(code_location='below'):
4       st.title(':red[風船アニメーション]')
5       st.balloons()
```

風船アニメーションのコマンドはst.balloonsです（5行目）。雪の結晶のst.snowと同様に、引数も戻り値もありません。

st.balloonsも非ブロッキング型なので、実行されれば、即座に次の処理に移ります。したがって、上記の6行目にst.snow()を追加すれば、風船と雪が同時に映し出されます。

●コードの表示と実行

st.echoコマンドは複合文であるwithとともに使うのが一般的です。3行目にあるように、with st.echoと書くことで、そのブロックに置かれたコードの断片をページに書き出すとともに、実行をします（Streamlitにおけるwith文の用法は2.4節で詳しく扱います）。

実行と表示のどちらを先に行うかは、オプション引数のcode_locationから指定します。"below"なら、実行が先でコード表示があとです。この場合、4行目のタイトル表示の下にコードが示されます。デフォルトは"above"で、コード表示が先で実行があとになるので、コードのあとにタイトルが表示されます。

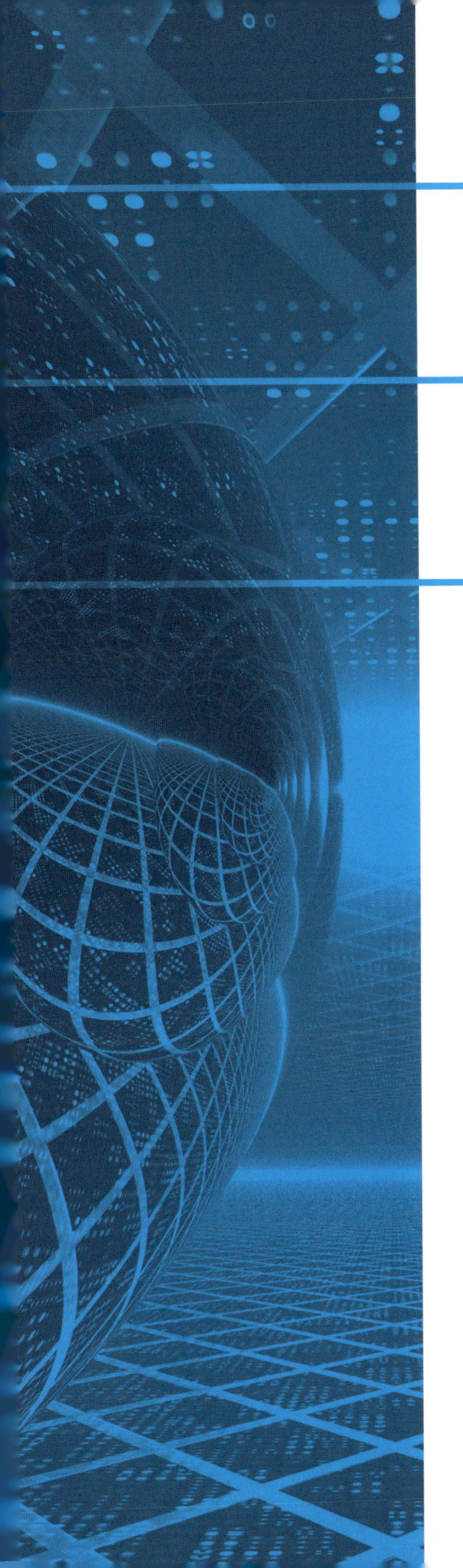

第2章

チートシート

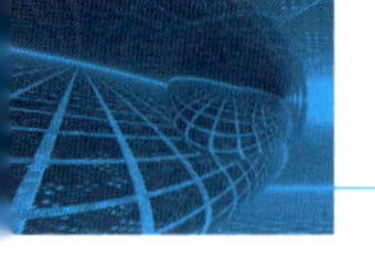

2.1 目的

●アプリケーションの仕様

マークダウン記法のチートシート（早見表）アプリケーションを作成します。静的な、ユーザインタラクションのない、文書向けのWebページです。

図2.1に画面を示します。

図2.1 チートシートアプリケーション（cheatsheet.py）

チートシートそのものもマークダウンで書きます。マークダウンにはいろいろなフレーバーがありますが、StreamlitがサポートしているのはGitHubスタイルです（GFM：GitHub-flavored Markdown）。加えて、テキストのカラーリング、絵文字、アイコンを容易に使える拡張も施されています。基本機能は付録Bにまとめたので、参考にしてください。

ブラウザタブには、マークダウンロゴのファビコンと、タイトル「Markdown Cheatsheet」を表示します。

ページ左上にも同じロゴを表示します。クリックすれば、GitHubマークダウン仕様のページにジャンプします。

ページは左右2段組で構成し、表形式にまとめたマークダウンコマンドを配置します。コマンドはテキスト書式、リスト、リンク、表に分類しています。リンクと表は折り畳めます（図2.1はリンクが折り畳まれた状態）。

本章の目的は、Streamlitのページ記述に慣れてもらうところにあります。具体的には、マークダウン記法を主軸としたテキストの記述方法、ページ設定、コンテナ、HTTP関係のパラメータの取得方法を説明します。

●紹介するStreamlitの機能

アプリケーションの実装をつうじて、次のStreamlitの機能を紹介します。

- マークダウン記法のテキストの印字（`st.markdown`）。
- HTML形式のテキストの印字（`st.html`）。
- 即値や変数値などの評価結果をそのまま画面に印字する「マジック」。
- データ型を問わず最適なスタイルで印字する一般出力コマンド（`st.write`）。
- ページ設定（`st.set_page_config`）。
- ロゴマークの表示（`st.logo`）。HTMLの`<img height="...">`と`<a href>`の組み合わせに相当します。
- 画面を左右に分割（`st.columns`）。
- ページ要素の書き出し先コンテナを限定するwith記法。
- 詳細折り畳みコンテナ（`st.expander`）。HTMLの`<details>`に相当します。

加えて、本章付録（2.5節）で次の機能を紹介します。

- リクエストヘッダの解析（`st.context`）。
- クエリ文字列の解析（`st.query_params`）。

●コード

本章で掲載するファイル名付きのコードは、本書ダウンロードパッケージのCodes/cheatsheetディレクトリに収容してあります。

2.2　外部データについて

本章のアプリケーションでは、外部のデータは利用しません。

2.3　外部ライブラリについて

本章のアプリケーションでは、サードパーティのPythonパッケージは使用しません。

2.4　チートシートアプリケーション

●コード

アプリケーションのコードcheatsheet.pyを次に示します。

リスト2.1　cheatsheet.py

```
1    import streamlit as st
2
3    icon='https://upload.wikimedia.org/wikipedia/commons/4/48/Markdown-mark.svg'
4
5    st.set_page_config(
6        page_title='Markdown Cheatsheet',
7        page_icon=icon,
8        layout='wide'
9    )
10
11   st.logo(icon, link='https://github.github.com/gfm/')
12   st.markdown('### Markdown チートシート')
```

```
13
14    left, right = st.columns(2)
15
16    left.markdown('**:memo: テキスト書式**')
17    left.markdown('''
18    要素 | :green[HTML] | 用法
19    ---|---|---
20    見出し | `<h1>～<h6>` | `## 見出し`
21    太字 | `<strong>` | `**太字**`
22    斜体 | `<em>` | `*斜体*`
23    取り消し | `<strike>` | `~~取り消し~~`
24    引用 | `<blockquote>` | `> 引用文`
25    コード | `<code>` | `` ` `` `` ` ``
26    区切り線 | `<hr>` | `---`
27    改行 | `<br/>` | `␣␣` (空白2つ)
28    ESC | -- | `\\` (特殊文字)
29    ''')
30
31    with right:
32        st.markdown('**:material/format_list_bulleted: リスト**')
33        st.markdown('''
34    要素 | :green-background[HTML] | 用法
35    ---|---|---
36    順序なし | `<ul><li>` | `- `
37    順番付き | `<ol><li>` | `1.`
38    ''')
39
40        with st.expander('**リンク**', icon='🔗'):
41            st.markdown('''
42    要素 | HTML | 用法
43    ---|---|---
44    リンク | `<a href=...>` | `[文字列](url)`
45    画像 | `<img src=...>` | `![代替テキスト](url)`
46    ''')
47
48    with right.expander('**表**', icon=':material/table:', expanded=True):
49        '''\\\
50    ヘッダ1 | ヘッダ2 | ヘッダ3
```

```
51    ---|---|---
52    行1セル1 | 行1セル2 | 行1セル3
53    行2セル1 | 行2セル2 | 行2セル3
54    行3セル1 | 行3セル2 | 行3セル3
55    ``````
```

●マークダウン

マークダウン記法のテキスト要素を配置するst.markdownコマンドから説明を始めます。いろいろなところで使っていますが、まずは装飾のないストレートな12行目からです。

```
12    st.markdown('### Markdown チートシート')
```

引数にはマークダウン記法の文字列を指定します。ここでは<h3>に相当する###を使っています。

Streamlitのマークダウンでは、:memo:（📝）のような絵文字ショートコード（16行目）、:green[text]:などの前景色記法（18行目）、:green-background[text]:などの背景色記法（34行目）、あるいはGoogleマテリアルアイコンを表示する:material/format_list_bulleted:のようなコード（32行目）が使えます。

```
16    left.markdown('**:memo: テキスト書式**')  # 絵文字ショートコード
17    left.markdown('''
18    要素 | :green[HTML] | 用法                # 前景色記法
 ⋮
32        st.markdown('**:material/format_list_bulleted: リスト**') # Google
33        st.markdown('''
34    要素 | :green-background[HTML] | 用法     # 背景色記法
```

Streamlitのマークダウン拡張については付録B.2を参照してください。

16〜17行目のmarkdownコマンドがst.ではなくleft.で始まっている点は「段組みコンテナ」の箇所で説明します。

●HTML

GitHubのマークダウン記法はHTMLの埋め込みも許容しており、たとえば、画像埋め込みの`![](...)`の代わりに<img src="...">が使えます。この技は、マークダウンではコントロールできない属性を調整したいとき、たとえば画像サイズを指定するときによく使われます。

しかし、st.markdownコマンドはHTMLを解釈せず、リテラルで表示します。たとえば、引数に"<p>"とあればその3文字がそのまま印字されます。あえて引数をHTMLと解釈させるには、unsafe_allow_htmlキーワード引数にTrueを指定します（デフォルトはFalse）。

次のサンプルコードから挙動を確かめます。

リスト 2.2 markdown.py

```
1    import streamlit as st
2
3    html = '<p style="color: dodgerblue;">HTMLテキスト</p>'
4    st.markdown(html)
5    st.markdown(html, unsafe_allow_html=True)
6    st.html(html)
```

実行結果を図2.2に示します。

図 2.2 HTML 文字列の解釈（markdown.py）

<p style="color: dodgerblue;">HTMLテキスト</p>
HTMLテキスト

HTMLテキスト

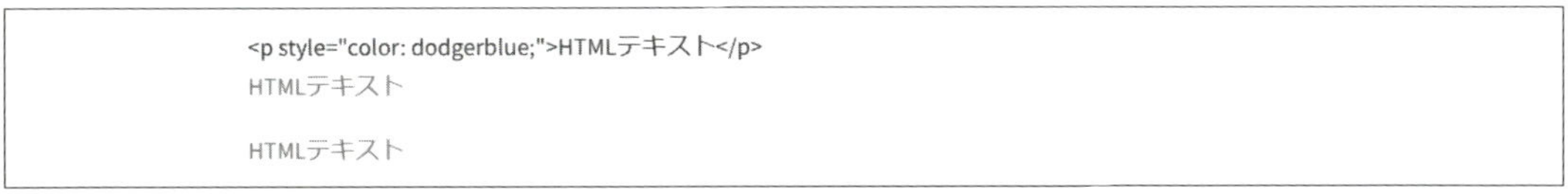

4行目のst.markdownはデフォルトのままなので、3行目のHTML文字列がそのまま表示されます。これに対し、5行目ではunsafe_allow_html=Trueをセットしているので、style属性で設定したテキスト色も含めて、HTMLとして正しくレンダリングされます。

セキュリティ上の懸念があるため、リファレンスはこの方法ではなく、同機能のst.htmlを使うことを推奨しています（6行目）。このコマンドは引数にHTML文字列を指定するだけであり、オプション引数もありません。ただし、このコマンドは引数に

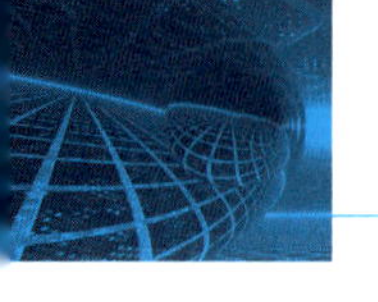

HTMLとマークダウンが混在しているとき、マークダウンのコマンドをリテラルと解釈します。両方を解釈させたいときは、気を付けながらst.markdownでunsafe_allow_html=Trueを指定します。

●マジック

コマンドを介さずとも、値を書くだけでそのまま表示させることもできます。Streamlitはこれを「マジックコマンド」と呼んでいます。魔法（マジック）を行使しているのが、スクリプトの49〜55行目です（48行目のwithはとりあえず気にしないでください）。

```
49      '''```
50  ヘッダ1 | ヘッダ2 | ヘッダ3
51  ---|---|---
52  行1セル1 | 行1セル2 | 行1セル3
53  行2セル1 | 行2セル2 | 行2セル3
54  行3セル1 | 行3セル2 | 行3セル3
55  ```'''
```

これは3連引用符'''で囲まれた文字列の直値です。中身は3連バッククォート```で囲まれているので、コードブロックを表現したマークダウン記法の文字列です。Streamlitはこれがマークダウン文字列であると認識し、あたかもst.markdownを介して印字したかのようにレンダリングします。

次のコードからマジックの挙動を見てみます。

リスト 2.3 magic.py

```
1   import numpy as np
2   import streamlit as st
3
4   '魔法は探し求めている時が一番楽しいんだよ'
5
6   2 + 8 + 20 + 28 + 50 + 82 + 126
7
```

```
8   {'アゼリューゼ':'服従させる魔法', 'バルテーリエ':'血を操る魔法', 
     'エアファーゼン':'模倣する魔法'}
9
10  sample = np.random.rand(2, 3)
11  sample
```

実行結果を図2.3に示します。

図2.3 マジックの挙動(magic.py)

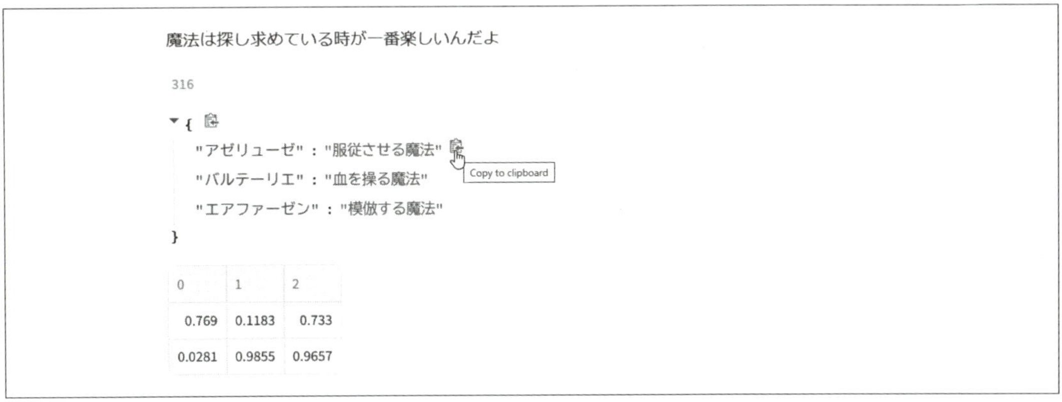

魔法は探し求めている時が一番楽しいんだよ

316

```
▼{
  "アゼリューゼ" : "服従させる魔法"
  "バルテーリエ" : "血を操る魔法"
  "エアファーゼン" : "模倣する魔法"
}
```

Copy to clipboard

0	1	2
0.769	0.1183	0.733
0.0281	0.9855	0.9657

4行目は単一引用符でくくった文字列なので、そのまま出力されます。

6行目は数値演算式です。出力は式そのものではなく、評価結果になっています。

8行目は辞書のリテラルです。リストや辞書などの一般的なコンテナ型は、操作可能な形で表示されます。この場合、下向き三角▼をクリックすれば、辞書の中身を畳めます。ネストが深いときは、レベル単位で畳んだり開いたりできます。辞書全体あるいは個々の値をポップアップ(画面中の「Copy to clipboard」)からコピーもできます。

その他のオブジェクトも、ものによってはレンダリングしてくれます。データやグラフ、画像を扱うことが多いStreamlitは、NumPyのndarray、pandasのDataFrame、MatplotlibのFigure、PillowのImageも、それらが表現するものを適切に表示します。10〜11行目の例はnp.ndarrayのものです。ただし、関数を評価しても結果(戻り値)は表示されません。この例のように、戻り値を収容した変数を評価させることで出力できます。

■ マジックの抑制

3連引用符はしばしばコメントにも使われますが、Streamlitにはコメントとマジックの区別が付きません。コメントが表示されるのを防ぐには、設定ファイルでrunner.magicEnabled = falseをセットすることでマジックを抑制します（1.5節参照）。

●一般出力コマンド

コマンドを伴わないマジックの正体は、st.writeという一般出力コマンドです。引数には出力対象を指定します。Pythonのprintと同じ要領で、カンマ区切りで複数指定することもできます。それぞれが独立して解釈されるので、データ型も混ぜられます。

次のコードから動作を確認します。

リスト 2.4 write.py

```
1    import numpy as np
2    import pandas as pd
3    import streamlit as st
4
5    st.write(
6        '実戦での見習い魔法使いの死亡率は知っているでしょ。',
7        ['一般攻撃魔法', '服が透けて見える魔法', ↩
          '服の汚れをきれいさっぱり落とす魔法'],
8        pd.DataFrame(np.random.rand(2, 3))
9    )
```

リスト2.3のmagic.pyとたいして変わりません。3つの引数は文字列、文字列要素のリスト、pandasのデータフレームです。マジックとは異なり、関数式をじかに書けば、その戻り値が出力されます（8行目）。

実行結果を図2.4に示します。

図 2.4 st.write コマンドの挙動の確認（write.py）

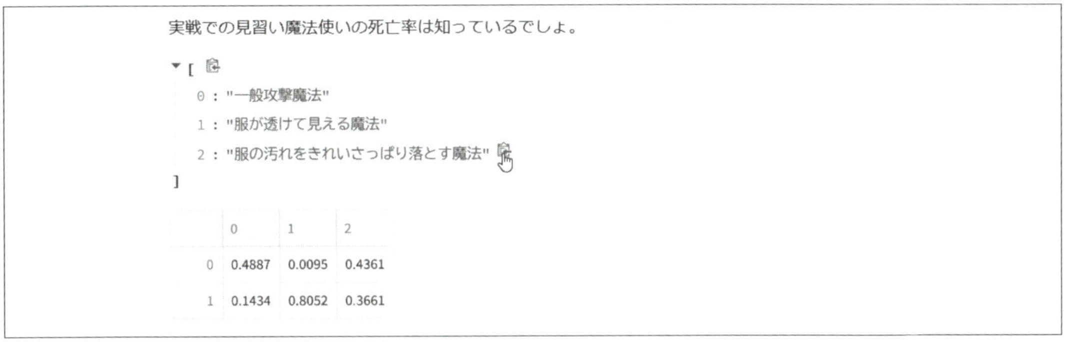

実戦での見習い魔法使いの死亡率は知っているでしょ。

```
[
  0 : "一般攻撃魔法"
  1 : "服が透けて見える魔法"
  2 : "服の汚れをきれいさっぱり落とす魔法"
]
```

	0	1	2
0	0.4887	0.0095	0.4361
1	0.1434	0.8052	0.3661

st.writeにはオプションでunsafe_allow_htmlを指定できますが、これはHTML文字列にのみ効力を発揮します。

Streamlitにはマークダウンならst.markdown、HTMLならst.htmlのように、個々のメディアやデータ型に対応したコマンドが用意されています。どれを使うか悩むことなく使えるst.writeは便利ですが、細かい引数指定ができないというデメリットがあります。たとえば、デフォルトのサイズがないSVG画像を配置すると、st.writeでは可能な限り大きく表示されてしまうので、widthキーワード引数で幅が指定できるst.imageを使うのが妥当です。

●ページ設定

ブラウザタブに示されるファビコンとタイトルは、st.set_page_configから指定します。このコマンドからはまた、画面の横幅も設定できます。

このコマンドは、マジックも含めてスクリプトに登場する最初のStreamlitコマンドでなければなりません。また、呼び出せるのは1回だけです。これら制約に違反すると、次の例外が上がります。

```
StreamlitAPIException: set_page_config() can only be called once per app page,
and must be called as the first Streamlit command in your script.
```

■タブの表題

```
5    st.set_page_config(
```

```
6        page_title='Markdown Cheatsheet',
```

ブラウザタブに示すページの表題は、st.set_page_configのpage_titleキーワード変数から指定します（6行目）。HTMLの<title>に相当する機能です。

デフォルトではスクリプト名からタイトルが生成されます。本章のスクリプト名はcheatsheet.pyなので、そこから拡張子を外して「cheatsheet・Streamlit」となります。

■ タブのファビコン

```
3   icon='https://upload.wikimedia.org/wikipedia/commons/4/48/Markdown-mark.svg'
⋮
7        page_icon=icon,
```

ブラウザタブの左端に示されるファビコンは、st.set_page_configのpage_iconキーワード変数から指定します（7行目）。HTMLの<link rel="icon" href="...">に相当する機能です。

画像はローカルファイルでも、URLでもかまいません。絵文字、絵文字ショートコード、Googleマテリアルアイコンにも対応しています。また、文字列"random"を指定すると、ランダムにTwitter（X）絵文字が用いられます。ここでは、Wikimedia Commonsにあるマークダウンロゴ（3行目）を用いています。

デフォルトではStreamlitのロゴが使われます。Streamlitのロゴは、Streamlitで作成されたアプリケーションで自由に利用できます。使用許諾については次のページを参照してください。

Streamlit “Brand”
https://streamlit.io/brand

■ 画面幅

```
8        layout='wide'
```

画面の描画エリアの幅は広めと狭めが用意されており、st.set_page_configのlayoutキーワード変数から指定します（8行目）。デフォルトは狭めの"centered"で、左右に大きめのマージンを取った描画エリアが中央に配置されます。広めが"wide"で、画面ほぼいっぱいに描画エリアが広げられます。固定幅しか選べませんが、HTMLなら<body style="width: xxxx;">に近い機能です。

"centered"と"wide"の比較を図2.5と図2.6から示します。

図 2.5 ページ設定～狭めの画面幅 (page_layout.py)

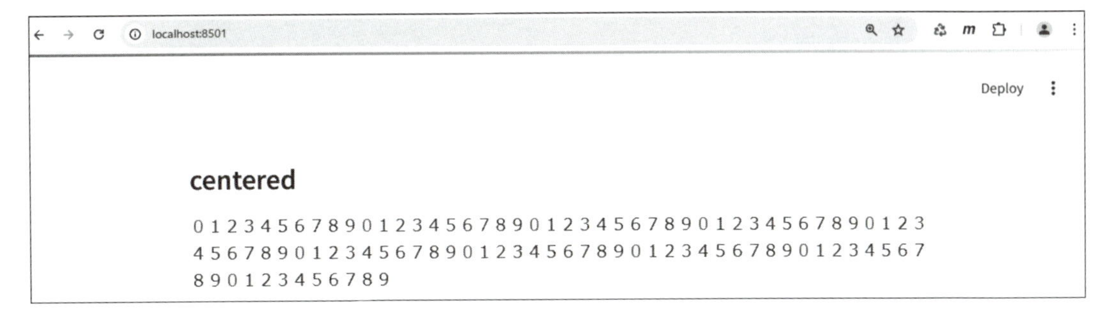

図 2.6 ページ設定～広めの画面幅 (page_layout.py)

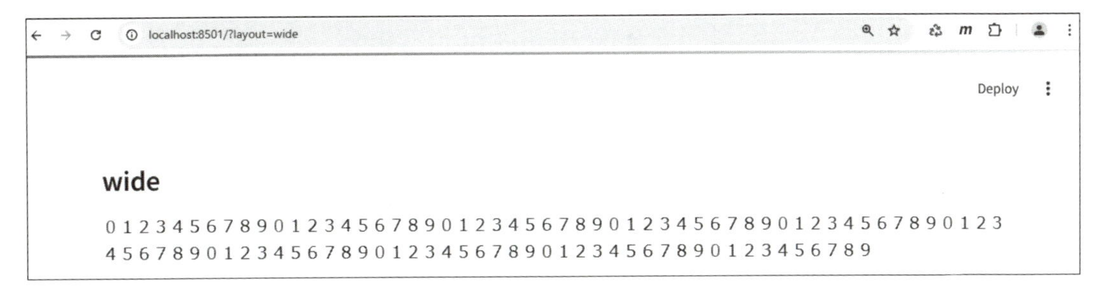

この実行例では、全角数字が1行に"centered"では43文字、"wide"では53文字入っています。1行の文字数はウィンドウ幅やフォントサイズで変わってきますが、この例では、"wide"のほうが23%ほど広くなっています。

参考までに、上の画面を生成するコードを示します。"centered"と"wide"は、3～4行目のどちらかをコメントアウトすることで切り替えます。

リスト 2.5 page_layout.py

```
1    import streamlit as st
2
3    layout = 'centered'
```

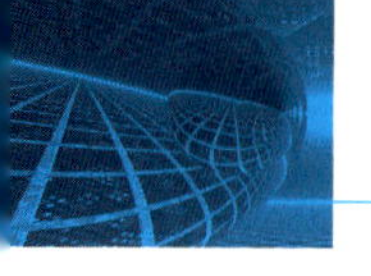


```
4    # layout = 'wide'
5    st.set_page_config(layout=layout)
6
7    st.markdown(f'### {layout}')
8    numbers = ':blue[0]1 2 3 4 5 6 7 8 9' * 10
9    st.markdown(numbers)
```

●ロゴマークの表示

画面の左上にクリッカブルな小さいロゴマークを表示するには、st.logoコマンドを使います（11行目）。HTMLなら<img>をアンカーの<a>でくくったものとほぼ同じ機能です。

```
3    icon='https://upload.wikimedia.org/wikipedia/commons/4/48/Markdown-mark.svg'
⋮
11   st.logo(icon, link='https://github.github.com/gfm/')
```

図 2.7　ロゴマークの表示

第1引数には画像を指定します。フォーマットはst.set_page_configのpage_iconと同じで、たいていの画像や絵文字を受け付けます。画像は、縦24ピクセルに縮小されます。横はアスペクト比に従って縮小されますが、最大幅は240ピクセルと定められています。そのため、縦横比が1：10を超えた極端に横長な画像だと、仕上がりのアスペクト比が変化します。

linkキーワード引数にはロゴマークをクリックしたときのリンク先を指定します。デフォルトはNoneで、どこにも飛びません。

ここでは3行目で定義したWikimediaのマークダウン画像と、GitHubスタイルのマークダウンの仕様書へのリンクを指定しています。

●段組みコンテナ

ページは複数の描画領域に分けることができます。これら領域はコンテナと呼ばれ、

HTMLの<div>でページを領域に分けるのと同じ機能を果たします。

HTMLの<body>に相当するページのデフォルトのコンテナを、メインコンテナと呼びます。メインコンテナの上には、Streamlitコマンドから別のコンテナを配置できます。コンテナの中にコンテナを収容する入れ子もできますが、制約のあるコマンド（コンテナ）もあります。

14行目のst.columnsは、縦方向に分割したコンテナを配置します。HTMLでdisplay: flexをセットして<div>を横並びにしたのと同じ塩梅です。

```
14    left, right = st.columns(2)
```

引数が整数ならば、それはコンテナ数の指定です。ここでは2なので、メインコンテナが左右に2等分割されます。コマンドの戻り値はコンテナオブジェクトのリストです。ここでは分割代入をして、それぞれをleft、rightと名付けています。

Streamlitのコマンドがst.で始まっているとき、それらが生成するページ要素はすべてメインコンテナ上に実行順に配置されます。上記のcolumnsコマンドはstに作用しているので、コンテナの配置先はメインコンテナです。これに対し、16～17行目は生成したleftコンテナにコマンドmarkdownを作用させているので、マークダウン文字列はleftコンテナに書き込まれます。

```
16    left.markdown('**:material/text_snippet: テキスト書式**')
17    left.markdown('''
```

●段組みコンテナのバリエーション

st.columnsの引数に数値のリストを指定すると、コンテナの相対サイズを変更できます。また、コンテナを調整するキーワード引数がいくつか用意されています。次のサンプルコードで説明します。

リスト2.6 columns.py

```
1    import streamlit as st
2
3    st.markdown('----')
```

```
4    cols = st.columns(
5        [0.2, 0.5, 0.3],
6        gap='large',
7        vertical_alignment='center'
8    )
9    st.markdown('----')
10
11   numbers = ':blue[０]１２３４５６７８９' * 3
12   cols[0].markdown(numbers)
13   cols[1].markdown(numbers)
14   cols[2].markdown(numbers)
```

仕上がり画面を図2.8に示します。

図 2.8 不均等に分割した段組み（columns.py）

```
0 1 2 3 4 5
6 7 8 9 0 1                0 1 2 3 4 5 6 7 8 9 0 1 2 3 4 5 6 7 8      0 1 2 3 4 5 6 7 8 9
2 3 4 5 6 7                9 0 1 2 3 4 5 6 7 8 9                      0 1 2 3 4 5 6 7 8 9
8 9 0 1 2 3                                                           0 1 2 3 4 5 6 7 8 9
4 5 6 7 8 9
```

■ コンテナ幅の調整

st.columnsの第1引数が整数のときは、コンテナは均等に分割されます。たとえば、4なら25%ずつ分け合います。不均等に分割したいときは、数値のリストを指定します。コンテナ幅を全幅のパーセントから指定するときは、[0.2, 0.5, 0.3]のように1未満の小数点数のリストを使います（5行目）。同じことは、[2, 5, 3]のように比からも指定できます。

■ コンテナ間隔

gapキーワード引数からは、コンテナ間の間隔を指定できます（6行目）。選択肢は"small"、"medium"、"large"です。デフォルトは"small"です。

■要素の縦位置

vertical_alignmentキーワード引数からは、コンテナに書き込む要素の縦の揃え位置を指定できます（7行目）。選択肢は"top"（上端揃え）、"center"（中央揃え）、"bottom"（下端揃え）で、デフォルトは"top"です。

●with文

cheatsheet.pyの32～33行目のコマンドはst.で始まっていますが、これら要素は右コンテナに書き込まれています。それは、31行目のwithコマンドで、デフォルトの書き込み先を変更しているからです。

```
31  with right:
32      st.markdown('**:material/format_list_bulleted: リスト**')
33      st.markdown('''
```

ファイルオープンの事後処理を自動的にやってもらう仕組みというイメージが強いかもしれませんが、withの実体はコンテクスト（文脈）をコントロールするメカニズムです。ここでは、配下のブロックのコマンドの書き出し先をwithの式で指定したコンテナ（コンテクスト）に張り替えるという操作に使われています。コンテクスト（ブロック）が終われば、書き出し先はまたデフォルトのメインコンテナに戻ります。

withはStreamlitではよく使われる構文です。

●詳細折り畳みコンテナ

40行目では、st.expanderコマンドで詳細折り畳み式のコンテナを配置しています。HTMLの<details>に相当します。

```
31  with right:
 ⋮
40      with st.expander('**リンク**', icon='🔗'):
41          st.markdown('''
```

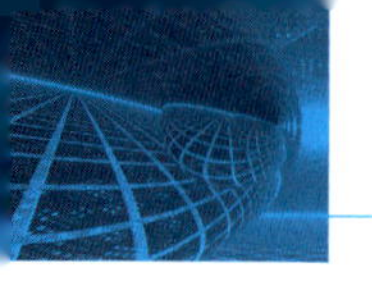

図 2.9 詳細折り畳みコンテナ

st.expanderはコンテナオブジェクトを返します。その戻り値は、しばしば、この40行目のように直接withで受けます。31行目でブロックのデフォルト書き込み先がrightコンテナに変更されているので、st.expanderであっても、詳細折り畳みコンテナはrightに書き込まれます。つまり、段組み（左右分割の右）> 詳細折り畳み > マークダウン文字列（41行目）という入れ子になっています。

st.expanderの第1引数には詳細折り畳みコンテナのラベル文字列を指定します。マークダウン記法も使えます。

オプション引数のiconには、ラベル文字の左に示されるアイコンあるいは絵文字を指定できます。マークダウン同様、絵文字ショートコードやGoogleマテリアルアイコンも利用できます。ここでは絵文字をじか書きで使っています。

コマンドにはもう1つexpanded引数があり、デフォルトで折り畳んでおくか開いておくかを真偽値で指定できます。デフォルトはFalseで折り畳んだ状態です。この引数は48行目で使っています。

```
48    with right.expander('**表**', icon=':material/table:', expanded=True):
```

この48行目はst.expanderをrightコンテナに直接作用させ、全体をwithでくくっているので、31、40行目と同じ入れ子が得られます。どちらの記法を使っても間違いではありませんが、同じソースの中では、スタイルは揃えたほうが読みやすいでしょう。

2.5 付録：マルチリンガルアプリケーション

●言語の切り替え

ユーザの言語でコンテンツを切り替えるのは、昨今のWebアプリケーションでは当たり前です。

サーバサイドでは、あらかじめ複数の言語でメッセージを用意しておき、クライアントが提示したAccept-Languageリクエストヘッダフィールドの中から優先度が高いものをそこから抽出して表示するのが通例です。クエリ文字列に?lang=jaのように指定された、あるいはプルダウンメニューから選択された言語を優先させるのも一般的です。

本付録では、この2つのメカニズムを実装します。

●コード

言語切り替え機能付きマルチリンガルアプリケーションのコードcontext.pyを次に示します。

リスト 2.7 マルチリンガルアプリケーション（context.py）

```
1   from acceptlang import parse_accept_lang_header
2   import streamlit as st
3   
4   _MESSAGES = {
5       'ja': 'Streamlit にようこそ',
6       'en': 'Welcome to Streamlit',
7       'es': 'Bienvenido a Streamlit',
8       'cn': '欢迎来到 Streamlit',
9       'unknown': 'tlhInganpu'
10  }
11  
12  def find_language(al):
13      for lang in al:
14          if lang.name in _MESSAGES:
15              return lang.name
16  
17      return 'unknown'
18  
19  
20  lang = getattr(st.query_params, 'lang', None)
21  if lang not in _MESSAGES.keys():
22      al_value = st.context.headers['accept-language']
23      al_parsed = parse_accept_lang_header(al_value)
24      lang = find_language(al_parsed)
```

```
25
26      st.markdown(f'## {_MESSAGES[lang]} :green[{lang}]')
27
28      st.write(st.query_params)
29      st.write(st.context.headers)
```

言語別のメッセージは4～10行目で定義しています。キーは、ISO 639-1の2文字コードです。5か国語を用意しました。最後の"unknown"は指定のないときのデフォルトで、その中身はアルファベット表記のクリンゴン語です（mer!）。

●実行例

スペイン語を選択したときの実行例を図2.10に示します。

図2.10　マルチリンガルアプリケーション～ Accept-Languageでスペイン語を選択（context.py）

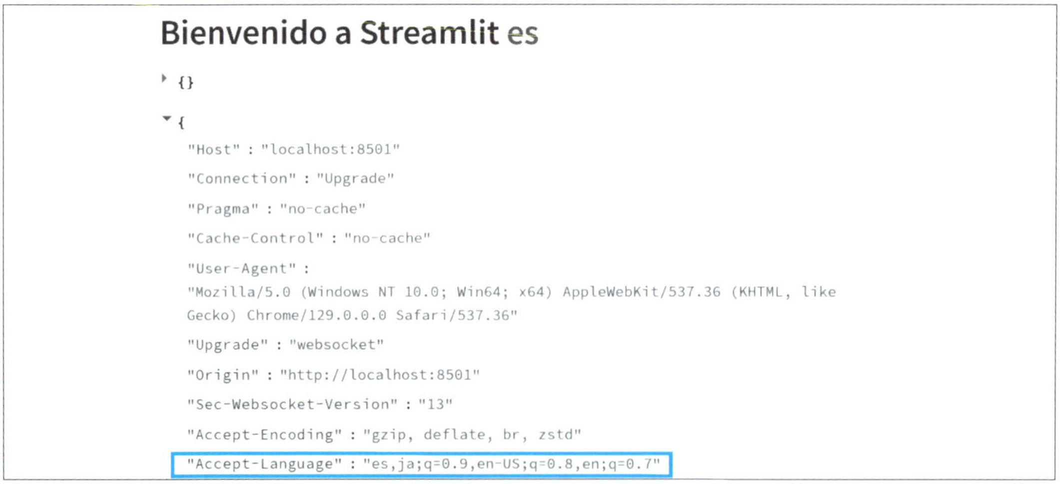

Bienvenido a Streamlit es

```
▸ {}
▾ {
  "Host" : "localhost:8501"
  "Connection" : "Upgrade"
  "Pragma" : "no-cache"
  "Cache-Control" : "no-cache"
  "User-Agent" :
  "Mozilla/5.0 (Windows NT 10.0; Win64; x64) AppleWebKit/537.36 (KHTML, like
  Gecko) Chrome/129.0.0.0 Safari/537.36"
  "Upgrade" : "websocket"
  "Origin" : "http://localhost:8501"
  "Sec-Websocket-Version" : "13"
  "Accept-Encoding" : "gzip, deflate, br, zstd"
  "Accept-Language" : "es,ja;q=0.9,en-US;q=0.8,en;q=0.7"
```

画面には<h2>相当のメッセージ、クライアントからのクエリ文字列、リクエストヘッダが順に示されています。クエリ文字列はこの用例では送られてきていなかったので、空辞書です。

リクエストヘッダで注目したいのはAccept-Languageヘッダフィールドです。その値は、画面最下端に示されているようにes,ja;q=0.9;en-US;q=0.8,en;q=0.7です。これは、優先順位がスペイン語＞日本語＞米語＞一般英語ということを示しています。その結果、先頭のメッセージはスペイン語です。

●クエリ文字列の解析

クエリ文字列から?lang=ja&title=My%20Pageを指定したときの実行例を、図2.11（日本語選択）に示します。

図 2.11 マルチリンガルアプリケーション～クエリ文字列で日本語を選択（context.py）

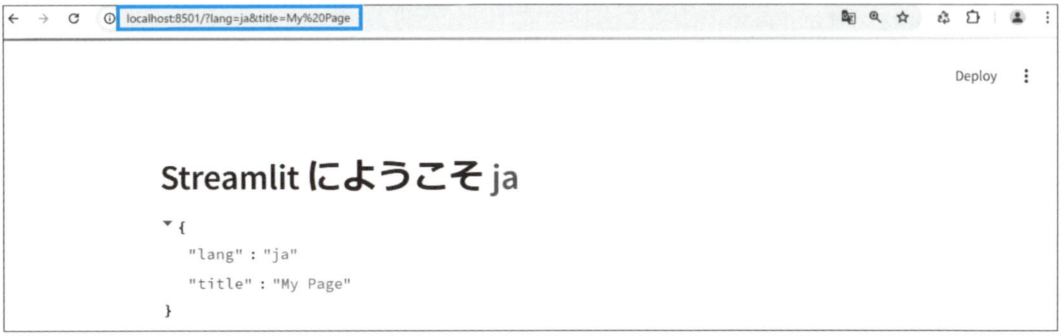

localhost:8501/?lang=ja&title=My%20Page

Deploy

Streamlit にようこそ ja

```
{
  "lang" : "ja"
  "title" : "My Page"
}
```

Accept-languageの値は先ほどの用例と同じでスペイン語が最優先ですが、クエリ文字列のlang=jaを優先するようにコーディングしているので、表示は日本語です。

クエリ文字列は分解されると、自動的にst.query_params辞書に収容されます。これを表示しているのが28行目です。

```
28    st.write(st.query_params)
```

クエリ文字列に埋め込まれたtitleパラメータは本スクリプトでは利用しませんが、パーセントエンコード文字が元の文字にデコードされる様子を示すために付け加えています。

言語設定のlangパラメータの値は、20行目で抽出しています。

```
20    lang = getattr(st.query_params, 'lang', None)
21    if lang not in _MESSAGES.keys():
 ⋮
26    st.markdown(f'## {_MESSAGES[lang]} :green[{lang}]')
```

getattrを介していますが、st.query_params.keynameのようなインスタンスプロパティ風、あるいはst.query_params[keyname]のような辞書スタイルでもアクセスできます。

?lang=がリクエストURLに含まれており、かつその値が_MESSAGESに含まれていれば、その言語を用います（21、26行目）。

●リクエストヘッダの解析

HTTPリクエストヘッダは、分解されてst.context.headers辞書（のようなオブジェクト）に収容されます。「のような」としたのは、キーの大文字小文字が無関係だからです。ここでは、Accept-Languageの値を抽出します（22行目）。

```
22        al_value = st.context.headers['accept-language']
```

そこにはないフィールド名を指定するとKeyErrorが上がりますが、今どきのブラウザならAccept-Languageは送信するものです（仕様では、このフィールドはオプションです）。

●Accept-Language

ブラウザには言語指定の設定があります。Chromeなら次のような格好です。

図 2.12　ブラウザの言語設定（Chrome）

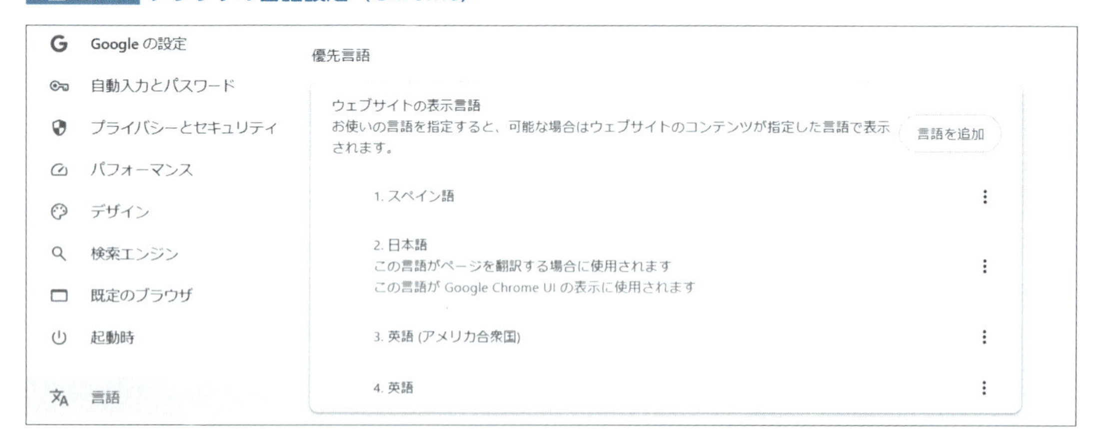

この「スペイン語＞日本語＞米語＞一般英語」の設定をAccept-Languageの値に翻訳すると、次のような形になります。

```
Accept-Language: es,ja;q=0.9,en-US;q=0.8,en;q=0.7
```

それぞれの言語にセミコロン;で隔てて加えられたq=は0から1の小数点数で表現された優先度で、数値が大きい言語が高い優先度を持ちます。先頭のスペイン語には優先度が示されていませんが、q値の指定がなければ最優先（q=1）となります。優先度が1から0.1ずつ減っているのはChromeのアルゴリズムであり、仕様で定められているわけではありません（優先順位は相対値なので、項目間の値の差に意味はありません）。

Accept-Languageヘッダフィールドの仕様は、RFC 9110の12.5.4節で規定されています。ただ、以下のURLに示すMDNの説明のほうがわかりやすいでしょう（日本語ですし）。

MDN “Accept-Language”
https://developer.mozilla.org/ja/docs/Web/HTTP/Headers/Accept-Language

● acceptlang

カンマ,とセミコロン;をデリミタとした素直な値なので標準的な文字列操作で分解できますが、レディメイドのライブラリもあります。1行目でインポートしているacceptlangがそれです。次のURLからGitHubリポジトリにアクセスできます。

GitHub piotrszyma/acceptlang
https://github.com/piotrszyma/acceptlang

pipからインストールします。

```
$ pip install acceptlang
```

用法はシンプルで、引数にフィールド値（文字列）を指定したparse_accept_lang_header関数を呼び出せば、タプルが返ってきます（23行目）。

```
23        al_parsed = parse_accept_lang_header(al_value)
```

タプルの要素はLangTagというオブジェクトで、jaなどの言語文字列を収容したnameと、0.8などの優先度を収容したpriorityの2つのプロパティからなっています。戻り値のタプルは優先度が高いほうから順に並べられています。例を次に示します。

```
>>> from acceptlang import parse_accept_lang_header
>>> accept_language = parse_accept_lang_header("ja,en-US;q=0.9,en;q=0.8")
>>> accept_language
( LangTag(name='ja', priority=1.0),
  LangTag(name='en-us', priority=0.9),
  LangTag(name='en', priority=0.8) )
```

context.pyの12〜17行目の関数find_languageは、LangTagのタプルを受けると優先度順に言語辞書_MESSAGESをスキャンします。なければ"unknown"で、クリンゴン語が用いられます。

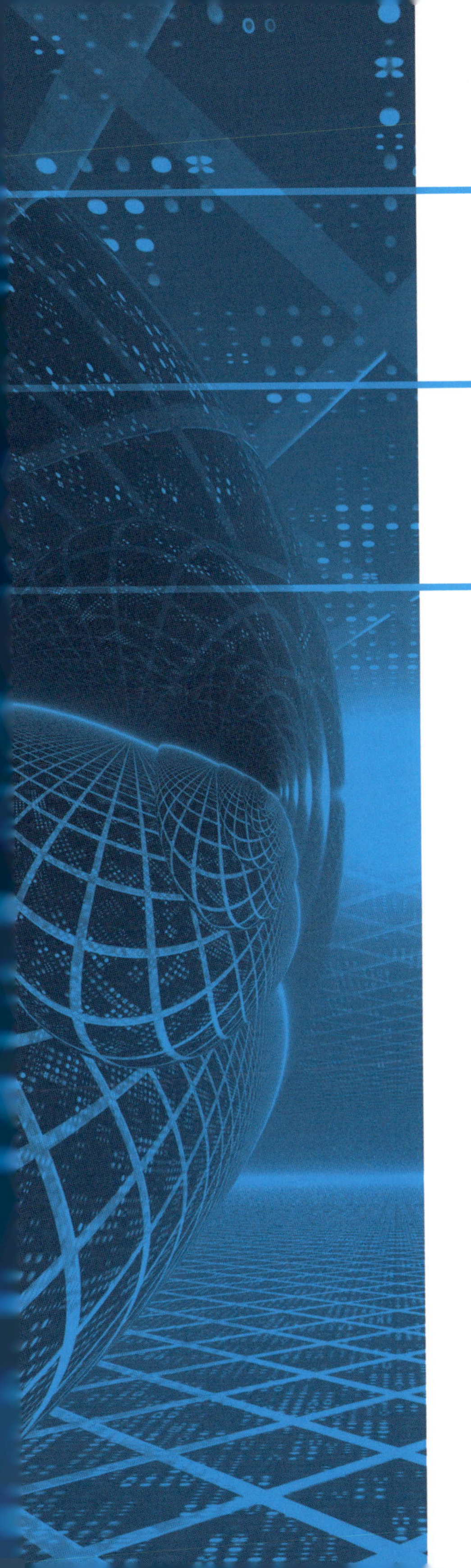

第3章

テキスト分析

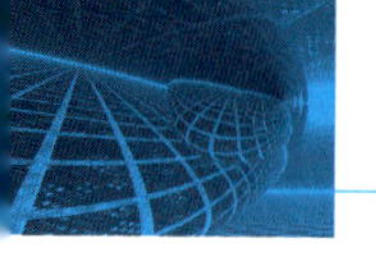

3.1　目的

●アプリケーションの仕様

小説などのテキストを分析します。テキスト分析にはいろいろな手法や表現方法がありますが、ここでは次の2つを実装します。

- ワードクラウド（3.5節）。テキストに現れる単語を、出現頻度に応じて大きさを変えて埋め込んだ画像を生成します。一瞥でそのテキストのトピックを把握できます。
- 感情分析（3.6節）。それぞれの文が悲しみを表現しているのか、喜びを表しているのかといった感情を判定し、線グラフでテキスト全体での感情の起伏を示したり、集計することで全体の傾向を示したりします。

当然ながら、データファイルのダウンロード、テキストの整形、不純物の除去といったデータ品質を高める処理も分析前に必要です（3.4節）。ここでのターゲットは青空文庫のデータとし、固有のフォーマットを念頭に前処理を行います。

本章では、これらタスクを、それぞれ独立して実行できるコマンドライン指向のPythonスクリプトとして準備します。「はじめに」で述べた、これまでに書いてきた何本ものPythonスクリプト、という位置付けです。そしてStreamlitを使い、1つのインタラクティブなデータアプリケーションに統合します（3.7節）。

アプリケーションでは、3枚のタブにそれぞれのタスクを配置します。

●青空文庫テキストのダウンロードと整形

第1タブには、URL文字列を入力するフィールドを用意します。入力されたら青空文庫のZipファイルをダウンロードし、解凍し、テキストに含まれている注釈、ルビ、書誌情報など不要な情報を除去して表示します。

図3.1に画面を示します[注1]。

注1　円城塔『ぞなもし狩り』（青空文庫、図書カード番号58175）より。

図 3.1 テキスト分析アプリケーション～ダウンローダー（book.py タブ 1）

●ワードクラウド

第２タブには、テキストのワードクラウド画像を示します。

図 3.2 テキスト分析アプリケーション～ワードクラウド（book.py タブ 2）

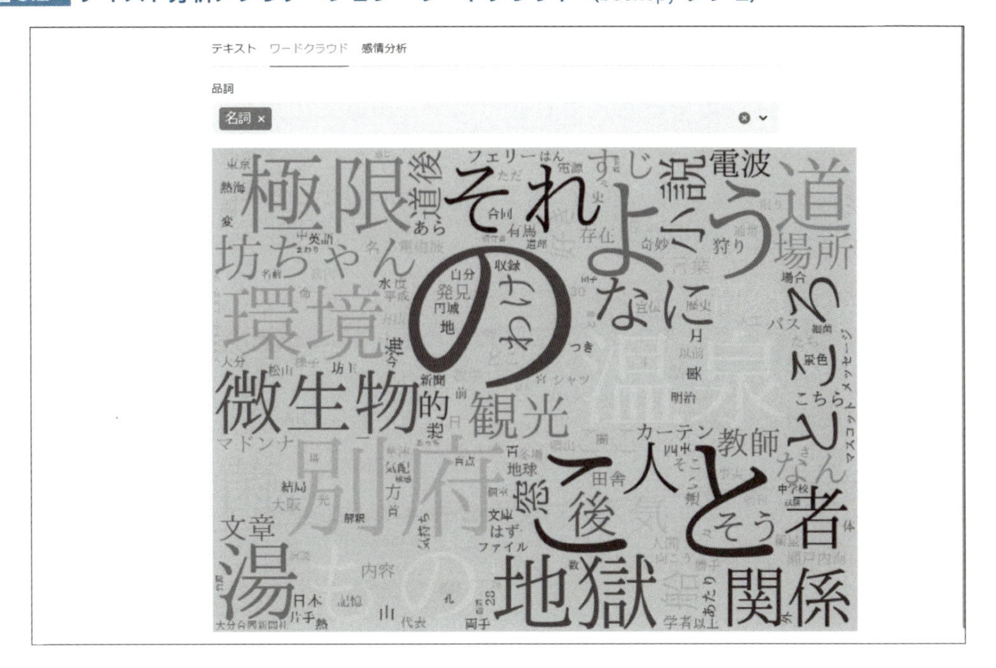

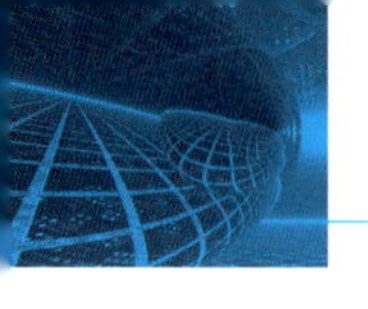

ワードクラウドはタグクラウドとも呼ばれます。文書をワードクラウドで表現すると、その中で最も重要な語群を一瞥で判断できます。ワードクラウドについては次のWikipediaの記事が参考になります。

Wikipedia“タグクラウド”
https://ja.wikipedia.org/wiki/タグクラウド

「品詞」とある選択フィールドでは、取り込む品詞を複数選択できます。テキストに登場する全単語をターゲットにワードクラウドを生成すると、内容的に重要ではないが登場頻度の高い単語が邪魔になることが多いからです。上の例では名詞だけを抽出していますが、名詞と動詞、あるいは形容詞だけのように選べます。品詞分類にはIPA品詞体系を用います。

日本語テキストの単語単位への分解は、空白で区切れる英語など西洋語と違って簡単ではありません。そこで、辞書を使った形態素解析という専用の手法を利用します。

ワードクラウドには、頻出するというだけで最重要に見えてしまうという欠点があります。たとえば、実行例での最頻語は「の」です。どんな文章でも日本語ならこの単語がトップテンに入るでしょうから、ミスリーディングであり、有用とはいえません。同様に、単語分解が不適切だと、意味不明瞭な結果になります。たとえば、「ぞなもし」は一語ではなく「ぞ」、「な」、「もし」に分けられてしまうので、原著での意味（そういう名前の生物がいるという設定）が失われます。「それ」や「こと」など頻出はするものの有意ではない語のブラックリストをあらかじめ用意するとか、例外措置を設けるとかは可能ですが、ここではとくにやってはいません。

ワードクラウド生成には日本語フォントが必要です。本書ダウンロードパッケージにフォントは同梱していないので、スクリプトを実行する前に、後述の指示に従ってフォントをインストールしてください。

●感情分析

第３タブには、感情分析の結果を棒グラフで示します。

図 3.3 テキスト分析アプリケーション〜感情分析（book.py タブ 3）

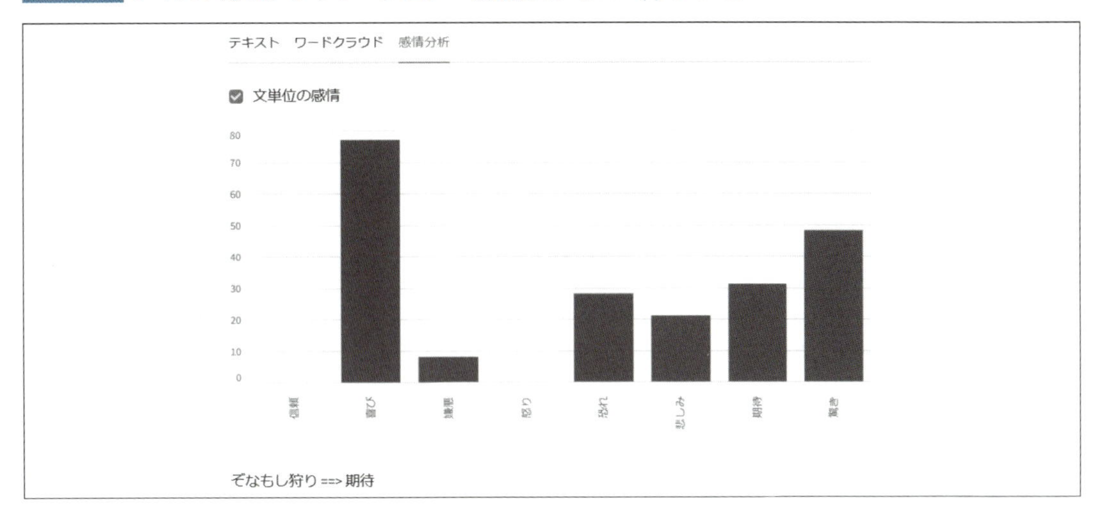

「感情」の分類方法はいろいろありますが、グラフ横軸に示したように、ここでは喜び、悲しみ、期待、驚き、怒り、恐れ、嫌悪、信頼の８つの種類に分類されるAIモデルを用います。縦軸は所定の感情を表していると判定された文の数です。ここから、この作品の感情表出は喜びと驚きが主であることが読み取れます。

感情分析は、単語に含まれている感情の量を定量化することで、文章の感情を評価する自然言語処理技術の１つです。マーケティング目的でソーシャルメディアの反応を調査するときなどに使われます。感情分析については次のWikipediaの記事が参考になります。

Wikipedia "感情分析"
https://ja.wikipedia.org/wiki/感情分析

使用するAIモデルは青空文庫に収容されるような文学をターゲットに訓練されてはいないので、やや突拍子もない判定を下すことがあります。たとえば「まだらのひも」という１文（ホームズの短編のタイトル）は喜びに分類されます。ただ、１本の小説を通して集計すれば、全体の傾向はおおむね把握できると仮定しています。

オプションで、[文単位の感情] チェックボックスにチェックを入れると、文とその感情を逐次表示します。すべての文を逐次表示すると、たいていの小説では極端に長くなって実用的ではないので、デバッグ用です。

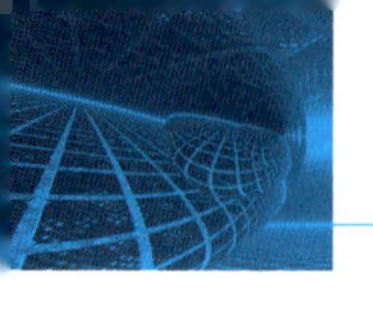

感情分析は時間がかかります。紙の新潮文庫版で301ページの小説を対象にしたときは、実測で800秒かかりました。速度に直すと0.25秒/文です。処理中はプログレスバーから進捗を表示します。

●キャッシング

本章のアプリケーションには、計算負荷の高い処理が多く含まれています。しかも、Streamlitは（後述するように）メニュー選択などのユーザアクションがあれば、その都度スクリプトを再実行するので、すでに計算済みであっても、同じ高負荷処理を何度も繰り返します。

そうした無駄を避けるため、一度計算したらその結果はサーバ内部でキャッシュします。次の計算結果がキャッシュの対象です。

- 青空文庫のテキスト（解凍、整形済み）。処理そのものは重くないですが、同じリソースに何度もダウンロードをかけるのは相手サーバに迷惑です。
- 品詞リスト。80行弱しかないテキストファイルは（サーバ）ローカルに置かれているので、たいした処理ではありません。しかし、ファイルI/Oは少ないほうがなにかとお得です。
- テキストの単語と品詞のリスト。テキストを単語に分解し、それぞれに品詞を割り当てる処理には時間がかかります。
- 感情分析モデルのロード。ディープラーニングの訓練済みデータはえてして大きなものです。

●紹介するStreamlitの機能

アプリケーションの実装をつうじて、次のStreamlitの機能を紹介します。

- ロードしたデータをキャッシュ（`@st.cache_data`と`@st.cache_resource`）。
- タブ型のコンテナを生成（`st.tabs`）。
- 文字列入力フィールド（`st.text_input`）。HTMLの`<input type="text">`に相当します。URLの入力に使うフィールドなので`<input type="url">`のほうが適切ですが、Streamlitはそのタイプのコマンドを提供していません。
- エラーメッセージを出力（`st.error`）。加えて、ログレベル別に用意されたコマンドも示します（`st.success`、`st.info`、`st.warning`）。
- 例外メッセージをスタックトレースとともに出力（`st.exception`）。

- スクリプトの処理を強制終了（st.stop）。
- 複数の項目を選べる選択メニュー（st.multiselect）。外観は異なりますが、機能的にはHTMLの<select multiple>に相当します。
- 画像の表示（st.image）。HTMLの<img>に相当します。
- チェックボックス（st.checkbox）。HTMLの<input type="check">に相当します。
- 要素を書き込むと以前あったものをオーバーライトするコンテナ（st.empty）。
- 進行状況を示すプログレスバー（st.progress）。
- 棒グラフの表示（st.bar_chart）。

本章から、入力フィールドやチェックボックスなどのユーザインタフェース系ウィジェットを扱います。Streamlitのユーザインタフェースは、イベントが発生するとスクリプトを最初からすべて実行し直すという、JavaScriptのイベント駆動からするとかなり風変りなメカニズムで処理されるので、やや詳しく説明します。

●コード

本書掲載のスクリプトは目的を達成する実務用モジュールと、それらをまとめるStreamlitに分かれています。実務用モジュールはライブラリとして外部から呼び出せる、あるいはメインとして単体で動作するように書かれており、Streamlitはそれらを統合する役割を果たします。

本章では3本の実務用モジュールを用意します。青空文庫テキストのダウンロードと整形を行うaozora.py、得られたテキストからワードクラウドを生成するwc.py、テキストの感情分析を行うsentiment.pyです。これらをまとめるStreamlitスクリプトはbook.pyです。

本章で掲載するファイル名付きのコードは、本書ダウンロードパッケージのCodes/bookディレクトリに収容してあります。

ワードクラウド生成で使うIPA品詞リストファイルもdataサブディレクトリに収容してあります（後述のように、オリジナルのものをやや修正しています）。その他の外部データは、必要に応じてdataサブディレクトリに各自で置くものと仮定しています。

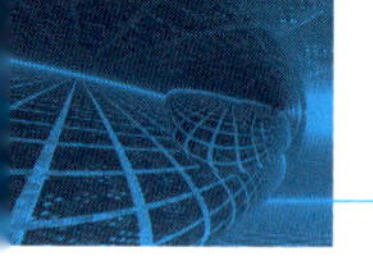

3.2　外部データについて

本章のアプリケーションでは、次の外部データを利用します。

- 青空文庫
- IPA品詞リスト
- IPAフォント
- Hugging Faceの日本語用の感情分析モデル

●青空文庫

青空文庫は、著作権が消滅した、あるいは著者に許諾された作品を無料で提供している電子書籍サイトです。

青空文庫

https://www.aozora.gr.jp/

本書執筆中現在で約1万7千の作品が収容されています。データフォーマットは、ブラウザから直接読めるXHTML形式と、Zipに収容されたSJIS（Shift JIS）のプレーンテキスト形式がメインです。

作者名あるいは作品名から検索すると、個々の作品の「図書カード」にたどり着きます。カードの最下端に「ファイルのダウンロード」欄があり、そのうちの「テキストファイル」とあるZip形式のファイルが目的のファイルです。

図3.4　青空文庫の図書カード。下部にファイルダウンロード欄がある

ファイル種別	圧縮	ファイル名（リンク）	文字集合／符号化方式	サイズ
テキストファイル(ルビあり)	zip	58175_ruby_60558.zip	JIS X 0208／ShiftJIS	7843
XHTMLファイル	なし	58175_60559.html	JIS X 0208／ShiftJIS	1829

https://www.aozora.gr.jp/cards/001916/files/58175_ruby_60558.zip

「ファイル名（リンク）」をマウスホバーすればURLが表示されます。図3.4のように、https://www.aozora.gr.jp/cards/001916/files/58175_ruby_60558.zipという形式です（パスに埋め込まれた001916が作者IDで円城塔、58175が作品IDで『ぞなもし狩り』）。リンクをコピーし、本章のアプリケーションの文字列入力フィールドにペーストします。

Zipにはテキストファイルが1つだけ収容されているのが一般的ですが、作品によっては挿絵画像など補助ファイルが同梱されているものもあります。ここでは、Zipファイルの最初に出てくる拡張子が.txtのファイルを無批判で抽出します。

テキストの文字エンコーディングは、図3.4の「文字集合／符号化方式」欄に示されているようにSJISです。

テキストにはルビや注釈などのメタデータが埋め込まれていますが、テキスト解析ではノイズなので削除します。もっとも、次に示す一般的な4パターンだけが削除対象です。

- ファイル先頭の2本の55個の連続半角ハイフン-（U+002D）とその間のテキスト。このエリアはテキストに埋め込まれたメタデータの説明で、本文ではありません。
- ルビを示す《》（二重山括弧のU+300AとU+300B）とその間の文字列。たとえば、「厚い面紗《ヴェール》をかけた」は「厚い面紗をかけた」にします。ルビの範囲を指定する｜（全角縦棒のU+FF5C）も併用されることがありますが、これは無批判に削除します。たとえば、「先生一人｜麦藁帽《むぎわらぼう》を」は「先生一人麦藁帽を」です。
- ［］（全角角括弧のU+FF3BとU+FF3D）とその間のテキスト。これらはそのテキストを作成した作業者の説明（入力者注）です。たとえば、［＃ここから２字下げ］です。
- テキスト末尾の段落。この部分には底本、初出、入力者などの書誌情報が書かれています。ただし、書誌情報が複数段落に分かれていることもあり、その場合は書誌情報が若干残ります。

万全ではありませんが、これくらいでおおむね満足のいくテキストが得られます。青空文庫テキストの構成は次の作業者向けマニュアルに示されているので、より精度の高い整形を目指すときはそちらを参照してください。

青空文庫“耕作員手帳”
https://www.aozora.gr.jp/guide/techo.html

●IPA品詞リスト

　ワードクラウドに取り込む品詞をユーザに選択させるには、品詞のリストが必要です。本章では、情報処理推進機構（IPA）が開発した品詞体系のリストを利用します。

　IPA品詞体系は最大で4階層のツリー構造になっており、トップレベルは記号、形容詞、名詞、動詞のように一般的な品詞に分類されます。そこから下の階層は細分類1、細分類2、細分類3と細分化されます。たとえば名詞は、一般名詞や固有名詞などの細分類1に分けられ、名詞＞固有名詞はさらに人名や地域など細分類2に分けられます。品詞によっては階層の浅いものもあり、たとえば助動詞はトップレベルだけで、その配下に細分類は存在しません。

　ツリー構造のうち名詞の部分を一部、図3.5に示します。

図3.5 IPA品詞体系の名詞のツリー構造（一部）

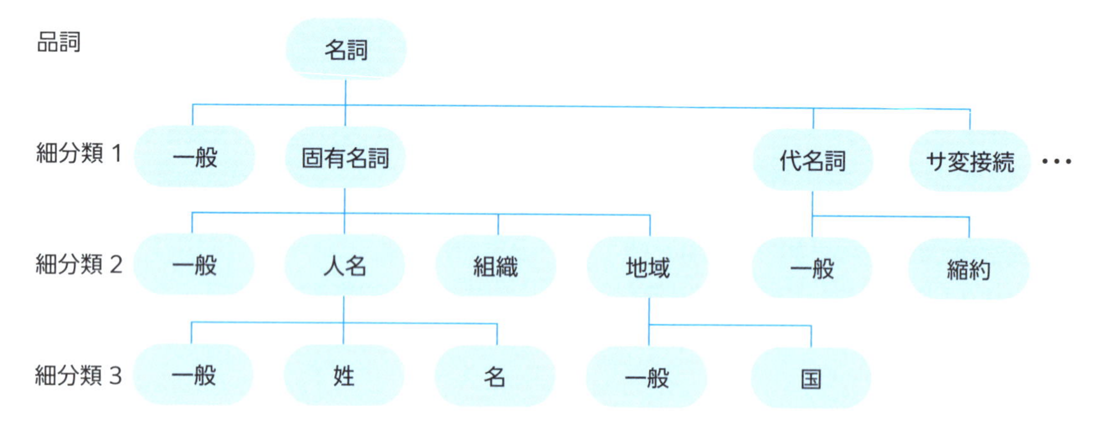

　IPA品詞リストファイルは次のURLからダウンロードできます。テキストファイルで、ファイル名はpos-id.defです。

GitHub taku910/mecab

https://github.com/taku910/mecab/blob/master/mecab-ipadic/pos-id.def

　このファイルには品詞、細分類1～3をカンマ,で連結したエントリが収容されています。

次に例を示します。

```
名詞,サ変接続,*,* 36
名詞,ナイ形容詞語幹,*,* 37
名詞,一般,*,* 38
名詞,引用文字列,*,* 39
名詞,形容動詞語幹,*,* 40
名詞,固有名詞,一般,* 41
名詞,固有名詞,人名,一般 42
```

階層の深さにかかわらず、どのエントリも4要素構成です。細分類が浅い段階で終わりのときは、以下の階層はアスタリスク*で埋められます。たとえば、「名詞,サ変接続」は細分類1までしかないので、細分類の2と3は*です。行末の数値はこれら品詞の識別番号で、本章では利用しません。

ファイルにはリーフノードだけが収容されています。言い換えると、「名詞,固有名詞」のようにさらに細分類のある内部ノードには、「名詞,固有名詞,*,*」のような独立したエントリは用意されていません。

このままだと、品詞ベースのフィルタリングが難しいので（後述）、品詞識別番号とアスタリスクを削除し、細分類のあるノードも含めたリストを新たに用意します。次のような格好です（コメントのあるエントリが追加部分）。

```
名詞                                      # 追加
名詞,サ変接続
名詞,ナイ形容詞語幹
名詞,一般
名詞,引用文字列
名詞,形容動詞語幹
名詞,固有名詞                             # 追加
名詞,固有名詞,一般
名詞,固有名詞,人名,一般
```

この改造版IPA品詞リストは、`Codes/book/data/pos-id.txt`に収容しました。

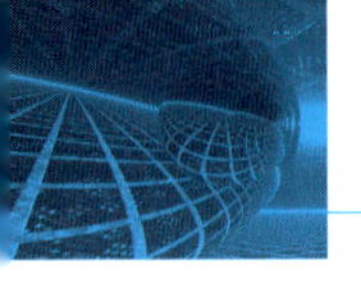

●IPAフォント

ワードクラウド画像に日本語をレンダリングするには、日本語フォントが必要です。ローカル実行ならローカルなOSのフォントをそのまま利用できますが（Windowsなら`C:\Windows\Fonts`）、クラウド環境など日本語フォントが期待できないところでは、開発者が用意しなければなりません。

ここでは、IPAが提供するフォントを利用します。現在、文字情報技術促進協議会という一般社団法人がIPAフォントを管理・公開しています。

文字情報技術促進協議会 "IPAex フォントおよび IPA フォントについて"
https://moji.or.jp/ipafont/

図3.6　IPAフォントのページ

ページ上端のメニューの［ダウンロード］からダウンロードできます。ダウンロード前に、［ライセンス］から許諾条項（IPAフォントライセンスv1.0）もご一読ください。

IPAフォントには明朝とゴシックがあり、どちらでもお好きなほうをお使いください。本章では`ipaexm.ttf`（IPAex明朝フォント。TrueTypeアウトライン）を使います。スクリプトは、このフォントファイルが`./data`サブディレクトリに置いてあると仮定しています。ただし、本書ダウンロードパッケージのCodes/book/dataディレクトリにはフォントファイルを同梱していないので、自分でダウンロードし、そこに置いてください。Zipをダウンロードし、展開するだけです。

他のフォントを使ってもかまいません。そのときはコード中のフォントパスを変更するなど、必要な措置を取ってください。

●感情分析モデル

感情分析用のAIモデルはHugging Faceのモデルライブラリから取得します。

AI開発はモデルを設計し、大量のデータセットを集め、それらにアノテーションを施し、モデルに学習させ、といろいろ大変です。しかし、Hugging Faceが展開するユーザコミュニティのHub（ハブ）から完成品をダウンロードすれば、あとはPythonコード2行でAIアプリケーションができあがります。特定の目的で精度の高い処理を行いたいならモデルは自分で構築あるいはチューニングしなければいけませんが、カジュアルな利用ならこれで十分です。

Hubはモデル（Models）やデータセット（Datasets）などのカテゴリーに分かれていますが、ここで必要なのはモデルです。

Hugging Face Hub - Models
https://huggingface.co/models

図3.7 Hugging Faceのモデル一覧ページ

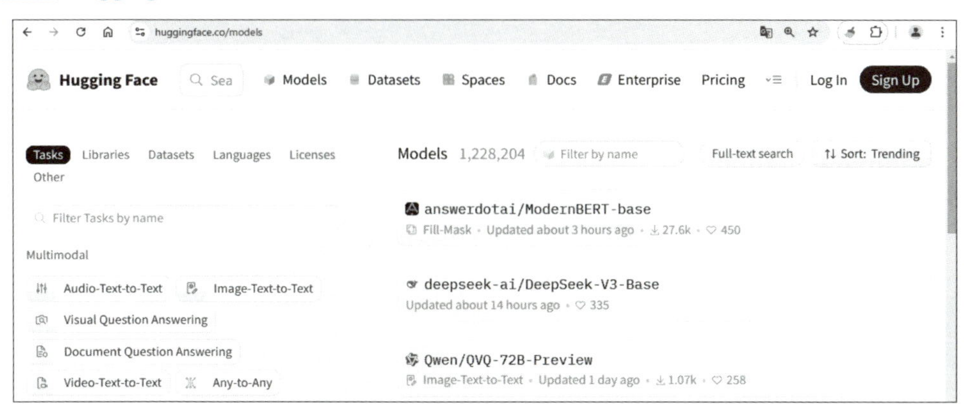

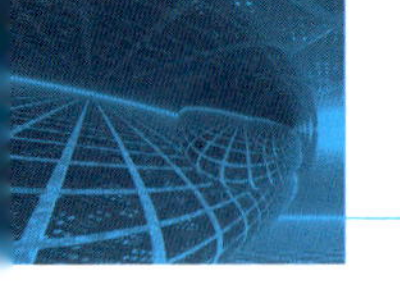

本書執筆中現在で約120万のモデルがあります。今回用いるのは水色桜さんの開発したMizuiro-sakura/luke-japanese-large-sentiment-analysis-wrimeです。

Hugging Face Hub - Mizuiro-sakura

https://huggingface.co/Mizuiro-sakura/luke-japanese-large-sentiment-analysis-wrime

図 3.8 水色桜さんの感情分析モデルのページ

このモデルは日本語テキストを喜び、悲しみ、期待、驚き、怒り、恐れ、嫌悪、信頼の8つの感情のどれかに分類するものです。ページに説明や用法が示されているので、一読ください。

水色桜さん本人が投稿した、次のQiitaの記事も参考になります。

Qiita @Mizuiro__sakura “8つの感情を分析できるように言語モデルLUKEをファインチューニングしてみた”

https://qiita.com/Mizuiro__sakura/items/aa13593b239f91a51486

処理を行うTransformersのpipelineが自動的にダウンロードするので、モデルの準備は必要ありません。Streamlitコミュニティで展開するときも同様です。サイズがかなり大きいため、時間はかかります。ダウンロード中は次のようなプログレスバーがコンソールに表示されます。

```
config.json: 100%|██████████████████████████████| 711/711 [00:00<00:00, 1.55MB/s]
pytorch_model.bin:   9%|███                      | 115M/1.32G [00:05<01:07, 17.9MB/s]
```

3.3 外部ライブラリについて

本章のアプリケーションでは、次のサードパーティPythonパッケージを使用します。

- Requests：HTTP/1.1アクセスを容易にするライブラリ。青空文庫をダウンロードするときに使います。
- Janome：日本語形態素解析ライブラリ。日本語テキストを単語分解し、品詞の付与（タギング）をするときに使います。
- WordCloud：ワードクラウド生成ライブラリ。
- Transformers：ディープラーニングアーキテクチャ。感情分析のときに使います。

●Requests

HTTPによるデータ交換にはRequestsパッケージを利用します。以下、本章での利用範囲で用法を説明します。これ以外の利用方法やAPIについては次のRequestsのページを参照してください。

Requests
https://requests.readthedocs.io/

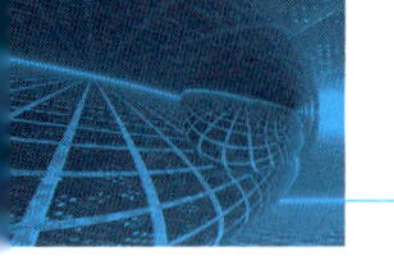

図 3.9 Requests のページ

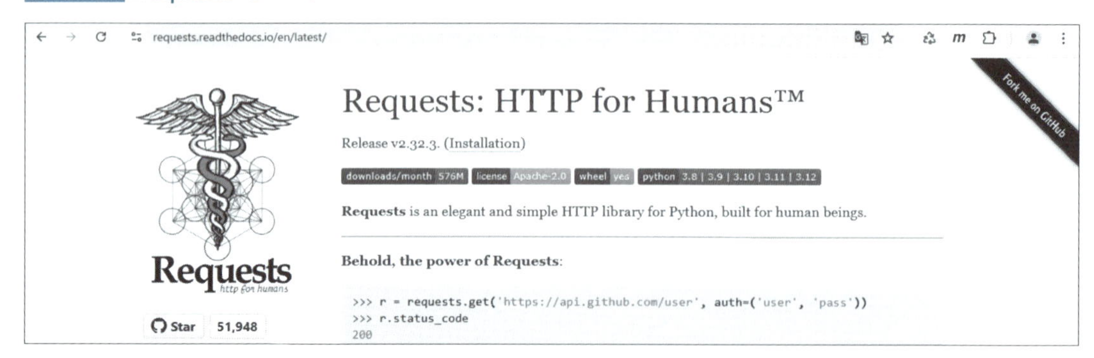

Requestsがサポートしている HTTP バージョンは 1.1 だけです。青空文庫サーバは昨今のトレンドに沿ってHTTP/2を使っていますが、HTTP/1.1 でも応答してくれるので問題はありません。

パッケージはpipからインストールします。

```
$ pip install requests
```

HTTPの各種のメソッドをサポートしていますが、データのダウンロードならgetメソッドだけで十分です。引数にはURLを指定します。

インタラクティブモードから用例を示します。

```
>>> import requests
>>> url = 'https://www.aozora.gr.jp/cards/000160/files/3368_ruby_25107.zip'
>>> resp = requests.get(url)
```

戻り値のrespは、HTTPレスポンスを表現するクラスrequests.Responseのインスタンスです。ここにはメッセージボディ(データ)の他に、レスポンスヘッダなどのHTTPトランザクションの情報が収容されています。HTTPステータスコードのプロパティはstatus_codeです。

```
>>> resp.status_code
200
```

メッセージボディのバイト表現はcontentプロパティに収容されています。ダウンロードするのはZipデータなので、バイナリのままで読み取らなければなりません。

```
>>> len(resp.content)                              # ロードしたバイト数
242133
>>> type(resp.content)                             # データ型
<class 'bytes'>
```

同じメッセージボディはtextプロパティにも収容されています。

```
>>> type(resp.text)
<class 'str'>
```

requests.Response.contentを文字列としてデコードしたものなので、データ型はstrです。HTMLなどテキストデータを読み取るときに使うもので、本書では5.9節で利用します。

● Janome

整形済みテキストの単語分解と品詞付けには、Janomeを使います。図3.10の挿画からわかるように、Janomeの由来は傘の模様の「蛇の目」です。

Janome documentation

https://mocobeta.github.io/janome/

図 3.10 Janome のページ

パッケージはpipからインストールします。

```
$ pip install janome
```

使い方は簡単で、単語分解のクラスjanome.tokenizer.Tokenizerをインスタンス化し、テキストを分解メソッドのtokenizeにかけるだけです。名称が「トークン化」(tokenize)なのは、言語処理の世界ではテキストの最小単位を「単語」ではなく「トークン」と呼ぶからです。

インタラクティブモードから使い方を示します。

```
>>> from janome.tokenizer import Tokenizer
>>> t = Tokenizer()
>>> for token in t.tokenize('吾輩は猫である。'):
...     print(token)
...
吾輩    名詞,代名詞,一般,*,*,*,吾輩,ワガハイ,ワガハイ
```

```
は	助詞,係助詞,*,*,*,*,は,ハ,ワ
猫	名詞,一般,*,*,*,*,猫,ネコ,ネコ
で	助動詞,*,*,*,特殊・ダ,連用形,だ,デ,デ
ある	助動詞,*,*,*,五段・ラ行アル,基本形,ある,アル,アル
。	記号,句点,*,*,*,*,。,。,。
```

janome.tokenizer.Tokenizer.tokenizeは引数に文字列（文）を受けると、Tokenオブジェクトのジェネレータを返します。Tokenは単語とその情報を収容しており、表3.1のプロパティを持っています。

表3.1 Taken オブジェクトのプロパティ

名称	プロパティ名	例	注
表層形	surface	吾輩	入力文にある単語。
品詞	part_of_speech	名詞,代名詞,一般,*	4つの品詞要素の連結したIPA品詞。
活用型	infl_type	特殊・ダ	活用がなければ*（Inflected type）。
活用形	infl_form	連用形	活用がなければ*（Inflected form）。
原形	base_form	だ	活用があるときはそのおおもとの書き方（猫で→猫だ）。辞書の見出しに出る語。
読み	reading	ワガハイ	辞書上の読み。
発音	phonetic	ワ	発音。読みと異なることもある（吾輩は→吾輩わ）。

2行目の品詞はIPA品詞体系のもので、ベースの品詞と細分類1〜3をカンマ,で連結したものです。

ワードクラウドの単語抽出は、この品詞プロパティに対するフィルタリングで行います。たとえば、名詞に属するすべての単語を抽出するなら、品詞プロパティに正規表現r'^名詞'を当てはめます。これで、上記の例ならば「名詞,代名詞,一般」の「吾輩」と「名詞,一般」の「猫」がマッチします。一般名詞（猫）だけ抽出するなら、r'^名詞,一般'です。名詞に併せて動詞全般も抽出するなら、r'^名詞|動詞'です。

正規表現に使う品詞文字列のリストはIPA品詞ファイルからすで作成してあるので、あとはそれらをパイプ|で組み合わせるだけです。

●WordCloud

ワードクラウドの生成にはWordCloudパッケージを利用します。ドキュメントは次の

URLから閲覧できます。

WordCloud for Python documentation

http://amueller.github.io/word_cloud/

図3.11 WordCloudのページ

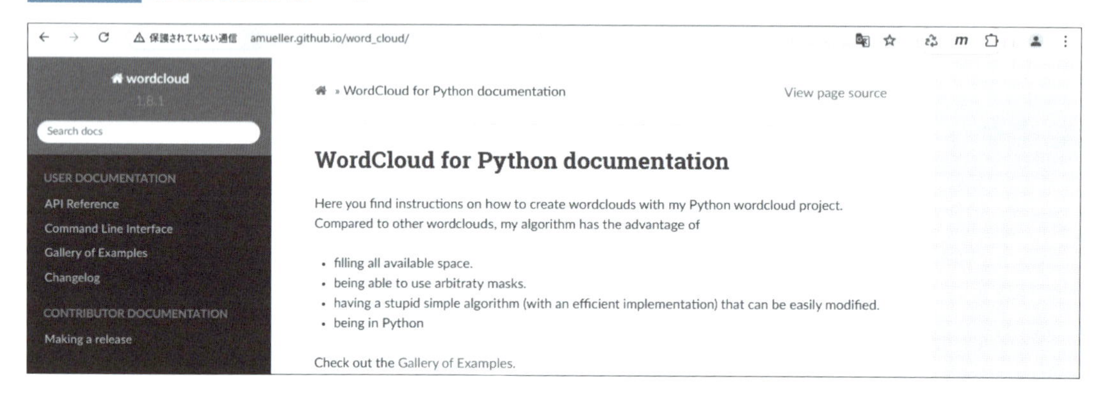

パッケージはpipからインストールします。

```
$ pip install wordcloud
```

用法は簡単です。wordcloud.WordCloudクラスをインスタンス化し、そのメソッドのfit_wordsに、単語をキー、頻度を値にした辞書を指定して画像オブジェクトを生成し、それをPillowの扱う画像フォーマットに変換するだけです。

インタラクティブモードから使い方を示します。

```
>>> from wordcloud import WordCloud
>>> word_cloud = WordCloud()
>>> prob = {'a': 10, 'b': 100, 'c': 20, 'd':40}
>>> img = word_cloud.fit_words(prob)
>>> pil = img.to_image()
```

図3.12のように、bが最も大きく、aが最も小さく描かれた画像が得られます。

図3.12 ワードクラウド画像例

上記では、wordcloud.WordCloudをデフォルトのままインスタンス化しましたが、オプションのパラメータからいろいろと調整できます。表3.2に、本章で用いるキーワード引数を示します。

表3.2 wordcloud.WordCloudのキーワード引数

キーワード引数	デフォルト	意味
font_path	なし	レンダリングに使用するフォントのパス。 OTF（OpenType）またはTTF（TrueType）。
width	400	画像幅。単位ピクセル。
height	200	画像高さ。単位ピクセル。
background_color	"black"	背景色。色名にはHTML/CSSのものが使える。
colormap	"viridis"	単語色のカラーマップ。

font_pathは日本語を使用するときは必須です。デフォルトで用いられるDroidSansMono.ttfが英語オンリーのフォントだからです。

widthやheightはデフォルトでは小さすぎるので、これも必須項目といってよいでしょう。

単語はそれぞれ色に変化をつけて描かれます。そのときに使われる色の系統をカラーマップといい、デフォルトの"viridis"は紫→緑→黄色と滑らかに変化する系統です。カラーマップの名称とその色系統はグラフィックライブラリのMatplotlibから来ています。どのようなバリエーションがあるかは、次に示すMatplotlibのマニュアルから調べられます。

Matplotlib User Guide "Choosing Colormaps in Matplotlib"
https://matplotlib.org/stable/users/explain/colors/colormaps.html

●Pillow

to_imageメソッドが生成する画像オブジェクトは、Pillowという画像処理用のサードパーティパッケージが提供するものです。第5章で使用するので詳細ははそちらにゆだねるとして、ここでは仕上がりの画像だけでも見られるようにします。

Pillowの画像オブジェクトImageをファイルに保存するには、そのsaveメソッドを使います。

```
>>> pil.save('test.png')
```

引数にはファイル名を指定します。画像フォーマットは拡張子から自動的に判定されるので、JPEGがよければ.jpgを、GIFが好みなら.gifを拡張子に指定します。

●Transformers

感情分析に用いるTransformersは、Hugging Faceが開発したAIフレームワークです。そのサイトには自然言語処理、画像・オーディオ処理など、さまざまな目的の訓練済みモデルがすぐに使える形で用意されています。

Hugging Face "Transformers"
https://huggingface.co/docs/transformers/

図 3.13 Transformers のページ

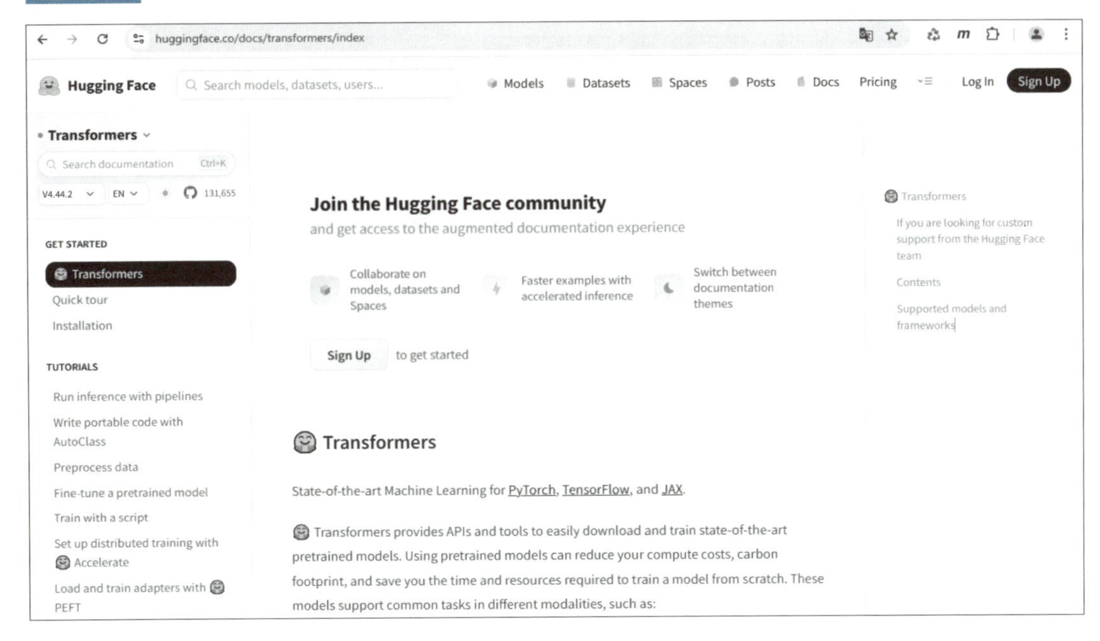

パッケージはpipからインストールします。このとき、Transformersが依存する機械学習系のライブラリ、およびここで使用するモデルが要求するライブラリも併せて導入します。SentencePieceはJanomeと同じく文を単語に分解するライブラリであり、本章で使うモデルが必要とするものです。

```
$ pip install sentencepiece
$ pip install torch
$ pip install transformers
```

使い方はとても簡単で、pipelineオブジェクトを作成し、そこに文字列を引き渡すだけです。実行例を次に示します（出力は一部整形しています）。

```
>>> from transformers import pipeline
>>> pipe = pipeline('sentiment-analysis')
No model was supplied, defaulted to
distilbert/distilbert-base-uncased-finetuned-sst-2-english and revision 714eb0f.
Using a pipeline without specifying a model name and revision in production
```

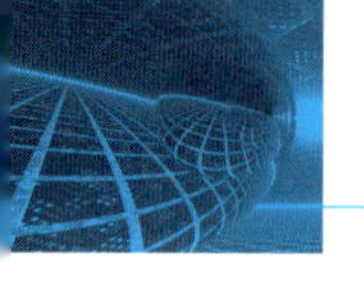


```
is not recommended.
config.json: 100%|██████████████████████████████| 629/629 [00:00<00:00, 6.04MB/s]
model.safetensors: 100%|██████████████████████████| 268M/268M [00:05<00:00, 53.2MB/s]
tokenizer_config.json: 100%|██████████████████████| 48.0/48.0 [00:00<00:00, 371kB/s]
vocab.txt: 100%|██████████████████████████████████| 232k/232k [00:00<00:00, 474kB/s]
```

目的（タスク）が感情分析であるときは、pipelineの第1引数に"sentiment-analysis"を指定します。

2つのメッセージが表示されています。最初のものは、引数でモデル名を指定していないので、distilbertのモデルを自動選択したことを告げています。次のものは、本稼働させるコードではモデル名とリビジョン番号を指定すべきだと推奨しています。

モデルや関連するファイルは自動的にダウンロードされます。一度ダウンロードされれば以降はローカルなものが使われるので、起動時間が短くなります。デフォルトのローカルキャッシュ場所は次のとおりです。

- Windows：C:\Users\<username>\.cache\huggingface\hub
- Unix系：~/.cache/huggingface/hub

この場所は環境変数HF_HOMEから変更できます。

準備ができたら文字列を引き渡します。

```
>>> pipe('May the force be with you.')
[{'label': 'POSITIVE', 'score': 0.9988833069801331}]
```

引き渡したセリフは、ほぼ100%の信頼度でポジティブな感情だと判定されました。

出力の形式がリストなのは、入力が複数（文字列のリスト）ならその数だけ辞書形式の回答が含まれるからです。辞書のlabelには（この場合）ポジティブかネガティブが示されます。scoreはその信頼度です。ネガティブも試します。

```
>>> pipe('You are a part of the Rebel Alliance and a traitor.')
[{'label': 'NEGATIVE', 'score': 0.8033176064491272}]
```

transformers.pipelineは、タスク名（引数キーワードはtask）やモデル名（model）を指定するだけで多種多様なモデルに対応できるように設計されています。pipelineの使い方は次のドキュメントに示されています。

Hugging Face API > MAIN CLASSES > Pipelines
https://huggingface.co/docs/transformers/main_classes/pipelines/

3.4 青空文庫ダウンローダー

●手順

本節では、青空文庫からのテキストのダウンロードと整形を行う実務用モジュールを示します。処理手続きは次のとおりです。

- 青空文庫のWebサイトにHTTP GETリクエストをかけることで、テキストを含んだZipファイルをダウンロードします。これにはサードパーティライブラリのRequestsを使います。
- Zipファイルからテキストを抽出します。解凍には標準ライブラリのzipfileを使います。
- テキストからメタデータを削除します。整形には文字列関数や正規表現（reモジュール）を使います。

●コード

青空文庫ダウンローダーaoroza.pyのコードを次に示します。

リスト3.1 aozora.py

```
1    from io import BytesIO
2    import re
3    import sys
4    import zipfile
5    import requests
6
7    def get_page(url):
8        if not url.startswith('http'):
9            with open(url, 'rb') as fp:
```

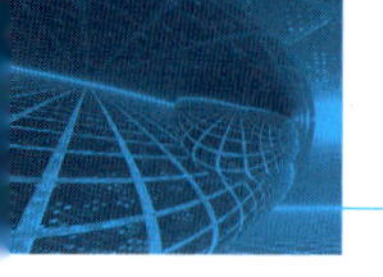


```
10                  return fp.read()
11              raise Exception(f'Failed to read local file: {url}.')
12
13          resp = requests.get(url)
14          if resp.status_code != 200:
15              raise Exception(f'HTTP failure. Code {resp.status_code}.')
16
17          return resp.content
18
19
20      def parse_zipped(zipped_data):
21          zp = zipfile.ZipFile(BytesIO(zipped_data))
22          text_files = [z for z in zp.infolist() if z.filename.lower().endswith('.txt')]
23          if len(text_files) == 0:
24              raise Exception("Can't find any text file in the Zip.")
25
26          info = text_files[0]
27          with zp.open(info) as fp:
28              text_bytes = fp.read()
29              text = text_bytes.decode('shift-jis', errors='replace')
30
31          return text
32
33
34      def sanitize_aozora(text):
35          # ---（55個）とその間はメタデータ/注釈なので空行と入れ替える。
36          first = text.find('-'*55, 0)
37          second = text.find('-'*55, first+55)
38          text = text[:first] + text[second+55:]
39
40          # ［］（全角角括弧）はタイポグラフィカルな注意なので抜く
41          text = re.sub(r'［.+?］', '', text)
42
43          # 《》はルビなので抜く。｜（全角縦棒）もルビの範囲を示す記号なので抜く。
44          text = re.sub(r'《.+?》', '', text)
45          text = text.replace('｜', '')
46
```

```
47        # 最後の底本情報も抜く。
48        last = text.rfind('\r\n\r\n');
49        text = text[:last]
50
51        return text
52
53
54    def get_aozora(url):
55        zipped_data = get_page(url)
56        text = parse_zipped(zipped_data)
57        sanitized = sanitize_aozora(text)
58
59        return sanitized
60
61
62    def parse_text_into_sentences(text):
63        paragraphs = [par for par in re.split(r'[\r\n]+', text) if len(par) > 0]
64        sentences = []
65        for par in paragraphs:
66            sentences.extend([s.strip() for s in re.split(r'。[」』]*', par) ➡
                  if len(s) > 0])
67
68        return sentences
69
70
71    if __name__ == '__main__':
72        import sys
73        url = sys.argv[1]
74        text = get_aozora(url)
75        print(text)
76
77        sentences = parse_text_into_sentences(text)
78        print('\n'.join(sentences))
```

get_aozora関数は引数からURL文字列を受けると、整形済みの作品テキストを1つの大きな文字列として返します（54～59行目）。これは、それより上に用意した3つの関数を順に呼び出すだけのラッパー関数です。

parse_text_into_sentences関数はそのテキストを引数として受けると、文単位に分割した文字列のリストを返します（62〜68行目）。これは、感情分析で使います。

71〜78行目はテスト用で、コマンドライン引数で指定されたURLのZipファイルをダウンロードし、テキスト全部、続いて文を順に表示します。引数にはローカルZipファイルも指定できます。あらかじめダウンロードしておけば、青空文庫に余分な負荷をかけずに済みます。

●実行例

aozora.pyの実行例を次に示します[注2]。ローカルファイルから読み込んでいます。

```
$ python aozora.py 61171_ruby_74825.zip
鉄道模型の夜                                                # ここからテキスト全体
円城塔



　彼の趣味は箱庭であり、鉄道の方はあとからついてきた。だから最初は、小さな庭でも家のミニチュアでも構わなかった。かといって、押絵を風呂敷に包んで旅するような趣味があるわけでなし、縮小するのは持ち運びのためで…
 ⋮
鉄道模型の夜                                                # ここから文単位
円城塔
彼の趣味は箱庭であり、鉄道の方はあとからついてきた
だから最初は、小さな庭でも家のミニチュアでも構わなかった
 ⋮
```

テキスト出力のget_aozoraは、段落間に置かれた空行や行頭字下げの全角空白を含んだテキストを返します。

parse_text_into_sentencesは1文1行（リストの1要素）として出力します。行頭字下げや句点は感情分析では不要なので、削除してあります。

注2　円城塔『鉄道模型の夜』（青空文庫、図書カード番号61171）より。

●データダウンロード

Zipファイルデータの読み込みはget_page関数が担当します（7〜17行目）。

この関数は、引数の先頭がhttpで始まっていればWebアクセスだとしてrequests.getを呼び出します（13行目）。そうでなければローカルファイルなので、openして読み込みます（8、9行目）。

```
7    def get_page(url):
8        if not url.startswith('http'):
9            with open(url, 'rb') as fp:
⋮
13       resp = requests.get(url)
```

HTTP経由の場合、ステータスコードが200以外ならデータが正しく受信できていません。例外を上げて終了します（14〜15行目）。

```
14       if resp.status_code != 200:
15           raise Exception(f'HTTP failure. Code {resp.status_code}.')
```

受信データはZipなので、関数はレスポンスボディをバイナリのまま返します（17行目）。

```
17       return resp.content
```

●Zipからのテキスト抽出

Zipバイナリデータからのテキストファイル抽出は、parse_zipped関数が担当します（20〜31行目）。

```
1    from io import BytesIO
⋮
4    import zipfile
⋮
20   def parse_zipped(zipped_data):
21       zp = zipfile.ZipFile(BytesIO(zipped_data))
```

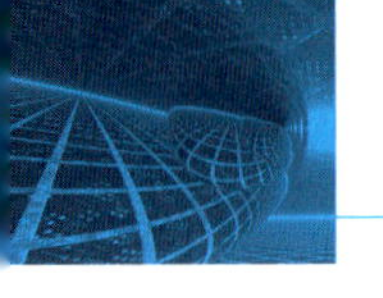

Zipの解凍には標準ライブラリのzipfile.ZipFileを使いますが（21行目）、このクラスは引数にファイルを要求します。そこで、手元にあるbytesをファイル風に変換するため、io.BytesIOを介します。Pythonではよくやる手です。

zipfile.ZipFileオブジェクトが得られたら、中身のファイルを確認します。ファイルのリストを得るにはinfolistメソッドを使います（22行目）。

```
22        text_files = [z for z in zp.infolist() if z.filename.lower().endswith('.txt')]
```

このメソッドはzipfile.ZipInfoという1個のファイルを表現するオブジェクトのリストを返します。青空文庫のZipファイルにはテキストファイルが1つだけ含まれているのが一般的ですが、作品によっては挿絵画像などが含まれています。そこで、ファイル名が.txtで終わっているもののみ抽出します。ファイル名はzipfile.ZipInfo.filenameプロパティに収容されています。

テキストファイルがなければ例外を上げ（23〜24行目）、複数あればリスト中の先頭のものだけを選択します（26行目）。

```
23        if len(text_files) == 0:
24            raise exception("can't find any text file in the Zip.")
25
26        info = text_files[0]
```

zipfile.ZipFileのopenメソッドからzipfile.ZipInfoを開けば、そのファイルの中身が得られます（27行目）。

```
27        with zp.open(info) as fp:
28            text_bytes = fp.read()
29            text = text_bytes.decode('shift-jis', errors='replace')
```

読み込んだデータはバイナリなので、bytes.decodeで文字列にエンコードします（29行目）。青空文庫の文字コードはSJISです。SJISの中にはうまくデコードできない文字があります。そうした文字があってもエラーで終了はせず、置換文字�（U+FFFD）に置き換えて（replace）スルーします。これを指示しているのがerrorsキーワード引数です。デフォルトはerrors='strict'で、エラー文字のたびにUnicodeErrorが発生します。

●余分な情報の除去

青空文庫テキストには注釈やルビなど、本来のテキスト以外の夾雑物も含まれています。これらを正規表現などを使って取り除きます。これを担当しているのは34〜51行目のsanitize_aozora関数です。

まずは、タイトルと著者名に続いて置かれた、メタデータ記号に対するメモです。

```
ぞなもし狩り
円城塔

-------------------------------------------------------
【テキスト中に現れる記号について】

《》：ルビ
（例）折角《せっかく》

｜：ルビの付く文字列の始まりを特定する記号
（例）五十年以上｜遡《さかのぼ》る

［＃］：入力者注　主に外字の説明や、傍点の位置の指定
（例）19［＃「19」は縦中横］
-------------------------------------------------------
```

２本の連続半角ハイフン-（55個）とその間のテキストをざくっと除外します。36〜38行目では連続ハイフンの出現位置を調べて、その前と後のテキストだけをスライスで抽出しています

```
34  def sanitize_aozora(text):
35      # ---（55個）とその間はメタデータ/注釈なので空行と入れ替える。
36      first = text.find('-'*55, 0)
37      second = text.find('-'*55, first+55)
38      text = text[:first] + text[second+55:]
```

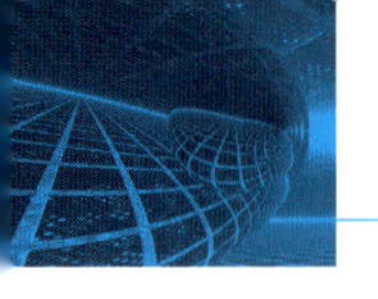

次は、全角角括弧［］で囲まれた入力者注です。たとえば次のような文です。

```
出航がおおよそ19［＃「19」は縦中横］時、観光港着がだいたい7時ということだから、…
```

これは正規表現で削除します（41行目）。正規表現の文字集合[]と非常に紛らわしいですが、全角です。

```
40        #  ［］（全角角括弧）はタイポグラフィカルな注意なので抜く
41        text = re.sub(r'［.+?］', '', text)
```

ルビをくくる《》とルビの範囲を示す｜（いずれも全角）が含まれることもあります。

```
…超高熱菌の発見史が五十年以上｜遡《さかのぼ》ることになってしまう」と道理を続ける。
```

これらも正規表現で削除します（44〜45行目）。

```
43        #  《》はルビなので抜く。｜（全角縦棒）もルビの範囲を示す記号なので抜く。
44        text = re.sub(r'《.+?》', '', text)
45        text = text.replace('｜', '')
```

最後に、ファイル末尾の段落を削除します（48〜49行目）。この領域は、底本や入力者を示すメタデータに使われています。

```
47        # 最後の底本情報も抜く。
48        last = text.rfind('\r\n\r\n');
49        text = text[:last]
```

末尾のメタデータはたいてい1段落ですが、次のように複数段落構成のこともあります。

```
底本：「大分合同新聞（朝刊）」大分合同新聞社
　　　2016（平成28）年4月30日
初出：「大分合同新聞（朝刊）」大分合同新聞社
　　　2016（平成28）年4月30日
入力：円城塔
```

```
校正：大久保ゆう
2016年12月23日作成
青空文庫収録ファイル：
このファイルは、著作権者自らの意思により、インターネットの図書館、青空文庫（http://www.
aozora.gr.jp/）に収録されています。

この作品は、クリエイティブ・コモンズ「表示-非営利-改変禁止 2.1 日本」でライセンスされてい
ます。利用条件は、http://creativecommons.org/licenses/by-nc-nd/2.1/jp/を参照してください。
```

このようなケースだと、48〜49行目が削除できるのは2段落目の「この作品は…」以降だけです。この例を見た範囲では、「底本：」をサーチすべきなのかもしれませんが、どの青空文庫ファイルでもそれが書誌情報のスタートであると保証されてはいません。厳密に構造化されているとは限らないデータを対象とするWebスクレイピングでは、仕方のないことです。

●文単位の分割

感情分析は文単位で行うので、作品テキストを文に分ける関数を用意しました。62〜68行目のparse_text_into_sentences関数です。

```
62    def parse_text_into_sentences(text):
63        paragraphs = [par for par in re.split(r'[\r\n]+', text) if len(par) > 0]
64        sentences = []
65        for par in paragraphs:
66            sentences.extend([s.strip() for s in re.split(r'。[」』]*', par) ➜
                  if len(s) > 0])
67
68        return sentences
```

仕組みは単純で、まず空行を除いた段落単位に分け（63行目）、段落は文末尾の句点で分解します（66行目）。書記方法によっては、会話文の閉じ鍵括弧の手前に句点を置くものもあり、それに対処するために0個以上の閉じ鍵括弧も文区切り文字に含めています。

これだけでは「どうして……」のように句点で終端しない文などには対応できませんが、完璧を期しているわけではないので、このあたりでよしとします。このトピックに興味の

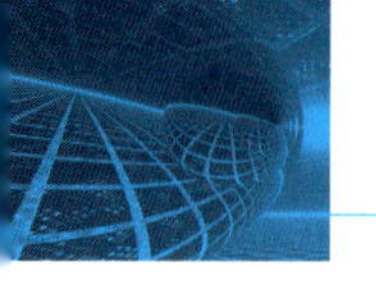

ある方は、テキスト文を分解する自然言語処理ライブラリのpySBDをご覧になってください。

GitHub nipunsadvilkar/pysbd
https://github.com/nipunsadvilkar/pysbd

3.5　ワードクラウド生成器

●手順

本節の実務用モジュールは、次の手順で整形済みのテキストからワードクラウドを生成します。

- テキストを単語単位に分解し、品詞を付けます。これにはサードパーティライブラリのJanomeを使います。
- 品詞から単語をフィルタリングし、単語の出現回数をカウントし、{単語：カウント数}の辞書を作成します。
- 辞書をワードクラウド生成ライブラリのWordCloudに投入して、画像を生成します。フォントにはIPAフォントを使います。

モジュールには、これら操作をそれぞれに実装した関数を用意しました。いずれも、Streamlitから個別に呼び出せるように設計されています。

テキストからワードクラウド生成までの一連の操作をひとまとめにしていないのは、それぞれの結果をキャッシュできるようにするためです。テキストを単語に分ける最初の処理は、1回しか実行する必要はありません。しかし、その次の単語フィルタリングは、ユーザの選択に応じて毎回計算し直さなければなりません。これらの処理をまとめてしてしまうと、ユーザ操作のたびに比較的処理の重い単語分割も繰り返さなければなりません。そして、Streamlitのキャッシュは関数単位で管理されているので、関数内の中間結果を抽出してキャッシュすることはできません。

Streamlitで既存のスクリプトをアプリケーション化する際は、キャッシュさせたいリソースを関数が返すようにリファクタリングしなければなりません。

●コード

ワードクラウド生成器wc.pyのコードを次に示します。

リスト3.2 wc.py

```
1   from pathlib import PurePath
2   import re
3   from janome.tokenizer import Tokenizer
4   from wordcloud import WordCloud
5
6   FONT_PATH = PurePath(__file__).parent / 'data/ipaexm.ttf'
7   POS_ID_FILE = PurePath(__file__).parent / 'data/pos-id.txt'
8
9
10  def get_tokens(text):
11      sanitized = ''.join(text.split())
12      t = Tokenizer()
13      tokens = [(w.surface, w.part_of_speech) for w in t.tokenize(sanitized)]
14      return tokens
15
16
17  def get_wordcloud(tokens, pos_list):
18      pos_joined = '|'.join(pos_list)
19      regexp = re.compile(f'^({pos_joined})')
20      selected = [t[0] for t in tokens if regexp.search(t[1])]
21
22      unique_words = list(set(selected))
23      probs = {key:selected.count(key) for key in unique_words}
24
25      word_cloud = WordCloud(
26              font_path=FONT_PATH,
27              background_color='lightgray',
28              width=800,
29              height=600,
30              colormap='twilight'
31      )
32      img = word_cloud.fit_words(probs)
```

```
33
34          return img.to_image()
35
36
37      def get_pos_ids(file=POS_ID_FILE):
38          with open(file) as fp:
39              pos_ids = fp.readlines()
40              pos_ids = [line.strip() for line in pos_ids]
41
42          return pos_ids
43
44
45
46      if __name__ == '__main__':
47          import sys
48          from aozora import get_aozora
49          from timer import timer
50
51          url = sys.argv[1]
52          t = timer()
53          text = get_aozora(url);                     t(f'Aozora: {len(text)} chars.')
54          tokens = get_tokens(text);                  t(f'Tokenize: {len(tokens)} tokens.')
55          img = get_wordcloud(tokens, ['名詞']);    t(f'Wordcloud')
56          img.save('test.png')
57
58          pos_ids = get_pos_ids()
59          print('pos ids: ', pos_ids)
```

外部ファイルは日本語フォントipaexm.ttf（6行目）とIPA品詞リストを収容したpos-id.txt（7行目）です。これらファイルはスクリプトのあるディレクトリのdataサブディレクトリにあるとしています。変更したなら、パスを変えてください（特殊変数の__file__はこのスクリプトのパスです）。

46～59行目はテスト用で、名詞（すべての細分類を含む）だけを含んだワードクラウド画像test.pngをローカルに保存します（56行目）。コマンドライン引数に指定されたローカルなZipファイルを使うかURLからダウンロードしますが、ここからテキストを抽出するのは前節のaozora.get_aozoraです（48、53行目）。

●時間測定

テスト用メインでは、それぞれの操作にどれだけの時間がかかるかを計測します。その役を担っているのが49、52行目のtimer関数です。timer.pyのコードを次に示します。

リスト3.3 timer.py

```
1   from time import monotonic, sleep
2
3   def timer():
4       start = monotonic()
5
6       def inner(message):
7           print(f'{message}: {monotonic() - start:.2f}')
8
9       return inner
10
11
12  if __name__ == '__main__':
13      t = timer()
14      t('hello world')
15      sleep(3)
16      t('hello world 2')
17      sleep(2)
18      t('hello world 3')
```

time.monotonicは「モノトニッククロック、すなわち後戻りしないクロックの値を（小数秒で）返します」（Python Docsより）。基準時刻は規定されていないので、必ず始点が必要です（4行目）。この始点を記憶させるため、関数timerは内部に別の関数（6行目）を含んだクロージャ形式になっています。

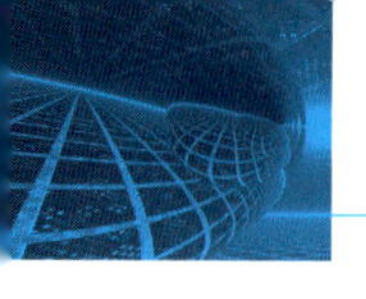

●実行例

wc.pyの実行例を示します[注3]。今度はネットワーク経由でデータを取得します。

```
$ python wc.py https://www.aozora.gr.jp/cards/001779/files/56671_ruby_59594.zip
Aozora: 84107 chars.: 1.07
Tokenize: 50336 tokens.: 5.27
Wordcloud: 7.30
POS IDs:  ['その他,間投', 'フィラー', '感動詞', ..., '名詞,副詞可能', '連体詞']
```

ダウンロードから整形（aozora.get_aozora）が1秒、単語分割がさらに4秒弱、ワードクラウド生成がそこから2秒といったところです。単語分割をキャッシュすれば効果的なことがここからわかります。

●単語分割

単語分割を担当するのは10〜14行目のget_tokens関数です。

```
 3   from janome.tokenizer import Tokenizer
 ⋮
10   def get_tokens(text):
11       sanitized = ''.join(text.split())
12       t = Tokenizer()
13       tokens = [(w.surface, w.part_of_speech) for w in t.tokenize(sanitized)]
14       return tokens
```

まず、テキストから余分な空行を削除します（11行目）。その上で、作品がどれだけ大きかろうと一気に投入しますが（13行目）、それでもJanomeはきちんと動作してくれます。Tokenのプロパティのうち、ここで利用するのは単語を収容したsurfaceと品詞のpart_of_speechだけなので、ここでそれらを要素としたタプルのリストに変形します。

注3　江戸川乱歩『青銅の魔人』（青空文庫、図書カード番号56671）より。新潮文庫版なら176ページの書籍。

●指定の品詞の単語のみを抽出

ワードクラウド生成はget_wordcloud関数の担当です（17〜36行目）。この関数は（単語, 品詞）タプルのリストと、そこから抽出したい品詞のリストを引数に取ります。

```
4    from wordcloud import WordCloud
⋮
17   def get_wordcloud(tokens, pos_list):
```

まず、指定の品詞の単語のみを抽出します。品詞のリストの要素をパイプ記号|で連結すれば、単語品詞と比較する正規表現が構成できます（18〜19行目）。

```
18       pos_joined = '|'.join(pos_list)
19       regexp = re.compile(f'^({pos_joined})')
20       selected = [t[0] for t in tokens if regexp.search(t[1])]
```

たとえば、入力が['名詞', '動詞']なら、r'^名詞|動詞が形成されます。あとは、品詞（タプルの1番目の要素）に対してこの正規表現を適用し、マッチしたら単語（0番目の要素）を抽出するだけです（20行目）。

文「吾輩は猫である」から、動作を確かめます。まずは、文から（単語, 品詞）タプルのリストを生成します。

```
>>> from janome.tokenizer import Tokenizer
>>> t = Tokenizer()
>>> tokens = [(token.surface, token.part_of_speech) for token in t.tokenize('吾輩は猫で ⏎
ある。')]
>>> tokens
[('吾輩', '名詞,代名詞,一般,*'),
 ('は', '助詞,係助詞,*,*'),
 ('猫', '名詞,一般,*,*'),
 ('で', '助動詞,*,*,*'),
 ('ある', '助動詞,*,*,*'),
 ('。', '記号,句点,*,*')]
```

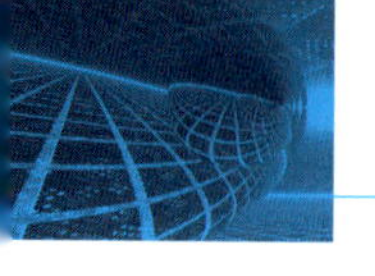

品詞のリストから正規表現オブジェクトを構築します。

```
>>> pos_joined = '|'.join(['名詞', '動詞'])
>>> pos_joined
'名詞|動詞'

>>> import re
>>> regexp = re.compile(f'^({pos_joined})')
>>> regexp
re.compile('^(名詞|動詞)')
```

正規表記オブジェクトを（単語, 品詞）タプルのリストに作用させて、指定の品詞の単語のみを出力します。

```
>>> selected = [t[0] for t in tokens if regexp.search(t[1])]
>>> selected
['吾輩', '猫']
```

●頻度辞書の作成

続いて、単語の頻度辞書を作成します。重複のない（一意な）単語のリストを生成するには、setを使います（22行目）。あとは、それら一意な単語が何個あるかをlist.countでカウントして辞書化します（23行目）。

```
22        unique_words = list(set(selected))
23        probs = {key:selected.count(key) for key in unique_words}
```

●ワードクラウド画像生成

最後に、先に述べた要領でwordcloud.WordCloudから画像オブジェクトを生成します（25～34行目）。

```
6   FONT_PATH = PurePath(__file__).parent / 'data/ipaexm.ttf'
⋮
25      word_cloud = WordCloud(
26              font_path=FONT_PATH,
27              background_color='lightgray',
28              width=800,
29              height=600,
30              colormap='twilight'
31      )
32      img = word_cloud.fit_words(probs)
33
34      return img.to_image()
```

IPAの日本語フォントがdataサブディレクトリにあると仮定しているので、ダウンロードして置いてください（6行目）。

●IPA品詞リスト

改造版IPA品詞リストのpos-id.txtは本書ダウンロードパッケージに同梱されています（7行目）。

```
7   POS_ID_FILE = PurePath(__file__).parent / 'data/pos-id.txt'
```

あとはこれを読み、リストにして返すだけです（37～42行目）。

```
37  def get_pos_ids(file=POS_ID_FILE):
38      with open(file) as fp:
39          pos_ids = fp.readlines()
40          pos_ids = [line.strip() for line in pos_ids]
41
42      return pos_ids
```

この関数は、Streamlitの項目選択メニュー（st.multiselect）から呼び出します。さほど重い処理ではないですが、キャッシュの対象とします。

3.6 感情分析器

●手順

本章最後の実務用モジュールは、整形済みテキストの感情を推定するAIアプリケーションです。次の手順で行います。

- テキストを行単位に分解します。これは、青空文庫ダウンローダーのaozora.parse_text_into_sentencesで用意しました。
- 感情分析用モデルを読み込みます。使用するライブラリはTransformersです。
- 行単位で感情を判定し、その統計を取ります。

●コード

テキストの感情分析を行うsentiment.pyのコードを次に示します。

リスト3.4 sentiment.py

```
1    from transformers import pipeline
2
3    MODEL = 'Mizuiro-sakura/luke-japanese-large-sentiment-analysis-wrime'
4    SENTIMENTS = '喜び、悲しみ、期待、驚き、怒り、恐れ、嫌悪、信頼'.split('、')
5
6
7    def get_model(model=MODEL):
8        pipe = pipeline("sentiment-analysis", model=model)
9        return pipe
10
11
12   def get_sentiment(pipe, sentence):
13       results = pipe(sentence)
14       label_number = int(results[0]['label'][-1:])
15       return SENTIMENTS[label_number]
16
17
```

```
18
19    if __name__ == '__main__':
20        import sys
21        from aozora import get_aozora, parse_text_into_sentences
22
23        url = sys.argv[1]
24        text = get_aozora(url);
25        pipe = get_model();
26        sentences = parse_text_into_sentences(text)
27        emotions = [get_sentiment(pipe, sentence) for sentence in sentences]
28        stats = {e: emotions.count(e) for e in SENTIMENTS}
29        print(stats)
```

感情分析の訓練済みモデルは3行目で定義しています。3.2節で述べたように、水色桜さんのものです。

そこで使われる8種類の感情のリストは4行目で定義しています。

外部から利用するときは、7～9行目のget_model関数を呼び出すことでpipelineを取得し、12～15行目のget_sentiment関数で行の感情を判定させます。2つの関数に分けているのは、モデルを読み込むことで生成に時間のかかるpipelineオブジェクトをキャッシュするためです。

19～29行目はテスト用です。文単位でのテキスト取得はaozora.get_aozoraとaozora.parse_text_into_sentencesから行うので、コマンドラインではURLまたはローカルファイル名を指定します。

●実行例

sentiment.pyの実行例を示します[注4]。テストで用いた作品は3267文で構成されているので、完了までにかなりの時間を要します（筆者の環境で13分）。

```
$ python sentiment.py https://www.aozora.gr.jp/cards/001779/files/57228_ruby_58697.zip
{'喜び': 1046, '悲しみ': 416, '期待': 505, '驚き': 738,
 '怒り': 57, '恐れ': 470, '嫌悪': 35, '信頼': 0}
```

注4　江戸川乱歩『怪人二十面相』（青空文庫、図書カード番号57228）より。新潮文庫版なら224ページの書籍。

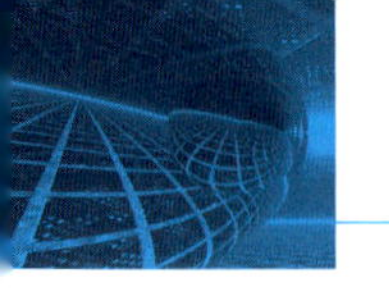

Transformersをインポートした時点でCUDAやCPUに関連した警告メッセージが表示されることがありますが、無害なものです。`Transformers.pipeline`を呼び出した時点でNumPyのデータ型関連の警告、および近い将来のTransformersの変更についての告知が上がることもありますが、これも気にすることはありません。

3.7 テキスト分析アプリケーション

●コード

実務部分の解説が長くなりましたが、それらを組み合わせてテキスト分析アプリケーションを構築します。コード`book.py`は次のとおりです。

リスト3.5 book.py

```
1    import streamlit as st
2    from aozora import get_aozora, parse_text_into_sentences
3    from wc import get_tokens, get_pos_ids, get_wordcloud
4    from sentiment import get_model, get_sentiment, SENTIMENTS
5
6    @st.cache_data
7    def retrieve_aozora(url):
8        print(f'Retrieving Aozora: {url}.')
9        return get_aozora(url)
10
11
12   @st.cache_data
13   def prepare_pos_ids():
14       print(f'Retrieving POS_IDs.')
15       return get_pos_ids()
16
17
18   @st.cache_data
19   def process_tokens(text):
20       print(f'Generating tokens from the text.')
21       return get_tokens(text)
```

```
22
23
24    @st.cache_resource
25    def prepare_sentiment_model():
26        print(f'Preparing the model.')
27        return get_model()
28
29
30    tab_text, tab_wc, tab_sentiment = st.tabs( ⮐
          ['テキスト', 'ワードクラウド', '感情分析'])
31
32    with tab_text:
33        aozora_url = st.text_input('**青空文庫 Zip ファイル URL**', value=None)
34
35    with tab_wc:
36        pos_ids = prepare_pos_ids()
37        pos_list = st.multiselect('品詞', pos_ids, default='名詞')
38
39    with tab_sentiment:
40        trace_on = st.checkbox('文単位の感情', value=False)
41        graph = st.empty()
42        with graph:
43            bar = st.progress(value=0.0, text='計算中')
44
45
46    if aozora_url is not None:
47        try:
48            text = retrieve_aozora(aozora_url)
49        except Exception as c:
50            st.error(
51                f'`{aozora_url}`が取得できない、あるいはそのZipが正しく解凍できま ⮐
      せんでした。',
52                icon=':material/network_locked:')
53            st.exception(e)
54            st.stop()
55
56        with tab_text:
57            st.markdown(text.replace('\n', '\n\n'))
```

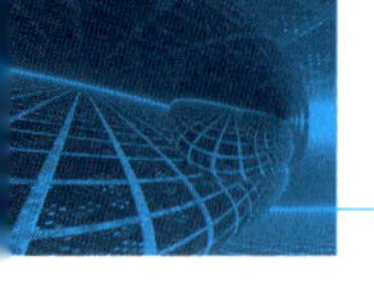


```
58
59        with tab_wc:
60            tokens = process_tokens(text)
61            img = get_wordcloud(tokens, pos_list)
62            st.image(img, width=800)
63
64        with tab_sentiment:
65            pipe = prepare_sentiment_model()
66            sentences = parse_text_into_sentences(text)
67            sentiments = {key: 0 for key in SENTIMENTS}
68
69            for idx, sentence in enumerate(sentences):
70                emotion = get_sentiment(pipe, sentence);
71                bar.progress(value=idx/len(sentences), text='計算中')
72                sentiments[emotion] = sentiments[emotion] + 1
73
74                if trace_on is True:
75                    st.markdown(f'{sentence} ==> {emotion}')
76
77            graph.bar_chart(sentiments)
```

2〜4行目で、ここまで作成してきた関数をインポートします。

●キャッシング

インポートした関数のうち、aozoraのget_aozora、wcのget_pos_idsとget_tokens、sentimentのget_modelはそれぞれラッパー関数で囲んであります（6〜27行目）。ラッパー関数は、いずれも@st.cache_dataあるいは@st.cache_resourceという関数デコレータで修飾します。これらは関数の入出力をキャッシュするStreamlitの関数です。

まずはaozora.get_aozoraのラッパーretrieve_aozoraを見てみます（6〜9行目）。

```
6  @st.cache_data
7  def retrieve_aozora(url):
8      print(f'Retrieving Aozora: {url}.')
9      return get_aozora(url)
```

ラッパー関数の入力はurlで、出力はその作品のテキストです。デコレータは入力が新規なら中のブロックを実行します。この場合、コンソールにurlを表示し、HTTPアクセスをして、テキストを返します。そして、このurlをキーとして、戻り値をキャッシュします。再び同じ関数が同じ引数で呼ばれたときは、キャッシュしたデータを返します。

8行目のprintは確認用です。キャッシュが使われるときはブロックが実行されないので、コンソール出力もありません。

なお、printはサーバが動作しているコンソールに出力します。クライアントブラウザのコンソールではありません。

prepare_pos_ids（12〜15行目）には引数がありません。

```
12  @st.cache_data
13  def prepare_pos_ids():
14      print(f'Retrieving POS_IDs.')
15      return get_pos_ids()
```

引数がなければ関数は常に同じ値を返すので、1回呼び出されれば、以降は常にキャッシュを返します。

ここにはありませんが、複数の引数があるときはそのコンビネーションがキャッシュのキーになります。一方が同じでも他方が変われば、ブロックは実行されます。

コードが変更されてリロードされた、あるいはサーバが再起動するとキャッシュはクリアされます。

@st.cache_dataも@st.cache_resourceも関数なので、引数から挙動を変更できます（7.5節）。

●st.cache_data と st.cache_resource

6〜27行目では4本のラッパー関数をデコレータで修飾していますが、最初の3本では@st.cahce_dataが、最後の1本では@st.cache_resourceが使われています。引数をキーにして出力をキャッシュするという点では機能はどちらも同じです。

違いは、出力がシリアライズ（直列化）可能かにあります。@st.cache_dataはシリアライズできる出力しか受け付けません。そうでない戻り値が用いられると、次のようなエラーが上がります（読みやすいように編集しています）。

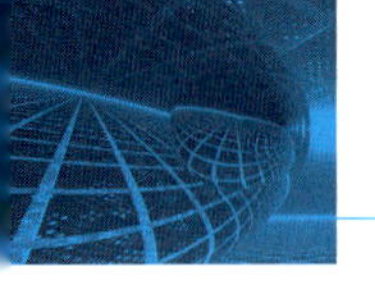


```
streamlit.runtime.caching.cache_errors.UnserializableReturnValueError:
  Cannot serialize the return value (of type dict_keys) in get_image_formats().
  st.cache_data uses "pickle" to serialize the function's return value and
  safely store it in the cache without mutating the original object.
  Please convert the return value to a pickle-serializable type.
```

このメッセージは、@st.cache_dataは標準ライブラリのpickleで戻り値をシリアライズするので、pickleで処理できないものは受け付けられません、と述べています。これに対し、@st.cache_resourceはシリアライズできない値も受け付けます。

キャッシュの管理方法も異なります。@st.cache_dataはWebセッション単位で管理するので、ブラウザのタブ単位でキャッシュが異なります。これに対し、@st.cache_resourceはサーバ単位で管理するので、すべてのセッションが同じキャッシュを共有します。そのため、後者はカード番号のようなセキュリティ関連のデータを保持するのには向きません。反面、モデルオブジェクトのように全ユーザで共通のものならデータを1つだけ保持すればよく、メモリの節約にもなります。そういう意味では、12～15行目のprepare_pos_idsも全ユーザ共通のデータなので、@st.cache_resourceでもよいかもしれません。

引き渡されるデータもやや異なります。@st.cache_dataはキャッシュのコピーを引き渡すため、上書きしても他所には伝搬しません。反対に、@st.cache_resourceはたった1つのキャッシュデータへの参照が引き渡されるので、上書きをしたら、それがすべてのセッションに伝搬します。

以上、2つのデコレータの違いを表3.3にまとめます。

表3.3　@st.cache_dataと@st.cache_resourceの違い

デコレータ	キャッシュ単位	引き渡しデータ	シリアライズ必須
@st.cache_data	セッション	コピー	はい
@st.cache_resource	サーバ	参照	いいえ

2つのデコレータのどちらをどのケースで使うべきかなど、キャッシングの詳しい説明はリファレンスのDevelop > Concepts > Architecture & execution > Cachingを参照してください。URLは次のとおりです。

Streamlit リファレンス “Develop > Architecture & execution > Caching”
https://docs.streamlit.io/develop/concepts/architecture/caching

●タブコンテナ

タブ形式のコンテナを配置するには、st.tabsコマンドを使います（30行目）。

```
30    tab_text, tab_wc, tab_sentiment = st.tabs( ↗
          ['テキスト', 'ワードクラウド','感情分析'])
```

図 3.14 タブ形式のコンテナ

RUNNING... Stop Deploy ⋮
テキスト ワードクラウド 感情分析

　引数にはタブに示される名称をリスト形式で指定します。マークダウンが利用できるので、色指定などテキストの装飾もできます。引数はこれだけです。
　初期状態では、リスト0番目のタブが表示されます。
　コマンドの戻り値はリストで、その要素がそれぞれのコンテナのオブジェクトです。
　コンテナなので、withブロックで書き出し先を限定したり、tab_text.markdownのように書き出しコマンドを作用させたりできます。

●テキスト入力フィールド

　第1タブ（30行目のtab_textコンテナ）の先頭には、青空文庫のURLを指定するテキスト入力フィールドをst.text_inputコマンドから配置します（33行目）。HTMLの<input type="text">に相当するコマンドです。

```
32    with tab_text:
33        aozora_url = st.text_input('**青空文庫 Zip ファイル URL**', value=None)
```

図3.15 テキスト入力フィールド

第1引数にはウィジェットの上に配置するラベル（説明文）を指定します。Streamlit拡張マークダウン記法を受け付けるので、太字にする（`**`）、色を付ける（`:color[]`および`:color-background[]`）といった装飾もできます。

`value`キーワード変数には、未操作の状態のときにこのコマンドが返す値を指定します。デフォルトでは空文字`''`です。

HTMLには`<input type="url">`というURL専用の型があり、入力値を検証してくれますが、Streamlitにはこれに相当するコマンドはありません。必要ならば、自分で入力テキストの検証コードを組み込みます。

●イベントとプログラムの流れ

テキスト入力があった、ボタンがクリックされたなどのユーザイベントが発生すると、Streamlitアプリケーションはスクリプトファイルを最初から最後まで再び実行します（リロード）。

最初からなので、どの変数値も再計算されます。ただし、入力フィールドなどユーザインタフェース系ウィジェットコマンドは操作時点の結果を記憶しているため、デフォルト値にフォールバックせず、操作を反映した値を返します（内部のメカニズムは5.5節で説明します）。

再実行ですから、これまでに実行してきた処理もすべて最初からやり直しです。つまり、ボタンクリックのたびにすでに取得済みのURLに再アクセスしたり、AIモデルを再ロードしたりします。これでは効率が悪いということで、前述のデコレータによるキャッシュメカニズムが用意されたわけです。

33行目の`st.text_input`から、イベント処理の流れを確かめます。

アクセスがあると、サーバはページを返します。このとき、`st.text_input`は（`value`で指定のある）`None`を返します。入力ファイルがなければやることはないので、そのままスクリプトを末尾まで走らせて終わりにします。この切り分けをしているのが46行目の`if`

文です。

```
46  if aozora_url is not None:
 ⋮   以下、このブロックにテキストの取得、ワードクラウドの生成、感情の分析のコードが入る
```

ユーザがフィールドにURLを入れ、リターンを叩くと、リロードされます。このときは、st.text_input コマンドの戻り値である aozora_url に None 以外の文字列が収容されているので、46行目以下が実行されます。

なお、st.tabs のタブを移動しても、リロードは発生しません。3枚のタブは未見の状態でもあらかじめレンダリングされており、選択されていないタブはHTMLの hidden 属性で非表示になっているだけだからです。

●パスワード入力フィールド

ここでは使っていませんが、<input type="password"> に該当する機能はあります。st.text_input には type キーワード変数があり、そのフィールドに "password"（文字列）を指定すると、入力が伏字表示されます。デフォルトは type="default" で、入力文字がそのまま表示されます。次のサンプルコードから例を示します。

リスト 3.6 text_input.py

```
1   import streamlit as st
2
3   st.text_input('パスワードを入力してください',
4       type='password',
5       max_chars=10)
```

実行例を図3.16に示します。

図 3.16 パスワードフィールド（text_input.py）

パスワードを入力してください

••••••• 7/10

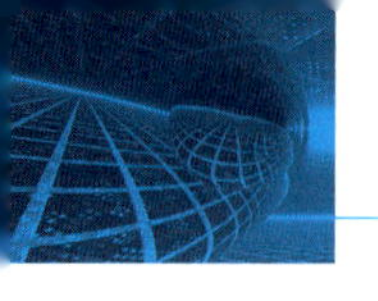

5行目のmax_charsはHTMLのmaxlength属性に対応するオプションです。デフォルトはNoneで、制限なしと解釈されます。

●フィールド幅の調整

テキスト入力フィールドは常にコンテナの横幅いっぱいに広げられます。HTMLのwidth属性と等価な引数がないので、コマンド自体からは幅の制限はできません。狭くしたいのなら、st.columnsから細めのコンテナを用意して収容します。サンプルコードを次に示します。

リスト3.7 text_input_narrow.py

```
1	import streamlit as st
2	
3	narrow, wide = st.columns([1, 4])
4	narrow.text_input('パスワードを入力してください',
5	    type='password',
6	    max_chars=10)
7	
8	st.markdown('''Lorem ipsum dolor sit amet, consectetur adipiscing elit.
9	Duis ut purus sit amet tortor tristique lobortis. Pellentesque hendrerit,
10	mi sed accumsan malesuada, mi dui fermentum ante, non gravida ex nibh eu dui.
11	Sed scelerisque nulla in pharetra commodo. Ut molestie ligula at lectus pharetra
12	posuere. Integer dui nisl, maximus non ante at, sagittis ornare turpis.''')
```

8〜12行目のダミーテキストは、メインコンテナの幅を示すために用意したものです。紙面は1：4のコラムで分け（3行目）、1のほうにテキスト入力フィールドを置きます。4のほうの広めのコンテナは未使用です。

実行結果を図3.17に示します。

図3.17 入力フィールド幅を変更するにはコンテナを使う（text_input_narrow.py）

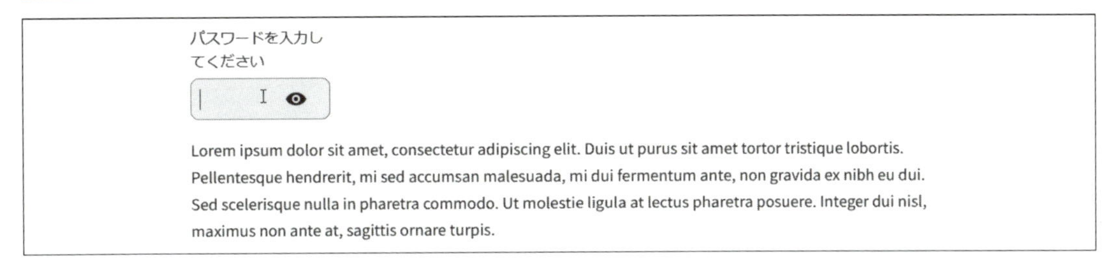

st.columnsを用いたこのテクニックは、幅を指定した<div>で内側の要素の幅を制限するレイアウト方法と等価です。

●エラーメッセージ表示

テキスト入力フィールドにURLが入力されたら（st.text_inputが返す値がNone以外になったら）、キャッシュ機能付きの青空文庫ローダーのretrieve_aozoraがテキストを取得します（48行目）。

```
46  if aozora_url is not None:
47      try:
48          text = retrieve_aozora(aozora_url)
```

テキストを取得したら、st.markdownで表示します（57行目）。

```
46  if aozora_url is not None:
 ⋮
56      with tab_text:
57          st.markdown(text.replace('\n', '\n\n'))
```

マークダウンは空行で隔てられていない段落は連結して表示するので、空行を生成するために改行1つを2つに置換します。元のテキストの空行（改行2つ）は改行4つになりますが、マークダウンの空行はいくつあっても1つにまとめられるので、他の段落と同じ空きになります。

テキストの取得に失敗したら、エラーメッセージを表示し、プロセスを停止します。

```
49        except Exception as e:
50            st.error(
51                f'`{aozora_url}`が取得できない、あるいはそのZipが正しく解凍できま ➡
      せんでした。',
52                icon=':material/network_locked:')
```

Streamlitには、メッセージを薄赤い枠で囲んで致命的なエラーが発生したことを明示するst.errorというコマンドがあります（50～52行目）。第1引数にエラーメッセージをマークダウン記法で指定します。iconオプション引数には、メッセージ先頭に置く絵文字、ショートコード、Googleマテリアルアイコンを指定できます（付録B.2）。ここではマテリアルアイコンを指定しています。

エラー発生時の画面を図3.18に示します。

図 3.18 エラーメッセージ

テキスト　ワードクラウド　感情分析

青空文庫 Zip ファイル URL

https://www.aozora.gr.jp/cards/001506/files/5691_ruby_61972.zip

https://www.aozora.gr.jp/cards/001506/files/5691_ruby_61972.zipが取得できない、あるいはそのZipが正しく解凍できませんでした。

st.errorは、テキストを表示するという点ではst.markdownなどのテキスト要素と変わりません。エラー処理のメカニズムは備わっていないので、必要なら自分で組み込みます。

●例外メッセージ表示

53行目のst.exceptionは例外メッセージを表示するための特別なコマンドです。

```
53            st.exception(e)
```

テキストを表示するという点ではst.errorと変わりません。カラーリングも同じです。ただ、引数に指定するのがExceptionオブジェクトなことと、表示するのがスタックトレースなことが異なります。

図3.18のエラー画面に続く例外メッセージ部分を図3.19に示します。

図3.19 例外メッセージ

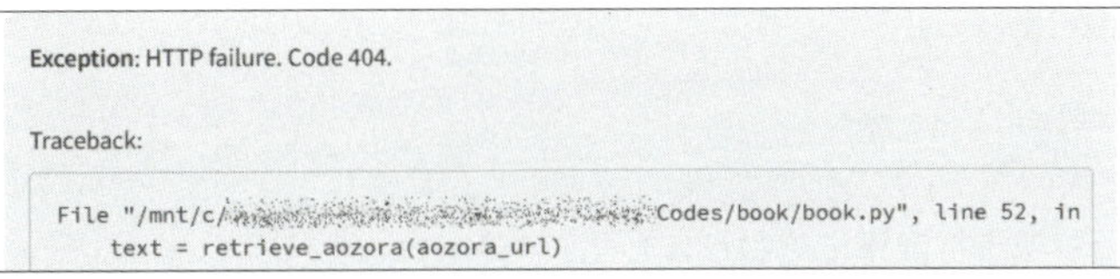

```
Exception: HTTP failure. Code 404.

Traceback:

  File "/mnt/c/...Codes/book/book.py", line 52, in
      text = retrieve_aozora(aozora_url)
```

キャッチされなかった例外も、Streamlitがこれと同じスタイルで表示します。

●処理の停止

スクリプトを強制終了するにはst.stopコマンドを使います（54行目）。

```
54            st.stop()
```

スクリプトは終了しますが、サーバが停止するわけではありません。ボタンや入力フィールドもまだ操作可能で、クリックなどのイベントが発生すれば、リロードされます。

●レベルに応じたメッセージの表示

ここでは使っていませんが、メッセージのレベル（重要度）に応じて、st.errorに類似したコマンドが3つ用意されています。引数や機能はst.errorとまったく同じですが、背景色や文字色が異なります。st.errorも併せて表3.4に示します。

表3.4 ログレベル別のメッセージコマンド

コマンド	意味	レベル	色合い
st.success	成功	--	緑
st.info	参考情報	6	青
st.warning	警告	4	黄色
st.error	エラー	3	赤

3列目の「レベル」の値は、Unixの同名のsyslogの重症度レベル（severity level）です。

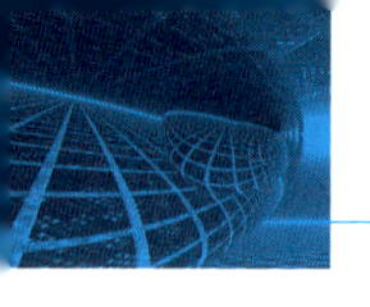

値から問題の大きさがどの程度かわかるので、参考までに示しました。

用例を次のコードから示します。

リスト3.8 loglevel.py

```
1    import streamlit as st
2
3    st.success('処理は無事に終わりました。', icon='😊')
4    st.info('参考までに', icon='ℹ️')
5    st.warning('警告！ 警告！', icon='⚠️')
```

実行結果を図3.20に示します。モノクロ印刷だとわかりませんが、いずれの枠も背景にうっすらと色がかかっています。

図3.20 成功、参考、警告のメッセージコマンド（loglevel.py）

😊処理は無事に終わりました。

ℹ️参考までに

⚠️警告！警告！

●項目選択メニュー

第2タブ（30行目のtab_wcコンテナ）の処理に話を移します。

第2タブの先頭には、リストから複数の項目を選べる選択メニューを配置します。コマンドはst.multiselectです（37行目）。HTMLに直接該当するタグはありませんが、機能的には<select multiple>に近いものです。Streamlitのリファレンスはマルチセレクトウィジェットと呼んでいますが、タグセレクタ、タグピッカー、タグインプットでも通ります。

```
35  with tab_wc:
36      pos_ids = prepare_pos_ids()
37      pos_list = st.multiselect('品詞', pos_ids, default='名詞')
```

図 3.21 項目選択メニュー

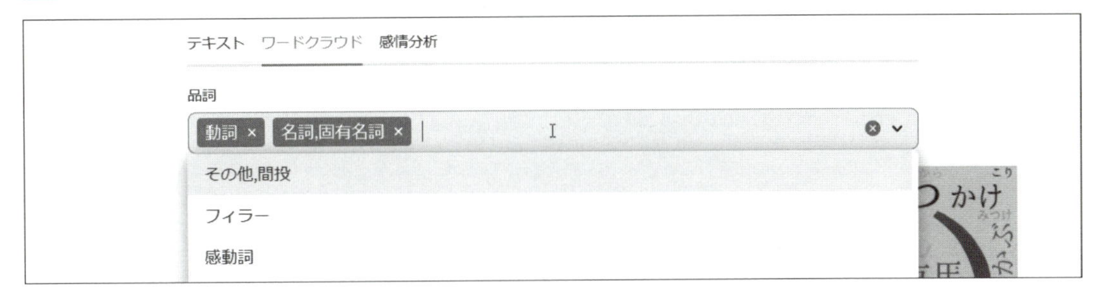

第1引数には、このコンポーネントの上部に示されるラベル文字列を指定します。

第2引数には、選択肢をリスト風イテラブルから指定します。ここでは、3.5節のwc.get_pos_idsをラップしたキャッシュ関数（12～15行目で定義したprepare_pos_ids）から取得したリストを指定しています。イテラブルならなんでもよいので、pandasのpd.Seriesやpd.DataFrame.index（データフレームの行見出し）、NumPyのnp.ndarrayなども指定可能です。リストの中身は自動的に文字列に置換されます。

defaultオプション引数には、選択要素を置くフィールドにデフォルトで入れておく要素を指定します。単体なら文字列ですが、複数ならリスト（イテラブル）から指定します。デフォルトはNoneで、フィールドにはなにも置かれません。

戻り値は、選択された要素のリストです。要素が1個だけでもリストです。未選択時には空のリスト[]を返します（要素0個のリスト）。

項目選択メニューでは、項目の追加や削除をするたびにスクリプトが再実行されます。

●画像の表示

wc.get_tokensのラッパーであるprocess_tokensでテキストを{単語 : 出現頻度}の辞書に変換し（60行目）、wc.get_wordcloudからワードクラウド画像を取得します（61行目）。関数の戻り値（img）はPillowのImageオブジェクトです。

```
59        with tab_wc:
60            tokens = process_tokens(text)
61            img = get_wordcloud(tokens, pos_list)
```

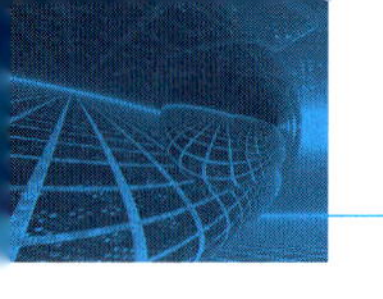

画像オブジェクトはst.imageから表示します（62行目）。HTMLの<img>に相当するコマンドです。

```
62            st.image(img, width=800)
```

第1引数には画像オブジェクトを指定します。PillowのImageオブジェクトだけでなく、OpenCVが使うnp.ndarray（NumPyの行列）、io.BytesIO（バイトストリーム）、ローカルファイル（このスクリプトからの相対パス）、URLを受け付けます。複数の画像を一気に並べて表示するなら、画像のリストを指定します（用法は5.8節で示します）。

画像幅は、オプション引数のwidthからピクセル単位で指定できます（ここでは800ピクセル）。コンテナの幅よりも広く指定されているときは、コンテナ幅に合わせられます。デフォルトはNoneで、画像ネイティブの幅が用いられます。

●チェックボックス

第3タブ（30行目のtab_sentimentコンテナ）の説明に入ります。

第3タブの先頭にはチェックボックスを置きます。アプリケーションは作品全体の感情の統計値を得るものですが、このチェックボックスにチェックを入れれば、個々の文の感情も表示します。本章冒頭の図3.3の最下端を見ると、『ぞなもし狩り』という文（表題）は「期待」を表出していると判定されています（おそらく「狩り」に期待があるのでしょう）。ただし、全文を逐次的に書き出すとかなりの分量になるので、デバッグ用と考えてください。

チェックボックスのコマンドはst.checkboxです（40行目）。HTMLの<input type="check">に相当します。

```
39  with tab_sentiment:
40      trace_on = st.checkbox('文単位の感情', value=False)
```

図 3.22 チェックボックス

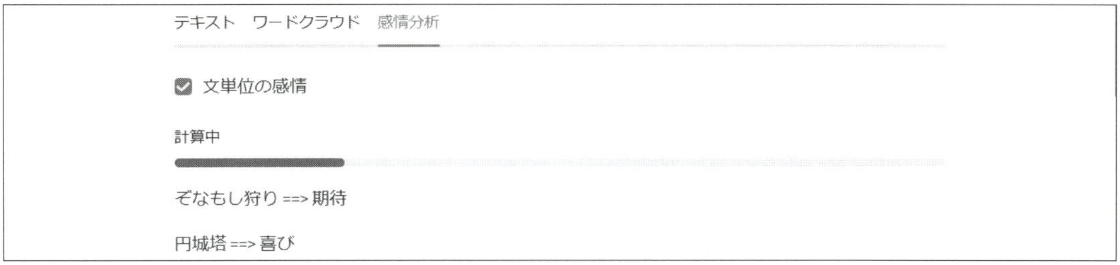

テキスト　ワードクラウド　感情分析

文単位の感情

計算中

ぞなもし狩り ==> 期待

円城塔 ==> 喜び

第1引数には、ウィジェットの脇に表示する文字列を指定します。

このコマンドは、チェックが入ってればTrueを、入っていなければFalseを返します。デフォルト（無操作の状態）ではチェックは入らないのでFalseが返ってきます。最初の状態でチェックが入っているようにするには、valueキーワード引数にTrueをセットします。40行目のvalue=Falseは無意味ですが、オプションの存在を明示するためにあえて入れています。

チェックが入っていれば、文単位で感情分析の結果を書き出します（74行目）。

```
64      with tab_sentiment:                              # 第3タブ
 ⋮
69          for idx, sentence in enumerate(sentences):   # 文単位のループ
 ⋮
74              if trace_on is True:
75                  st.markdown(f'{sentence} ==> {emotion}')
```

●要素を 1 つしか収容しないコンテナ

メインコンテナも含めて、コンテナには上から順に要素が書き込まれていきます。しかし、ここで紹介する特殊なst.emptyコンテナは1つしか要素を収容できないコンテナで、要素が書き込まれると、以前にあったものを削除します。

この性質が便利なケースもあります。たとえば、本章のアプリケーションのように、処理中はプログレスバーで進行状況をユーザに伝え、完了したらバーは消し、その場所に結果を表示することが、特別な操作なしでできます。

引数がないという点を除けば、用法は他のコンテナと変わりません。戻り値に要素配置コマンドを作用させることも、withを介して要素を配置させることもできます。ここでは、

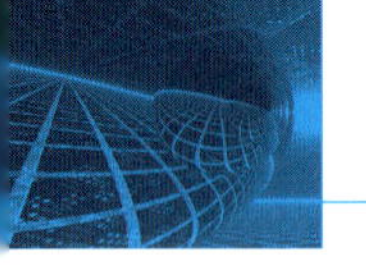

後述のプログレスバーを配置しています（42～43行目）。

```
41        graph = st.empty()
42        with graph:
43            bar = st.progress(value=0.0, text='計算中')
```

あとから上書きする都合上、コマンドの戻り値は変数に代入しています（41行目）。

st.emptyは紙芝居的にパラパラと要素を巡るアプリケーションに向いています。その例は本章付録（3.8節）で示します。

●プログレスバー

処理中であることはページ右上の「RUNNING...」アニメーションから示されますが、これだけではどの程度まで完了したかが読み取れません。そこで、st.progressからプログレスバーを配置します（43行目）。

```
43            bar = st.progress(value=0.0, text='計算中')
```

実行例を図3.23に示します。

図3.23　プログレスバー

テキスト　ワードクラウド　感情分析

文単位の感情

計算中

第1引数（キーワードはvalue）には進行状況を数値でセットします。整数なら0から100の範囲で、プログレスバーにはその値に対応する水平位置までバーが引かれます。小数点数なら0.0から1.0の間です。

オプションのtextキーワード引数はプログレスバーの上に置かれる表題です。マークダウン記法も受け付けます。デフォルトはNoneで、なにも表示されません。

戻り値はプログレスバーのオブジェクトです。このオブジェクトに.progressを作用させると、そのバーの値やテキストを変更できます。

感情分析を行う64～72行目では、青空文庫からテキストを取得したら（46、48行目）、モデルを取得し（65行目、キャッシュあり）、文単位に分割し（66行目）、感情の数をカウントする辞書を初期化してから（67行目）、文単位で感情を判定します（70行目）。

```
46   if aozora_url is not None:                     # URLが入力された
 ⋮
48           text = retrieve_aozora(aozora_url)     # テキストが取得できた
 ⋮
64       with tab_sentiment:
65           pipe = prepare_sentiment_model()
66           sentences = parse_text_into_sentences(text)
67           sentiments = {key: 0 for key in SENTIMENTS}
68
69           for idx, sentence in enumerate(sentences):
70                   emotion = get_sentiment(pipe, sentence);
71                   bar.progress(value=idx/len(sentences), text='計算中')
72                   sentiments[emotion] = sentiments[emotion] + 1
```

文が処理されたら、プログレスバーオブジェクトの値をbar.progressからアップデートします（71行目）。感情名とそのカウントを収容した辞書も（67行目で初期化）、そのときの判定でもってアップデートします（72行目）。

●棒グラフ

すべての文の処理が終わり、統計情報（67、72行目のsentiments辞書）が揃ったら、棒グラフをst.bar_chartから作成します（77行目）。置き場所は、先ほどまでプログレスバーが動いていたst.emptyコンテナのgraphです（41行目）。

```
41       graph = st.empty()
 ⋮
77           graph.bar_chart(sentiments)
```

st.bar_chartの第1引数にはデータを指定します。pandasのpd.DataFrameに変換で

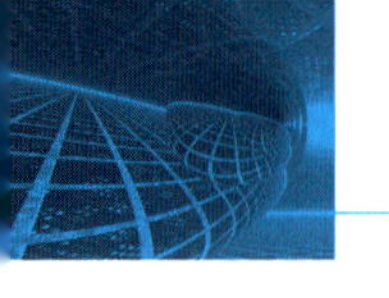

きるものなら、ここで使っている辞書も含め、たいていのものは受け付けます（Streamlitがうまい具合にDataFrameに変換します）。

軸に加えるラベル名や配色をオプション引数から設定できますが、レイアウトの自由度はさほど高くありません。ベーシックな機能だけでよいので簡単に使えることを目指しているからです。

3.8　付録：スライドショーアプリケーション

●スライドショー

要素を1つしか収容せず、要素が書き込まれると以前のものを消去するst.emptyコンテナは、スライドショー（あるいはデジタルフォトフレーム）のように紙芝居的にコンテンツを切り替えるアプリケーションに最適です。テキストなら、ページ（あるいは見開き）単位で切り替わる書籍スタイルの閲覧アプリケーションが構築できます。

ここでは、スライドショーアプリケーションを作成します。

●コード

スライドショーアプリケーションのコードempty.pyを次に示します[注5]。

リスト3.9 empty.py

```
1   import time
2   import streamlit as st
3
4   base = 'https://images.pexels.com/photos/'
5   images = [
6       base + '612949/pexels-photo-612949.jpeg?auto=compress&w=1260&h=750',
7       base + '3688579/pexels-photo-3688579.jpeg?auto=compress&w=1260&h=750',
8       base + '4449867/pexels-photo-4449867.jpeg?&auto=compress&w=1260&h=750',
9       base + '3757140/pexels-photo-3757140.jpeg?auto=compress&w=1260&h=750'
10  ]
11
```

注5　画像はPexelsのものをリンクしていますが、別のサイトのものでもかまいません。

```
12    album = st.empty()
13    for img in images:
14        album.image(img)
15        time.sleep(1)
16
17    album.markdown('Completed')
```

12行目でst.emptyのコンテナを配置し、time.sleepを使って1秒ごとに異なる画像を表示しています（14行目）。

画像を順に表示するだけのシンプルなページなので、実行例は割愛します。

第4章 チャットボット

4.1 目的

●アプリケーションの仕様

チャットボットを作成します。

チャットボットは、ユーザの話しかけになんらかの応答をするアプリケーションです。オウム返しだけをする低レベルなもの（エコーサーバ）から、ChatGPTのように高度なものまでいろいろあります。本章では次の３つのボットを用意しました。

- ルビ振りボット。漢字かな混じりの入力文にルビを振って返します（4.4節）。エコーサーバに多少色を付けた程度の知性ですが、日本語が母語ではない人には効果的です。
- セラピーボット。精神科医のセラピーっぽく、症状や問題を訴えると返事が返ってくるボットです（4.5節）。日本語には対応していないので、英語でお願いします。
- 通訳ボット。日本語を入力すると、英訳して返します（4.6節）。前章に引き続き、Hugging FaceのAIモデルを使います。

前章と同じく、それぞれ個別に実行できるPythonスクリプトをStreamlitで１つのインタラクティブなアプリケーションに統合します（4.7節）。ボットの切り替えはプルダウンメニューから行います。

どのチャットボットでも、起動をすると、ボットが先行して最初のメッセージを示します。チャット用フィールドはページ下端にあり、入力があれば、その時点で選択されているボットが応答します。入力と応答はそれまでの履歴も含めて画面上部に表示します。ボットが切り替わったタイミングで、入力と応答の履歴はリセットします。

●ルビ振りボット

メニュー最初の項目はルビ振りボットで、デフォルトではこれが選択されます。

図4.1に画面を示します。

図 4.1 チャットボットアプリケーション～ルビ振りボット（chat.py）

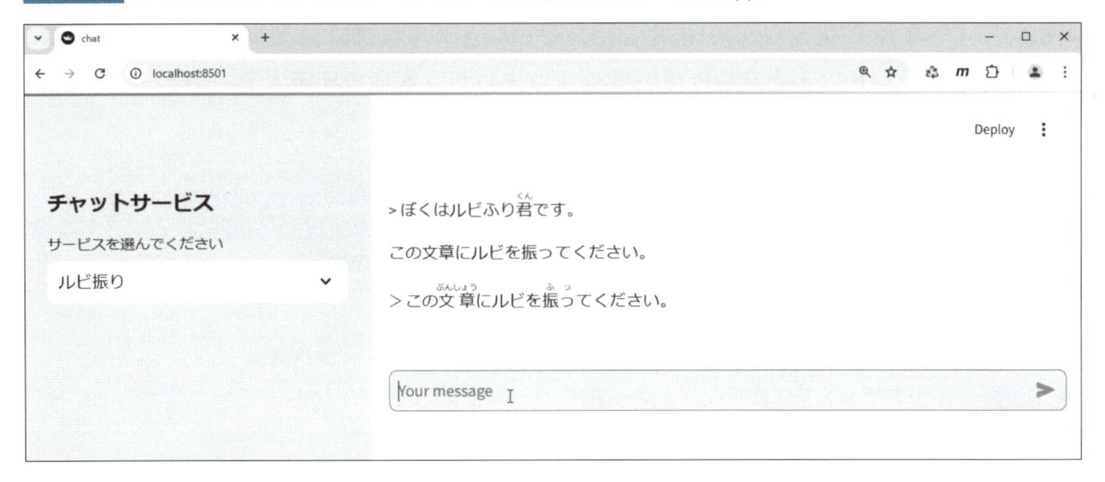

入力フィールドに和文が入力されると、その文とルビ入りの文を表示します。ルビ振りにはHTMLの<ruby>を使います。ルビは漢字だけに振るのが通例ですが、ここでは単語（形態素解析の最小単位）に振るため、図のように「振って」が「振って」になります。

●セラピーボット

入力した英文に、なんちゃって精神科医が応答します。

図 4.2 チャットボットアプリケーション～セラピーボット（chat.py）

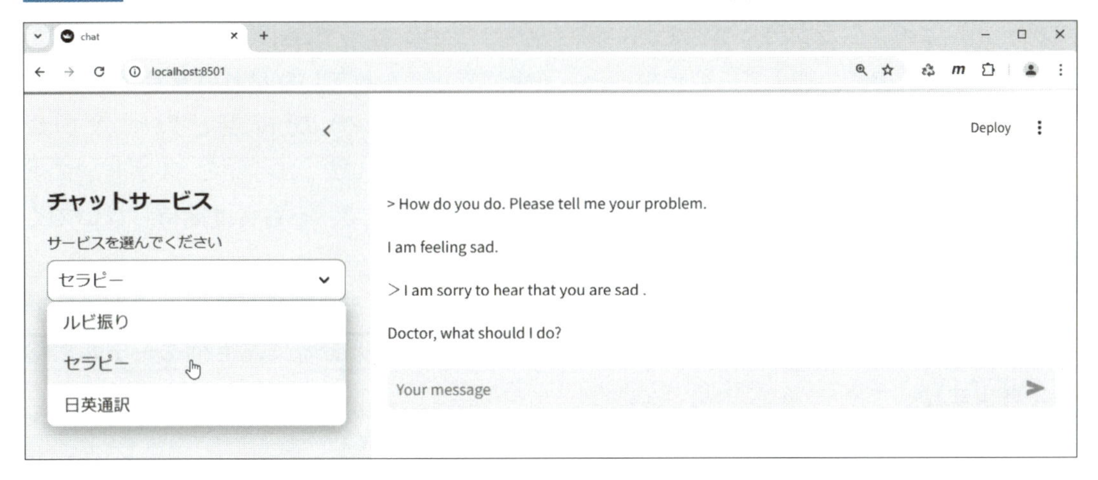

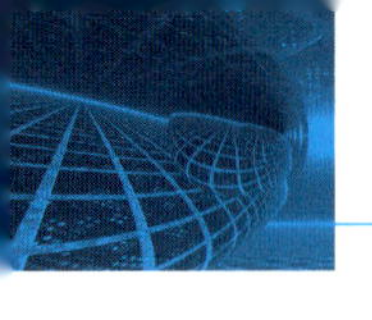

この人工セラピストボットは1960年代にMITのジョセフ・ワイゼンバウムが開発したもので、イライザ（Eliza）といいます。センセーショナルなプログラムだったため、爾来、いろいろなプラットフォームや言語に移植されました。本章で利用するものも、公開されているイライザのバリエーションの1つです。

●通訳ボット

和文を入れると英訳を返します。

図 4.3　チャットボットアプリケーション～翻訳ボット（chat.py）

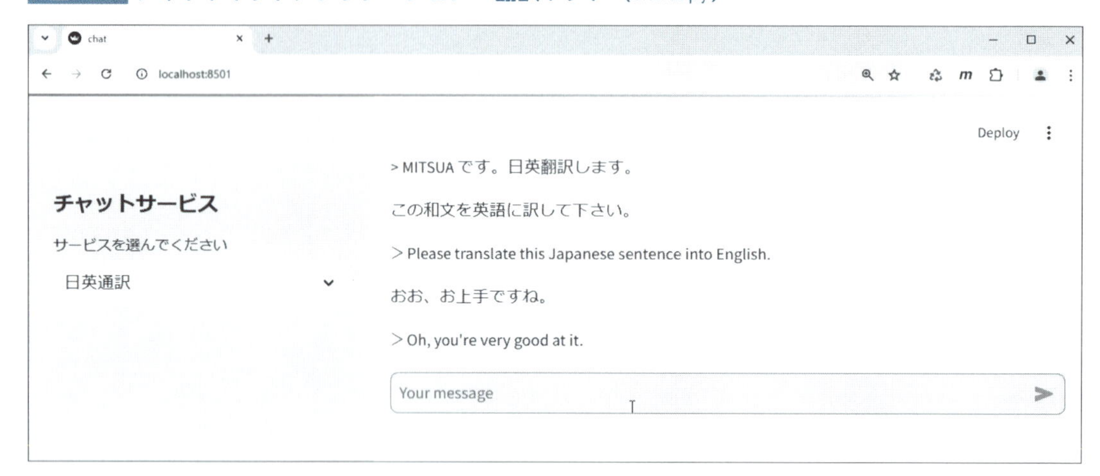

チャットはインタラクティブ性の強いアプリケーションなので、小さくて軽く、応答が早いことが重要です。加えて、通訳なら、ある程度訳がこなれていなければなりませんが、軽いAIモデルは性能に劣り、性能が高いと重くなる（大きくなる）のが通例です。本章では、軽さにウェイトを置いて`Mitsua/elan-mt-bt-ja-en`を選びました。レスポンスは非常によいですが、文学的な表現といった難しい文は誤訳もしますので、そちらは期待しないでください。

メモリと計算能力に余裕のある環境をお持ちなら、賢いモデルに乗り換えるのもよいでしょう（Transformersの`pipeline`は賢いので、さほど手をかけなくても他のモデルに移行できます）。

●紹介するStreamlitの機能

アプリケーションの実装をつうじて、次のStreamlitの機能を紹介します。

- 左パネルのコンテナ（st.sidebar）。
- プルダウンメニュー（st.selectbox）。HTMLの<select><option>...に相当します。
- イベントコールバック（on_changeキーワード引数）。JavaScriptのonchangeに相当します。
- セッションデータの保持（st.session_state辞書）。HTTPのクッキーに相当します。
- チャットウィンドウを生成（st.chat_input）。チャット専用と限定しなければ、HTMLの<input type="text">に相当します。

Streamlitはステートレスマシンです。ボタンがクリックされた、テキスト入力があったなどユーザ操作イベントが発生すると、スクリプトは最初から再実行されます。当然、各種変数も初期化され、前のことは覚えていません。そこで、HTTPがクッキーの授受を介して状態を記憶させたのと似た方法で、状態を管理する方法が導入されています。それが本章で使うst.session_stateです。

●コード

前章同様、本章も3本の実務用ボットモジュールと、それらをまとめるStreamlitに分けて説明します。実務用モジュールは、ルビ振りボットのchat_ruby.py、セラピーボットのchat_eliza.py、通訳ボットのchat_translation.pyで、Streamlitスクリプトがchat.pyです。

3つのボットはいずれもクラスで表現してあり、最初のセリフを生成するinitial、最後のセリフを生成するfinal、入力への応答文を生成するrespondの3つのメソッドが用意されています。この構成は、サードパーティライブラリのElizaに合わせました。同じ構造なので、異なるボットでも同じ方法（メソッド）で操作できます。

本章で掲載するファイル名付きのコードは、本書ダウンロードパッケージのCodes/chatディレクトリに収容してあります。

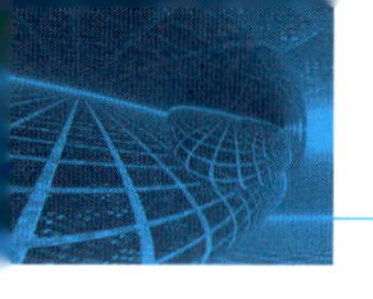

4.2　外部データについて

本章のアプリケーションでは前章と同じく、Hugging FaceのTransformersとモデルを使用します。日英翻訳モデルは、Natural Language Processing（自然言語処理）のTranslation（翻訳）に分類されています。

本章で利用する`Mitsua/elan-mt-bt-ja-en`は、非常にコンパクトなのが特徴です（6層構造、120 MB）。

Hugging Face Hub - Mitsua

`https://huggingface.co/Mitsua/elan-mt-bt-ja-en`

図 4.4　Mitsua Elanの日英翻訳モデルのページ

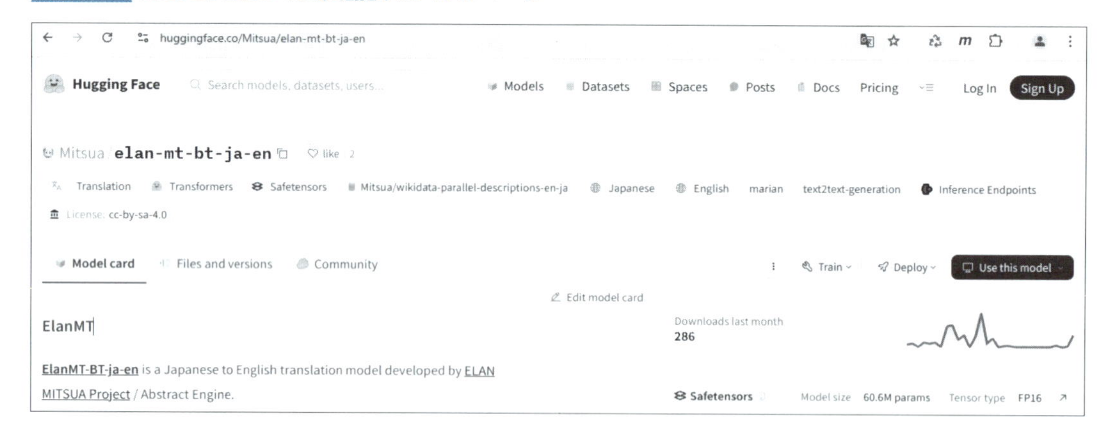

開発元はAbstract Engine社で、モデル名に含まれている「ELAN MITSUA」というお絵描きV-Tuberプロジェクトを展開しています。URLを次に示します。

ELAN MITSUHA Project

`https://elanmitsua.com/`

Transformersが初回に自動的にモデルをロードするので、準備の必要はありません。

4.3 外部ライブラリについて

本章のアプリケーションでは、次のサードパーティPythonパッケージを使用します。

- pykakasi：ひらがな、カタカナ、漢字、ローマ字を相互に変換する自然言語処理ライブラリ。ルビ振りボットで使います。
- Eliza：ネットにはいろいろな実装が散見されますが、ここで使っているのはWade Brainerdさんの版です。
- Transformers：前章と同じディープラーニングアーキテクチャ。通訳ボットで使います。

●KAKASI

KAKASIは、漢字かな混じり文をひらがな文やローマ字文に変換することを目的として作成されたプログラムと辞書の総称です。オリジナルはCで書かれていますが、ここで用いるのはPythonに移植されたバージョンです。

オリジナルのKAKASI（shiではなくsi）については、次のサイトを参照してください。ドメイン名からわかるように、主として日本語全文検索システムのNamazuで使われています。

KAKASI - 漢字→かな（ローマ字）変換プログラム
http://kakasi.namazu.org/index.html.ja

Python版のpykakasiはこちらです。

pykakasi
https://pypi.org/project/pykakasi/

パッケージはpipからインストールします。

```
$ pip install pykakasi
```

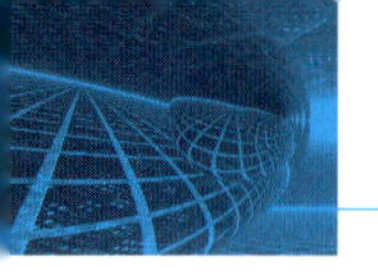

まず、pykakasi.kakasiコンストラクタでクラスをインスタンス化します。

```
>>> import pykakasi
>>> kks = pykakasi.kakasi()
```

convertメソッドからテキストを入力すると、単語に分解し、各種の読みを収容した辞書のリストを返します。次の例では、文が4つの単語に分解されます。

```
>>> tokens = kks.convert('推しのいる生活はいいよ')
>>> len(tokens)
4
```

最初の単語「推し」から辞書の中身を確認します。

```
>>> tokens[0]
{
  'orig': '推し',                        # 原文
  'hira': 'おし',                        # ひらがな表記
  'kana': 'オシ',                        # カタカナ表記
  'hepburn': 'oshi',                     # ヘボン式ローマ字表記
  'kunrei': 'osi',                       # 訓令式ローマ字
  'passport': 'oshi'                     # パスポート式ローマ字
}
```

元の単語を示すorig（推し）、そのひらがな表記hira（おし）、カタカナ表記kana（オシ）、ヘボン式ローマ字hepburn（oshi）、訓令式ローマ字kunrei（osi）、パスポート式ローマ字passport（oshi）の6つのプロパティが収容されています。

単語分割の結果だけを得るには、次のようにします。

```
>>> [t['orig'] for t in tokens]
['推し', 'のいる', '生活', 'はいいよ']
```

Janome（3.3節）とは単語区切りが微妙に異なりますが、本章の利用範囲では問題ありません。

```
>>> from janome.tokenizer import Tokenizer
>>> t = Tokenizer()
>>> [token.surface for token in t.tokenize('推しのいる生活はいいよ')]
['推し', 'の', 'いる', '生活', 'は', 'いい', 'よ']
```

●イライザ

イライザ（Eliza）は入力テキストに対し精神科医っぽい返答をする古典的なボットです。ワイゼンバウムが米国計算機学会（ACM）の機関誌の1966年1月号に発表したオリジナルの論文は、次から閲覧できます。

Weizenbaum “ELIZA—a computer program for the study of natural language communication between man and machine”

https://dl.acm.org/doi/10.1145/365153.365168

昨今のAI技術とは比べ物になりませんが、非常に少数のデータセットで動作します。本章で用いる実装は、たかだか10 kBのテキストです。ギガバイトクラスを必要とするディープラーニングなAIのモデルと比較すると、その性能は素晴らしいというべきでしょう。

実装は数多くありますが、ここではwadetbが開発したものを使います。

GitHub wadetb/eliza

https://github.com/wadetb/eliza

図 4.5　wadetb/eliza のページ

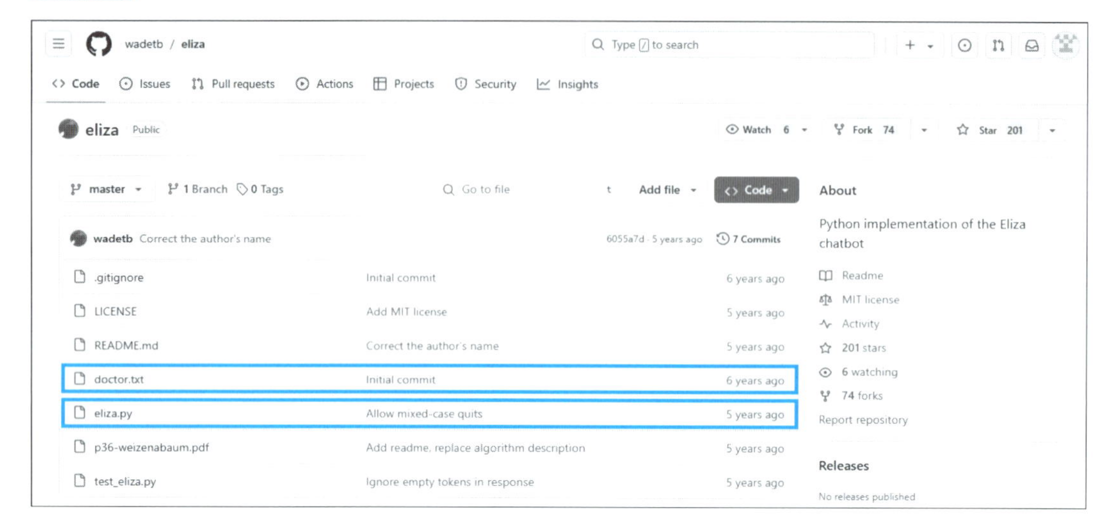

eliza.pyがプログラム、doctor.txtがデータセット（対話のひな型）です。これら2つがあれば動作します。ここでは、これらのファイルがElizaサブディレクトリ（Codes/chat/Eliza）にコピーしてあると仮定しています。そちらに置くか、他所に置くならコードのパス類を修正してください。

利用するには、まずeliza.pyのElizaクラスをインスタンス化します。

```
>>> from Eliza import eliza
>>> doctor = eliza.Eliza()
```

対話テンプレートのdoctor.txtをloadメソッドからオブジェクトに読み込みます。

```
>>> doctor.load('./Eliza/doctor.txt')
```

精神科医が会話をスタートします。最初のセリフ（文字列）は、initalメソッド（引数なし）から得られます。

```
>>> doctor.initial()
'How do you do.  Please tell me your problem.'
```

これに、患者が応えます。それに対する回答は、引数に患者のセリフを指定したrespondメソッドから得られます。

```
>>> doctor.respond('Doctor, I am feeling very sick.')
'I am sorry to hear that you are sick .'
```

医者の最後のセリフはfinalから得られます。

```
>>> doctor.final()
'Goodbye.  Thank you for talking to me.'
```

相手の言葉をパターンで分類し、そのパターンに用意された文言を返す、あるいはリフレーズしながらオウム返しするのが基本なので、数回チャットすると違和感を覚えるようになります。もっとも、普通の人間でもそういう対応をすることがありますから、たちどころにヒトではないと判断するのは難しいかもしれません。

●Transformers

用法は前章と同じです。Transformersがインストールされていなければ、pipからインストールします。

```
$ pip install transformers
```

タスク種別は"translation"、モデル名はMitsua/elan-mt-bt-ja-enです。pipelineを呼び出せば、モデルはダウンロードされます。

```
>>> from transformers import pipeline
>>> pipe = pipeline('translation', model='Mitsua/elan-mt-bt-ja-en')
config.json: 100%|██████████| 1.07k/1.07k [00:00<00:00, 6.69MB/s]
model.safetensors: 100%|██████████| 121M/121M [00:05<00:00, 24.1MB/s]
generation_config.json: 100%|██████████| 304/304 [00:00<00:00, 2.94MB/s]
tokenizer_config.json: 100%|██████████| 854/854 [00:00<00:00, 9.43MB/s]
source.spm: 100%|██████████| 793k/793k [00:00<00:00, 3.03MB/s]
vocab.json: 100%|██████████| 882k/882k [00:00<00:00, 1.83MB/s]
```

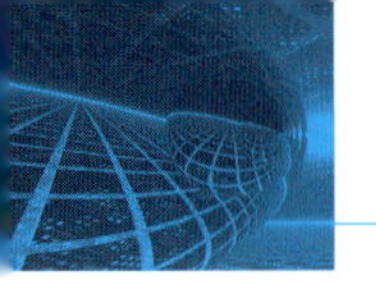


```
special_tokens_map.json: 100%|████████████████████| 439/439 [00:00<00:00, 4.95MB/s]
/mnt/c/.../transformers/models/marian/tokenization_marian.py:175:
  UserWarning: Recommended: pip install sacremoses.
  warnings.warn("Recommended: pip install sacremoses.")
```

出力に見られるように、sacremosesという単語分解器（トークナイザー）が勧められます。なくても動作しますが、お勧めに従うならpipからインストールします。

```
$ pip install sacremoses
```

試しに1文を訳します。

```
>>> txt = pipe('この文を訳してください', max_length=100, src_lang='ja', tgt_lang='en')
>>> txt
[{'translation_text': 'Translate this sentence, please.'}]
```

入力文が長いために訳文が途中で打ち切られたら、最大単語長max_lengthオプションを指定します。ここでいう「単語」は普通に考えるものより短い単位なので、思っているよりも多少大きめに取ったほうが安全です。入力言語はsrc_langから、出力言語はtgt_langからそれぞれ指定します。言語のコードは、HTTPヘッダのAccept-Languageで使う"ja"などと同じものです。

辞書のリストが返ってくるので、0番目の要素のtranslation_textの値を抽出します。

```
>>> txt[0]['translation_text']
'Translate this sentence, please.'
```

4.4 ルビ振りボット

●手順

本節では、入力テキストにルビを振るボットの構成を示します。処理手続きは次のとおりです。

- 漢字かな混じりの入力文を単語（トークン）に分解します。
- 単語に漢字が含まれていたら、それをひらがなに開いてHTMLの<ruby>でくくります。漢字が含まれていなければ、ルビは加えません。

●コード

ルビ振りボットのchat_ruby.pyのコードを次に示します。

リスト 4.1 chat_ruby.py

```
1   import pykakasi
2
3   class Rubify:
4       def __init__(self):
5           self.kks = pykakasi.kakasi()
6
7
8       def initial(self):
9           return 'ぼくはルビふり<ruby>君<rt>くん</rt></ruby>です。'
10
11
12      def final(self):
13          return 'また<ruby>寄<rt>よ</rt></ruby>ってくださいな。'
14
15
16      def respond(self, text):
17          result = self.kks.convert(text)
18          words = []
```

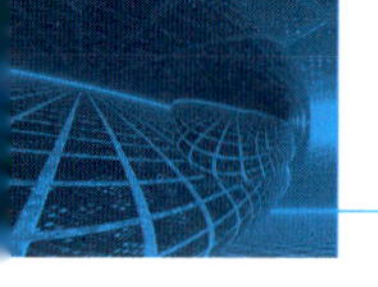


```
19          for item in result:
20              orig = item['orig']
21              yomi = item['hira']
22              kana = item['kana']
23              if orig == yomi or orig == kana:
24                  words.append(orig)
25              else:
26                  rubied = f'<ruby>{orig}<rt>{yomi}</rt></ruby>'
27                  words.append(rubied)
28
29          return ''.join(words)
30
31
32
33  if __name__ == '__main__':
34      rubify = Rubify()
35      print(rubify.initial())
36
37      while True:
38          text = input('> ')
39          if text.lower().startswith('quit'):
40              break
41          print(rubify.respond(text))
42
43      print(rubify.final())
```

本章冒頭で述べたように、ルビ振りボットのRubifyクラスには最初のセリフを返すinitial（8〜9行目）、最後のメッセージを返すfinal（12〜13行目）、そして入力テキストにルビを振った文字列を返すrespond（16〜29行目）を用意します。Streamlitアプリケーションでは、このRubifyをインスタンス化し、initialとrespondを呼び出すことで対話をします。

33〜43行目はテスト用で、inputで受け取った標準入力をそのままRubifyオブジェクトに通しているだけです。アプリケーションでは無限ループですが、コンソールプログラムではquitを入力したら最後のメッセージを出力して終了します。

●実行例

chat_ruby.pyの実行例を示します。頭に>のある行が入力です。

```
$ python chat_ruby.py
ぼくはルビふり<ruby>君<rt>くん</rt></ruby>です。

> 推しのいる生活はいいよ
<ruby>推し<rt>おし</rt></ruby>のいる<ruby>生活<rt>せいかつ</rt></ruby>はいいよ

> 嘘はとびきりの愛なんだよ
<ruby>嘘<rt>うそ</rt></ruby>はとびきりの<ruby>愛<rt>あい</rt></ruby>なんだよ

> quit
また<ruby>寄<rt>よ</rt></ruby>ってくださいな。
```

地に書かれたHTMLは読みにくいので、ブラウザでレンダリングしたものを次に示します。

図4.6 ルビ振りボット（単体版。char_ruby.py）

```
ぼくはルビふり君(くん)です。

> 推しのいる生活はいいよ
推し(おし)のいる生活(せいかつ)はいいよ

> 嘘はとびきりの愛なんだよ
嘘(うそ)はとびきりの愛(あい)なんだよ

> quit
また寄(よ)ってくださいな。
```

●ルビ振り

ルビは単語が漢字混じりのときのみ付けます。単語に漢字が含まれているかは、origがhiraまたはkanaと一致しているかから判断できます（23〜27行目）。

```
23            if orig == yomi or orig == kana:
24                words.append(orig)
25            else:
```

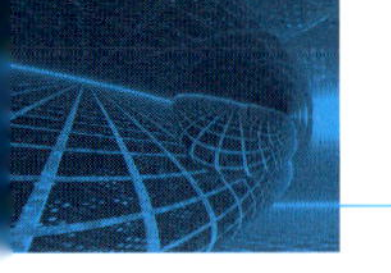


```
26                    rubied = f'<ruby>{orig}<rt>{yomi}</rt></ruby>'
27                    words.append(rubied)
```

この方法だと、漢字とかなの混ざった単語では、かなにもルビが振られます。実行例では、「推し」がそのようなケースです。

4.5 セラピーボット

●コード

セラピーボットのchat_eliza.pyには、4.3節で示した以上の機能は必要ありません。コードを次に示します。

リスト4.2 chat_eliza.py

```
1     from pathlib import PurePath
2     from Eliza import eliza
3
4     FILE = PurePath(__file__).parent / './Eliza/doctor.txt'
5
6     class Doctor:
7         def __init__(self, file=FILE):
8             self.doctor = eliza.Eliza()
9             self.doctor.load(file)
10
11
12        def initial(self):
13            return self.doctor.initial()
14
15
16        def final(self):
17            return self.doctor.final()
18
19
20        def respond(self, text):
21            return self.doctor.respond(text)
```

```
22
23
24
25  if __name__ == '__main__':
26      doctor = Doctor()
27      print(doctor.initial())
28
29      while True:
30          text = input('> ')
31          if text.lower().startswith('quit'):
32              break
33          print(doctor.respond(text))
34
35      print(doctor.final())
```

クラスDoctorはオリジナルの関数をラップしているだけです。コンストラクタではeliza.Elizaのインスタンス化とファイルの読み込みをまとめて処理しています。

25〜35行目はテスト用で、inputで受け取った標準入力をそのままDoctorオブジェクトに通しているだけです。アプリケーションでは無限ループですが、コンソールプログラムではquitを入力したら最後のメッセージを出力して終了します。

●実行例

chat_eliza.pyの実行例を示します。頭に>のある行が入力です。

```
$ python chat_eliza.py
How do you do.  Please tell me your problem.

> I am feeling lonely.
Is it because you are feeling lonely that you came to me ?

> Yes, I need your advice.
You seem to be quite positive.

> I am usually positive. But for the past few weeks, I am depressed.
I am sorry to hear that you are depressed .
```

4.6 通訳ボット

●コード

通訳ボットのchat_translate.pyにも、4.3節で示した以上の機能は必要ありません。コードを次に示します。

リスト 4.3 chat_translation.py

```
from transformers import pipeline

MODEL = 'Mitsua/elan-mt-bt-ja-en'

class Translator:
    def __init__(self, model=MODEL):
        self.pipe = pipeline('translation', model=model)


    def initial(self):
        return 'MITSUA です。日英翻訳します。'


    def final(self):
        return 'また寄ってね。'


    def respond(self, text):
        results = self.pipe(text, max_length=100, src_lang='ja', tgt_lang='en')
        return results[0]['translation_text']



if __name__ == '__main__':
    trans = Translator()
    print(trans.initial())

```

```
28        while True:
29            text = input('> ')
30            if text.lower().startswith('quit'):
31                break
32            print(trans.respond(text))
33
34        print(trans.final())
```


構造はここまでのボットとまったく同じです。

●実行例

chat_translation.pyの実行例を示します。頭に>のある行が入力です。

```
$ python chat_translation.py
MITSUA です。日英翻訳します。

> 本日は晴天なり
Today is clear weather.

> ピーマン体操始まるよ
The beginning of rhythmic gymnastics
```

2つ目の例では、ピーマンはどこに行ったとか、それは新体操だろ、と突っ込みどころが満載ですが、ほんの120 MBのモデルでここまでできれば立派だと思います。

参考までに、ChatGPTの訳を次に示します。

- "Today is a clear sky" or "It is a sunny day."
- "The Pepper Exercise is about to start!"

4.7 チャットボットアプリケーション

●コード

ここまで説明してきたルビ振り、セラピー、通訳のボットを組み合わせてチャットボットアプリケーションを構築します。コードchat.pyは次のとおりです。

リスト4.4 chat.py

```
1	import streamlit as st
2	from chat_ruby import Rubify
3	from chat_eliza import Doctor
4	from chat_translation import Translator
5	
6	def on_select():
7	    del st.session_state['transactions']
8	
9	
10	if 'ルビ振り' not in st.session_state:
11	    st.session_state['ルビ振り'] = Rubify()
12	
13	if 'セラピー' not in st.session_state:
14	    st.session_state['セラピー'] = Doctor()
15	
16	if '日英通訳' not in st.session_state:
17	    st.session_state['日英通訳'] = Translator()
18	
19	if 'transactions' not in st.session_state:
20	    st.session_state['transactions'] = []
21	
22	
23	options = ['ルビ振り', 'セラピー', '日英通訳']
24	
25	with st.sidebar:
26	    st.header('チャットサービス')
27	    selected = st.selectbox(
```

```
28            label='サービスを選んでください',
29            options=options,
30            index=0,
31            on_change=on_select
32        )
33
34
35    chat = st.session_state[selected]
36    st.html(f'> {chat.initial()}')
37
38    text = st.chat_input()
39    if text:
40        response = chat.respond(text)
41        st.session_state.transactions.append(text)
42        st.session_state.transactions.append(f'>{response}')
43
44    for show in st.session_state['transactions']:
45        st.html(show)
```

●サイドバーコンテナ

ページ左側にメニューやコントロールパネルを置くサイドバーは、st.sidebarコマンドから生成します（25行目）。

```
25    with st.sidebar:
26        st.header('チャットサービス')
```

用法は他のコンテナと同じで、戻り値の変数にコマンドを作用させる、あるいはコマンドをwithブロック配下に置くことで、サイドバーにページ要素を配置します。上記では、withパターンを使っています（26行目）。

サイドバー右上の<アイコンをクリックすれば、サイドバーが折り畳まれます。その状態から>をクリックすれば元に戻ります。図4.7に示すように、サイドバーとメインの間の枠線を左右に引っ張ることで、横幅が変えられます。

図4.7　サイドバー。間の枠線を動かすと横幅を調整できる

チャットサービス
サービスを選んでください
ルビ振り
>ぼくはルビふり君（くん）です。

st.sidebarに引数はありません。引数がないので、サイドバーのサイズ変更も開閉もプログラムからは操作できません。

●プルダウンメニュー

サイドバーには、ボットを選択するプルダウンメニューをst.selectboxコマンドから配置します（27～32行目）。HTMLの<select><option>...に相当します。

```
23  options = ['ルビ振り', 'セラピー', '日英通訳']
 ⋮
27      selected = st.selectbox(
28          label='サービスを選んでください',
29          options=options,
30          index=0,
31          on_change=on_select
32      )
```

図4.8　プルダウンメニュー

第1引数（キーワード引数はlabel）には、プルダウンメニューの上部に示されるラベル文字列を指定します。マークダウン記法も使えます。

第2引数（キーワード引数はoptions）には、選択肢をリスト（イテラブル）から指定します。HTMLの<option>に相当します。ここではボットの名称のリストを指定しています（23、29行目）。この名称はあとで説明する状態管理の辞書のキーにそのまま使います。

オプション引数のindexでは、未選択時のデフォルト値を指定できます。値は第2引数のリストのインデックス番号です。デフォルトは0なので、未選択時には0番目の要素であるルビ振りが選択されます。つまり30行目は不要なのですが、オプションの存在を明示するためにあえて入れました。この引数にNoneを指定すると、st.text_inputと同じように、コマンドはユーザ選択がなされるまでNoneを返します。

オプション引数のon_changeには、ユーザ操作がなされたときに呼び出されるイベントコールバック関数を指定します。HTMLのイベントハンドラプロパティのonchangeに相当します。Streamlitはユーザ操作に伴って最初からスクリプトを再実行しますが、このコールバック関数はスクリプトより先に実行されます。

ユーザインタフェース系ウィジェットコマンドのほとんどには、このon_changeとkwargsの2つのオプション引数が用意されています。後者はon_changeで指定した関数への引数です。

ここでは、プルダウンメニューで選択されると、6～7行目のon_select関数を呼び出します。

```
6   def on_select():
7       del st.session_state['transactions']
```

状態管理のst.session_stateのキーの1つを削除していますが、この機能は次に説明します。

●状態管理

Streamlitスクリプトは画面の状態を変更させるため、ボタンやメニューなどで操作があると最初から再実行されます。過去に設定された情報も、過去のチャットメッセージも含めてすべて消去されます。Streamlitはステートレスマシンなのです。

再実行があっても過去の動作結果を記憶させるには、セッションをまたいで保持されるst.session_stateにデータをコピーします。HTTPのクッキーに相当する機能ですが、サーバ上で保持されるだけで、クライアントとの間でやりとりされることはありません。

この特殊変数は辞書（dict）と同じように使えるもので、どんなキーと値も収容できます。

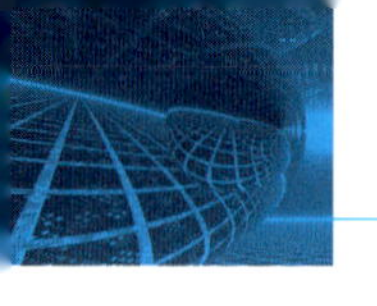

値には、数値や文字列などのプリミティブな型だけでなく、リストや辞書などのコンテナオブジェクトも収容できます。

11行目は"ルビ振り"キーにルビ振りクラスのオブジェクトをセットしています。

```
11        st.session_state['ルビ振り'] = Rubify()
```

20行目では空のリストを"transactions"キーにセットしています。これは、ユーザの入力とボットの応答を収容しておくためのものです。入力があるたびに再実行されるので、履歴はどこかにとっておかなければならないからです。

```
20        st.session_state['transactions'] = []
```

st.session_stateは辞書（のようなもの）なので、存在しないキーにアクセスするとエラーになります。そこで、スクリプトの開始部分でキーが存在するかチェックし、なければキーと初期値を設定します。Streamlitのよくあるコーディングスタイルです（10〜20行目）。

```
10    if 'ルビ振り' not in st.session_state:
11        st.session_state['ルビ振り'] = Rubify()
12
13    if 'セラピー' not in st.session_state:
14        st.session_state['セラピー'] = Doctor()
15
16    if '日英通訳' not in st.session_state:
17        st.session_state['日英通訳'] = Translator()
18
19    if 'transactions' not in st.session_state:
20        st.session_state['transactions'] = []
```

キーはプロパティ扱いもできます。20行目なら、次のように書けます。

```
20        st.session_state.transactions = []
```

st.session_stateは、ユーザが操作できるウィジェットが、その操作結果を収容するのにも使われます（5.5節）。

●ボットの選択

サイドバーのプルダウンメニューでボットが選択されると、st.selectboxコマンドは23行目のどれかの文字列を返します（27行目のselected）。この文字列はst.session_stateのキーになっており、その値はそれぞれのボットのオブジェクトなので、35行目でその時点のオブジェクトが得られます。

```
23    options = ['ルビ振り', 'セラピー', '日英通訳']
 ⋮
27        selected = st.selectbox(
 ⋮
35    chat = st.session_state[selected]
```

用意ができたら、最初のメッセージをinitialメソッドから書き出します（36行目）。

```
36    st.html(f'> {chat.initial()}')
```

ユーザ操作があればスクリプトは再実行されるので、最初のメッセージは毎回必要です。

●チャット入力フィールド

チャットテキストの入力フィールドを配置するのは、st.chat_inputコマンドです（38行目）。チャット専用と限定しなければ、HTMLの<input type="text">に相当します。

```
38    text = st.chat_input()
39    if text:
```

指定しなければならない引数はとくにありません。ここでは使っていませんが、オプションのplaceholderキーワード引数を指定すれば、デフォルトでは"Your message"となっているフィールド上の懇請メッセージを変更できます。最大文字数を規定するキーワード引数max_charsもあり、未指定（None）ならば無制限です。

入力のない初期状態では、コマンドはNoneを返します。入力のない状態での処理を防ぐには、39行目のように戻り値をチェックします。

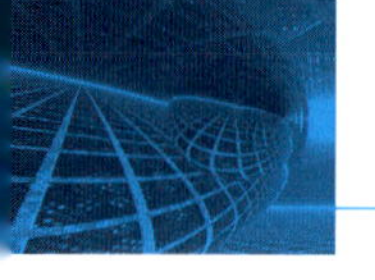

●チャット入力フィールドの配置

Streamlitは、コマンドの実行順に要素を上から下へと配置していきます。st.chat_inputはその例外で、実行順序と無関係に入力フィールドをページ下端に配置します。

上部あるいは特定のテキストの下に入力フィールドを配置するなら、st.text_inputを使います。枠が着色されている、右端に>が付いているといったルックアンドフィールを除けば、機能に違いはありません。あえてst.chat_inputを使うのならば、チャットフィールドをコンテナに配置します。サンプルコードを次に示します。

リスト4.5 chat_input.py

```
1    import streamlit as st
2
3    st.header('チャット アプリケーション')
4
5    with st.container(height=200):
6        chat_field = st.chat_input(placeholder='チャットメッセージはこちらに')
7
8    if chat_field:
9        st.markdown(f'あなたのメッセージ: {chat_field}')
```

実行例を次に示します。

図4.9 チャット入力フィールドの配置（chat_input.py）

st.containerコマンドはページ幅いっぱいのコンテナを生成します。コンテナ自体は他の要素と同じく上から順に配置され、その中身はコンテナに束縛されます。そのためst.chat_inputもst.containerの位置に配置されます。st.emptyと似ていますが、既存の要素をオーバーライトするものではなく、メインのコンテナ同様、上から順位追記していきます。

上記ではwithを使っていますが、コマンドの戻り値を変数に割り当てておけば、処理順序に関係なく目的の場所に要素を配置できます。

st.containerコマンドに必須の引数はありません。オプションのheight引数から、コンテナの高さをピクセル数で指定できます。デフォルトのNoneだと可変長で、収容する要素に応じて縦に伸びます。height=Noneで要素が置かれていない初期状態では、中身が空の<div>と同じでコンテナは不可視です。固定高さを指定したときは、要素が入りきらなければ、スクロールバーが表示されます。

border引数からは枠線を入れるかを真偽値で指示できます。デフォルトのNoneは枠線なしで、Trueなら枠線ありです。ただし、heightが指定されているときは、自動で枠線が加えられ、borderは無視されます。

●履歴の表示

テキスト入力のたびにスクリプトは再実行されるので、そこまでの会話の履歴を示すには、すべての会話を保持して最初から直近までを表示しなければなりません。その時点での会話（38行目のユーザの入力と40行目のボットの応答）をst.session_state.transactionsに収容しているのが41～42行目です。

```
38  text = st.chat_input()
39  if text:
40      response = chat.respond(text)
41      st.session_state.transactions.append(text)
42      st.session_state.transactions.append(f'>{response}')
```

ユーザとボットの区別をせずに、同じリストに追加しています。見た目で区別が付けられるよう、ボットの応答の先頭には>を付けています。

表示は、ループでst.htmlを繰り返すだけです。

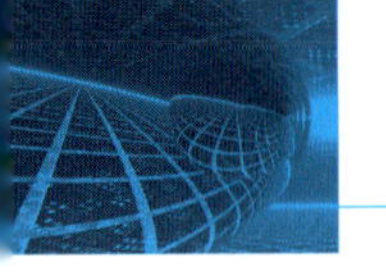

```
44  for show in st.session_state['transactions']:
45      st.html(show)
```

●チャット専用コンテナ

ユーザとの対話に特化したコンテナもあります。st.chat_messageがそれで、左上にロボ、ヒト、あるいは指定のアバターを表示してくれるので、どちらの発話かが読みやすくなります。

例を図4.10に示します。この例のボットは賢くなく、ユーザの発話を繰り返しているだけです。

図4.10 チャット専用コンテナ（chat_message.py）

コードを次に示します。

リスト4.6 chat_message.py

```
1   import streamlit as st
2
3   if 'transactions' not in st.session_state:
4       st.session_state.transactions = []
5
6   st.header('チャット アプリケーション')
```

```
7
8   text = st.chat_input()
9   if text:
10      st.session_state.transactions.append(text)
11      st.session_state.transactions.append(f'Did you say "{text}"?')
12
13  for idx, message in enumerate(st.session_state.transactions):
14      if idx % 2 == 0:
15          with st.chat_message('user'):
16              st.write(message)
17      else:
18          with st.chat_message('ai'):
19              st.write(message)
```

構造はchat.pyと同じで、st.session_state.transactionsに会話の履歴を収容し（10～11行目）、それをst.writeで表示するだけです（16、19行目）。

st.chat_messageの第1引数から、話し手がどちらかを明示します。"user"または"human"ならヒトのアバターが、"ai"または"assistant"ならロボのアバターがそれぞれコンテナ左上に表示されます。それ以外の文字列を指定すると、先頭文字を使ったアイコンが使われます。戻り値は、他のコンテナコマンドと同じくコンテナオブジェクトです。

st.session_state.transactionsにはユーザとボットのセリフがフラットに収容されていますが、要素のインデックスが偶数のものがユーザです。対話を始めているのがユーザだからです。そこで、セリフまわりでループするときは（13行目）、偶数ならst.chat_messageに"user"を（15行目）、そうでなければ"ai"を指定します（18行目）。

第5章

画像処理

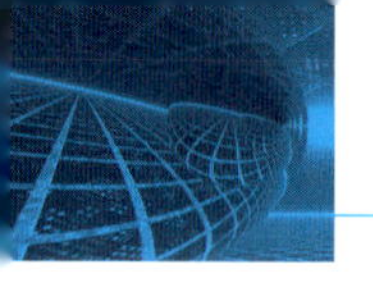

5.1　目的

●アプリケーションの仕様

次の画像処理サービスを提供するアプリケーションを作成します。

- 画像のフォーマット変換。たとえば、JPEGをGIFやPNGに変換します。
- 画像のリサイズ。倍率指定で画像をリサイズします。
- ポスタリゼーション。色数を限定することで、画像をポスターのように大まかな色合いにします。

画像ファイルのアップロードとダウンロードのインタフェースも加えます。

ここまでは、単一のページ（Streamlitスクリプト）の中でタブあるいはプルダウンメニューからサービスを切り替えてきましたが、本章では、複数のページを複数のスクリプトで構成します。それぞれのページは/page1や/page2のように、異なるURLパスから直接アクセスできます。Streamlitは、このような構造をマルチページと呼んでいます。

マルチページには、サービス数が多いとき、あるいは加えたり削ったりの変更が多いとき、維持管理が容易になるというメリットがあります。反面、アップロードのページからリサイズページに画像データを送るなど、異なるページ間でのデータ共有メカニズムを用意する手間がかかるというデメリットがあります。

画像処理に用意したのは簡単なものばかりですが、本章の目的はマルチページ画像アプリケーションの骨格を示すところにあります。構造がわかれば、より高度あるいはサービス性に富んだアプリケーションと入れ替えるのは簡単です。

●ファイルアップロード

最初のページ（/page1）には画像アップロードサービスを用意します。このページはトップページ（/）としてもアクセスできます。

図 5.1 画像処理アプリケーションファイル～アップロード（page1.py）

左のサイドバーの先頭には、それぞれのサービスへのリンクを置きます。

●フォーマット変換とダウンロード

画像をアップロードすると、トップページのメインコンテナに画像が表示されます。また、サイドバーのメニュー下にはそのファイル名が表示され、そのさらに下には変換先ファイルフォーマットをラジオボタンで列挙したプルダウンメニューが配置されます。

図 5.2 画像処理アプリケーション〜フォーマット変換とダウンロード（save.py）

ポスタリゼーション

ファイル: IMG_1058.JPG

Drag and drop file here
Limit 200MB per file
Browse files

IMG_1058.JPG 3.3MB

画像フォーマットを選択

変換先フォーマット

.bmp .dib .gif .jfif .jpe .jpg .jpeg .pbm .pgm
.ppm .pnm .pfm .png .apng .tif .tiff .blp .bufr
.cur .pcx .dcx .dds .ps .eps .fit .fits .fli .flc
.ftc .ftu .gbr .grib .h5 .hdf .jp2 .j2k .jpc
.jpf .jpx .j2c .icns .ico .im .iim .mpg .mpeg
.mpo .msp .palm .pcd .pdf .pxr .psd .qoi .bw
.rgb .rgba .sgi .ras .tga .icb .vda .vst .webp
.wmf .emf .xbm .xpm

初期状態ではチェックなしです。ラジオボタンにチェックを入れると、ダウンロードボタンが下に表示されます。クリックすると、ブラウザに指定のデータフォーマットのファイルが送られます。

図 5.3 フォーマット変換後にダウンロードボタンが表示される

ファイル名は、アップロードしたファイルの基幹部分に変換先の拡張子を加えたものとします。たとえば、アップロードファイルが`IMG_1058.JPG`でフォーマットがBMP（Windowsビットマップ）なら、`IMG_1058.bmp`です。

●リサイズ

サイドバーの「リサイズ」をクリックすれば、リサイズページに遷移します。このページには固有のパスがあるので、/page2からもアクセスできます。

リサイズページには倍率を設定するスライダーがあり、0.1倍から2.0倍の範囲でリサイズができます。対象はアップロードページからアップロードした画像です。

図 5.4 画像処理アプリケーション〜リサイズ（page2.py）

スライダーが操作されたら、サイドバーに選択値を表示します。

表示画像は指定の拡大率にリサイズされます。画像サイズがコンテナよりも大きければ、水平垂直のスクロールバーが現れます。

●ポスタリゼーション

/page3にはポスタリゼーションサービスを用意します。サイドバーの「ポスタリゼーション」からも遷移できます。

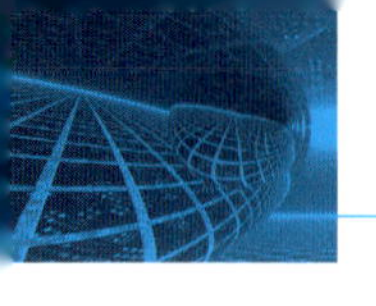

図5.5　画像処理アプリケーション〜ポスタリゼーション（page3.py）

ポスタリゼーションは（Adobe曰く）「色の数を少なくし、繊細なグラデーションを大まかな色合いにすることで、絵の具を塗ったような、またはエアブラシを使ったような効果」が得られる画像処理の方法の1つです。

言うのは簡単ですが、単純に色数を減らしても効果は得られません。普通の画像は約1600万色で表現されますが、これを256色まで減色しても（7万分の1！）、たいていは気が付かないものです。そこで、色数を減らす前に中央値フィルタをかけます。ノイズ除去で使われる手法ですが、「絵の具を塗ったように」テクスチャが平板になるというサイドエフェクトがあります。

画像保存の手順はリサイズと同じです。

●紹介するStreamlitの機能

アプリケーションの実装をつうじて、次のStreamlitの機能を紹介します。

- マルチページアプリケーションの構築（`st.navigation`と`st.Page`）。
- ファイルのアップロード（`st.file_uploader`）。HTMLの`<input type="file">`に相当します。
- ページ間のデータ共有（`st.session_state`とユーザインタフェース系ウィジェットコマンドのオプションである`key`の用法）。

- 水平の区切り線（st.divider）。HTMLの<hr/>に相当します。
- ポップアップするダイアログボックス（st.popover）。
- ラジオボタンによる選択（st.radio）。<input type="radio">に相当します。
- ダウンロードボタン（st.download_button）。HTMLだと<input type="button">とJavaScriptコードの組み合わせ技です。
- 数値専用の入力フィールド（st.number_input）。HTMLの<input type="number">に相当します。
- スライダーインタフェース（st.slider）。HTMLの<input type="range">に相当します。

Streamlitには2通りのマルチページ構成方法があり、本編で紹介するのはスクリプトからページ構造を決定する方法です。もう1つはディレクトリとファイルの構成からページを構造化する方法で、これは本章付録（5.9節）で取り上げます。

本章付録では次の機能を紹介します。

- サブページの構成と規約（ディレクトリ名がpages）。
- LaTeXテキストの印字（st.latex）。
- JSONの印字（st.json）。
- 気温、株価、為替のように変化する数値をダッシュボードなどにわかりやすく配置する特殊な数値表示（st.metric）。

●コード

本章では、各ページを1つのStreamlitスクリプトで記述します。そして、別のStreamlitスクリプトで1本のアプリケーションにまとめます。これらは本書ダウンロードパッケージのCodes/imgproc/navigationディレクトリに収容してあります。

付録のディレクトリ構成に基づくマルチページはCodes/multipageに収容しました。

説明用のスクリプトファイルはCodes/imgproc直下に置いてあります。

5.2 外部データについて

本章のアプリケーションでは、外部のデータは利用しません。

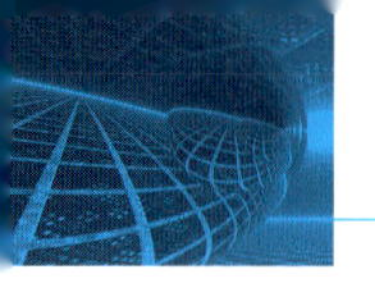

5.3 外部ライブラリについて

本章のアプリケーションでは、次のサードパーティPythonパッケージを使用します。

- Pillow：画像操作ライブラリ。
- Requests：HTTPクライアントトライブラリ。本章付録で天気予報を取得するのに使います。3.3節で説明済み。

●Pillow

Pillowはリサイズ、明るさやコントラストの調整といった画像の基本操作を得意としています。サポートする画像フォーマットがとても多いので、多くの画像系ライブラリの内部で用いられています（たとえば第3章のWordCloud）。その反面、背景除去や顔認識といった高度な機能はありません。そちらが目的ならOpenCVを使います（第6章）。

リファレンスはこちらです。

Pillow リファレンス
https://pillow.readthedocs.io/

図5.6　Pillow リファレンスページ

Pillowに特化した書籍もあります。

『Python + Pillow/PIL—画像の加工・補正・編集とその自動化』
（豊沢聡 著／カットシステム刊）
https://cutt.co.jp/book/978-4-87783-525-5.html

パッケージはpipからインストールします。

```
$ pip install pillow
```

パッケージ名はPILです。名称が異なるのは、Pillowがフォークされる前の名称（Python Image Library）がそのまま使われているからです。そこから必要なモジュールをインポートします。画像の読み書きと基本操作だけならImageモジュールだけで事足ります。

```
from PIL import Image
```

本章では、ポスタリゼーションのためにImageOpsとImageFilterモジュールも併用します。まとめれば次のようになります。

```
from PIL import Image, ImageOps, ImageFilter
```

以下、画像の読み込み、保存、表示といった基本操作と、画像オブジェクトのプロパティを簡単に説明します。これ以外の機能は、用いるところで逐次説明します。

■画像の読み込み

Pillowで画像ファイルを開くには、Imageモジュールのopen関数を使います。引数はファイル名で、戻り値はImageオブジェクトです。

```
>>> from PIL import Image
>>> img = Image.open('Untitled.png')
```

引数にはio.BytesIOオブジェクトも指定できます。Streamlitにアップロードされる画

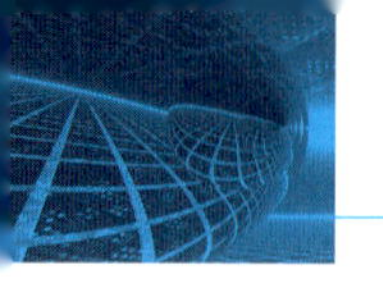

像はバイト列なので、これはio.BytesIOに変換してからImage.openに引き渡します。次の用例では、アップロードファイルデータをシミュレートするために、ファイルをバイナリで読んでいます（openのrbフラグ）。

```
>>> with open('Untitled.jpg', 'rb') as fp:
...     img_bytes = fp.read()
...
>>> from io import BytesIO
>>> img2 = Image.open(BytesIO(img_bytes))
```

■ 画像の保存

中身をファイルに保存するなら、Image.saveメソッドです。

```
>>> img.save('Untitled.gif')
```

画像のフォーマットは、引数に指定するファイルの拡張子から判断されます。ここでは.gifを指定しているので、画像はGIF形式で保存されます。

Image.open同様、引数にはio.BytesIOオブジェクトも指定できます。Streamlitからブラウザに画像データを送るとき（ダウンロード）はバイナリストリーム形式でなければならないので、いったんio.BytesIOに保存し、そこからio.BytesIO.getvalueでバイト列を取り出して送信します。

```
>>> buf = BytesIO()
>>> img.save(buf, format='PNG')
>>> img_bytes = buf.getvalue()
```

io.BytesIOオブジェクトにはファイル名も拡張子もないため、Pillowは画像フォーマットを判断できません。そうしたときには、キーワード引数formatから画像フォーマット名を指定します。これはPillowが独自に定めた文字列で、PNG画像なら"PNG"です。拡張子から画像フォーマット名を得る方法はあとで説明します。

■ 画像の表示

画像の表示はImage.showメソッドです。

```
>>> img.show()
```

画像はそのOSのデフォルトビューワーで開かれます。Windowsなら、おそらくは「フォト」アプリです。

画像を開くと、Pythonスクリプトはそのウィンドウが閉じられる（ビューワープロセスが終了する）まで停止します。スクリプト側からコントロールが効かなくなるので、Streamlitでは使用すべきではありません。

環境にディスプレイが接続されていないときの動作は不定です。WSLやVMwareなどの仮想環境やクラウド上のプラットフォームでは注意が必要です。

■画像オブジェクトのプロパティ

Imageオブジェクトには、縦横のサイズなどのプロパティが収容されています。重要なもののみ、表5.1に示します。

表5.1 Imageオブジェクトのプロパティ

プロパティ	例	説明
filename	"Untitled.png"	ファイル名。io.BytesIOのようにファイル以外のものから生成されたときは空文字列。
format	"PNG"	画像フォーマット名
size	(640, 480)	画像サイズ（幅，高さ）のタプル（単位ピクセル）
width	640	画像の横幅（単位ピクセル）
height	480	画像の高さ（単位ピクセル）

■サポートしている画像フォーマット

Pillowがサポートしている画像フォーマットはリファレンスの「Handbook > Appendicces > Image file formats」に記載されています。

Pillow リファレンス "Handbook > Appendicces > Image file formats"
https://pillow.readthedocs.io/en/stable/handbook/image-file-formats.html

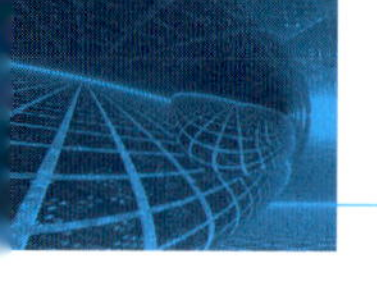

図 5.7 Pillow リファレンスの画像フォーマットの説明ページ

画像フォーマットごとに、固有のプロパティや読み込み・保存時のオプションが説明されています。図5.7はTIFFの冒頭の箇所ですが、infoプロパティに収容された辞書のキーの1つであるcompressionを説明しています。

サポートしているフォーマットのリストは、PillowのImage.registered_extensions関数から取得できます。戻り値は{**拡張子: 画像フォーマット名**}の辞書です。拡張子はファイル名末尾に加えるもの、画像フォーマット名はImage.saveのformat引数に指定するものです。

```
>>> Image.registered_extensions()
{'.blp': 'BLP', '.bmp': 'BMP', '.dib': 'DIB', ... , '.xpm': 'XPM'}
```

本章のアプリケーションのラジオボタンに示す拡張子のリストは、keysメソッドから機械的に抽出します。

```
>>> list(Image.registered_extensions().keys())
['.blp', '.bmp', '.dib', '.bufr', '.cur', ..., '.emf', '.xbm', '.xpm']
```

このリストには、開くまたは保存できるフォーマットが列挙されています。開くことはできても保存できない、あるいはその逆のフォーマットもあるので、読み書きには注意が必要です。

複数の拡張子が定義されている画像フォーマットもあります。たとえば、JPEGファイルの拡張子には、.jfif、.jpe、.jpg、.jpegがあります。ラジオボタンにもこれら4つが示されますが、どれを選んでも画像としては同じJPEGです。

Pillowの画像フォーマット名は、拡張子をキーにこの辞書から得られます。たいていは、拡張子からドットを削って大文字にしただけです。

```
>>> Image.registered_extensions()['.bmp']
'BMP'
```


5.4 メインページ

●ファイルの構成

アプリケーションが提供するサービスは、次に示すスクリプトでそれぞれ記述します。

- 画像のアップロード　page1.py
- リサイズ　page2.py
- ポスタリゼーション　page3.py

これらに加え、3つのサービスを束ねるスクリプトmain.pyを用意します。また、画像ダウンロードの機能は別のスクリプトsave.pyに記述し、それぞれのページから呼び出します。

これら5つのファイルはすべてアプリケーション用ディレクトリのnavigationに収容します（本書ダウンロードパッケージではCodes/imgproc/navigation）。ディレクトリ構造を次に示します。

```
navigation/
 ├──── main.py
 ├──── page1.py
 ├──── page2.py
 ├──── page3.py
 └──── save.py
```

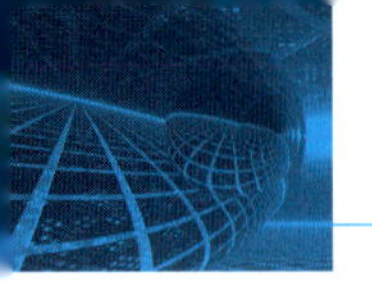

●アクセスURL

スクリプトの名称から.pyを外した文字列が、アクセスURLのパス部分です。たとえば、page1.pyなら/page1です。

/mainはURLとしては使えません（404 Not Found）。main.pyは、Webフレームワークでいうところのルーティング機能（URLとそのページを生成する関数のマッピング）しか提供していないからです。

/は最初のページである/page1です。これは、/の実体が/index.htmlや/welcome.htmlであるのと似ています。

●コード

複数のページを1つのアプリケーションとしてまとめるmain.pyのコードを次に示します。

リスト5.1 main.py

```
1   import streamlit as st
2
3   if 'image_upload' in st.session_state:
4       st.sidebar.markdown(f'ファイル: {st.session_state.image_upload.filename}')
5
6   if 'image_scale' in st.session_state:
7       st.sidebar.markdown(f'リサイズ: {st.session_state.image_scale}')
8
9   if 'image_colors' in st.session_state:
10      st.sidebar.markdown(f'色数: {st.session_state.image_colors}')
11
12  pg = st.navigation({
13      '画像処理サービス': [
14          st.Page('page1.py', title='アップロード', icon='📤'),
15          st.Page('page2.py', title='リサイズ', icon='📐'),
16          st.Page('page3.py', title='ポスタリゼーション', icon='🎨')
17      ]})
18  pg.run()
```

子ページから得られたデータを表示する3〜10行目については、それぞれの子ページのところで説明します。

ページを構成するのは12〜18行目です。

●ページの構成

複数のページ（スクリプトファイル）を1本のアプリケーションにまとめるには、st.navigationコマンドを使います（12〜17行目）。

```
12    pg = st.navigation({
13        '画像処理サービス': [ ...
 ⋮
17        ]})
```

第1引数にはページを定義したオブジェクトを列挙します。列挙方法はリストと辞書の2通りあり、それぞれ異なるスタイルでページへのリンク（メニュー）を並べます。リストで列挙したときは、メニュー項目がフラットに並べられます。辞書のときは、キーにした文字列が見出しとなり、その値のリストがその下に並べられます。ここでは、要素が1つだけの辞書を用意したので、1つだけの見出しの下に3つのページが並びます。

ページオブジェクトはst.Pageコマンドで定義します（14〜16行目）。

```
14            st.Page('page1.py', title='アップロード', icon='📤'),
15            st.Page('page2.py', title='リサイズ', icon='📐'),
16            st.Page('page3.py', title='ポスタリゼーション', icon='🎨')
```

第1引数には、ページを記述したスクリプトへのパスまたは関数オブジェクトを指定します。パスのときは、このmain.pyスクリプト（エントリポイント）からの相対パスで記述します。関数オブジェクトでは引数は指定できません。引数が必要なら、関数を返す関数を用意します。

ページへのリンクは、自動的にサイドバーに表示されます。オプションのtitleキーワード引数からは、このリンク文字列を指定できます。未指定（None）のときは、ファイル名あるいは関数名から取られます。ファイル名からリンク文字列への変換ルールは5.9節で説明します。

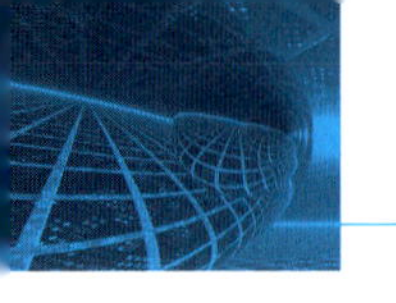

オプションのiconキーワード引数からは、リンク左に示すアイコンを指定できます。絵文字やGoogleマテリアルアイコンも使えます。

st.navigationコマンドはページオブジェクトStreamlitPageを返します。このページを実際にレンダリングさせるには、その.runメソッドからページを実行しなければなりません（18行目）。

```
18    pg.run()
```

ディレクトリとファイルの構成だけでマルチページを構成するメカニズム（本章付録）は、st.navigationを用いると無効化されます。

5.5 画像のアップロード

●機能

画像のアップロードサービスを提供する第1ページ（/または/page1）には、次の機能を盛り込みます。

- ファイルのアップロード（st.file_uploader）。
- アップロードされた画像データ（バイナリ）をPillowのImageオブジェクトに変換。
- 画像の表示（st.image）。

取得した画像オブジェクトは親のmain.pyにst.session_state経由で引き渡します。

●コード

画像アップロードのpage1.pyのコードを次に示します。

リスト5.2 page1.py

```
1    from PIL import Image
2    import streamlit as st
3    from save import st_render
```

```
4
5    st.header(':rainbow[元画像]')
6
7    def onchange():
8        img = Image.open(st.session_state._image_upload)
9        img.filename = st.session_state._image_upload.name
10       st.session_state.image_upload = img
11
12
13   st.file_uploader('画像ファイルをアップロードしてください',
14                    key='_image_upload', on_change=onchange)
15
16   if 'image_upload' in st.session_state:
17       img = st.session_state.image_upload
18       st.image(img)
19       st_render(img)
```


●ファイルのアップロード

ブラウザからサーバにファイルをアップロードするには、st.file_uploaderコマンドを使います（12〜13行目）。

```
12   st.file_uploader('画像ファイルをアップロードしてください',
13                    key='_image_upload', on_change=onchange)
```

第1引数には、アップロードフィールドの上に表示するラベル文字列を指定します。他にも、アップロードしてよいファイルの拡張子のリストを指定するtype引数もありますが、ここでは未使用です。

コマンドの戻り値はUploadedFileオブジェクトです。このオブジェクトはio.BytesIOの子なので、Image.openやImage.saveで直接操作できます（5.3節）。12行目では戻り値を代入していませんが、後述するkeyとon_changeコールバックによってst.session_state.image_uploadに収容されます（15〜16行目）。

アップロードフィールドの注意書きに「Limit 200MB per file」とあるように（図5.8）、このコマンドが許容するファイルの最大サイズはデフォルトで200 MBです。

図 5.8 ファイルアップロードにはサイズ制限がある

画像ファイルをアップロードしてください

Drag and drop file here
Limit 200MB per file

Browse files

この制限はサーバの設定から変更できます（1.5節）。config.tomlファイルから変更するなら、[server]セクションのmaxUploadSizeプロパティです。streamlit config showの該当箇所を次に示します。

```
# Max size, in megabytes, for files uploaded with the file_uploader.
# Default: 200
# maxUploadSize = 200
```

値の型は数値で、単位はMBです。

●画像のダウンロード

ブラウザがサーバから画像をダウンロードする機能は、次節で説明するsave.pyのst_render関数から提供します（19行目）。

```
19        st_render(img)
```

●ウィジェットのkeyオプション

st.file_uploaderだけでなく、ボタンやスライダーなどのユーザインタフェース系ウィジェットコマンドには、オプションのkey引数があります。ウィジェットにはそれぞれ識別子がありますが、デフォルトでは引数から自動的に生成されるので、たいてい意識することはありません。しかし、引数がまったく同じだと、まったく同じ識別子が生成されてしまいます。

次のスクリプトを考えます。

リスト5.3 key_duplicate.py

```
1  import streamlit as st
2  
3  first = st.checkbox('わかりました')
4  if first:
5      second = st.checkbox('わかりました')
```

了解を再確認するためにst.checkboxを2回呼び出していますが、まったく同じ引数なので、識別子重複のDuplicateWidgetIDエラーが発生します。

```
    raise DuplicateWidgetID(
streamlit.errors.DuplicateWidgetID:
There are multiple identical st.checkbox widgets with the same generated key.

When a widget is created, it's assigned an internal key based on its structure.
Multiple widgets with an identical structure will result in the same internal key
which causes this error.

To fix this error, please pass a unique key argument to st.checkbox.
```

このような場合、メッセージ末尾で勧められているように、引数keyに識別子の文字列を指定します。

ウィジェット識別子はまた、ウィジェットが返す値を記憶するのにも使われます。場所は状態管理のst.session_stateで、識別子はこの辞書のキーです（4.7節）。この機能があるから、スクリプトが再実行されても、ウィジェットの値が保持されるのです。

次のコードを考えます。

リスト5.4 key_session_state.py

```
1  import streamlit as st
2  
3  with st.echo():
4      first = st.checkbox('わかりました', key='state_key')
5  
6  st.markdown(f'`first`: **{first}**')
7  st.markdown(f'`st.session_state`: **{st.session_state.state_key}**')
```

st.checkboxが実行されると、戻り値がfirstに収容されるとともに（4行目）、st.session_state.state_keyにも同じ値が代入されます。初期状態（未操作）ならst.checkboxはFalseを返すので、6行目も7行目もFalseを印字します。

図5.9 ウィジェットのデータ保持〜操作前（key_session_state.py）

```
first = st.checkbox('わかりました', key='state_key')
```

わかりました

first : False

st.session_state : False

チェックを入れればスクリプトは再実行され、firstとst.session_state.state_keyの値がTrueに変わります。

図5.10 ウィジェットのデータ保持〜操作後（key_session_state.py）

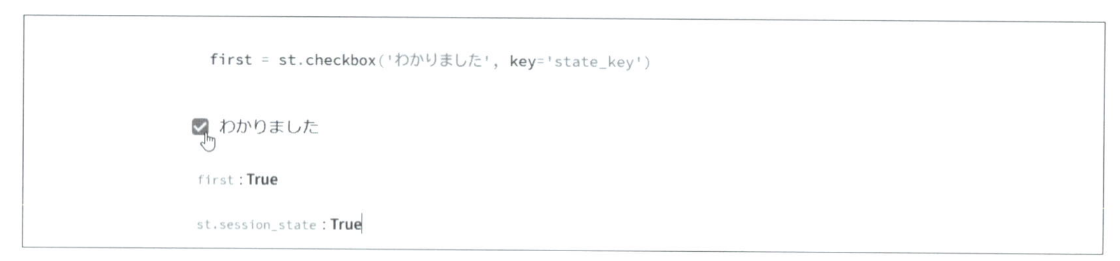

この機能を使って、page1.py上の画像データをメインmain.pyに引き渡します。

●イベントコールバック

12〜13行目のst.file_uploaderコマンドでは、on_change引数も指定しています。on_changeは4.7節で説明したように、イベントが発生したときに呼び出されるコールバック関数を指定するもので、ここでは6〜9行目で定義したonchangeをセットしています。

```
 6  def onchange():
 7      img = Image.open(st.session_state._image_upload)
 8      img.filename = st.session_state._image_upload.name
 9      st.session_state.image_upload = img
10
11
12  st.file_uploader('画像ファイルをアップロードしてください',
13                   key='_image_upload', on_change=onchange)
```


key='_image_upload'（13行目）の働きにより、アップロードされたUploadedFileオブジェクトはst.session_state._image_uploadに収容されます。コールバック関数ではまず、このオブジェクトをImage.openで開くことで、Imageオブジェクトに変換します（7行目）。io.BytesIOから開いたImageオブジェクトにはfilenameプロパティがないので、UploadedFile.nameからファイル名を補完します（8行目）。

最後に、main.pyからこの画像オブジェクトにアクセスできるよう、st.session_state.image_uploadに引き渡します。このキーはmain.pyの3〜4行目で使っています。

```
# main.py より
3  if 'image_upload' in st.session_state:
4      st.sidebar.markdown(f'ファイル: {st.session_state.image_upload.filename}')
```

UploadedFileクラスはDjangoから来ているので、そのプロパティやメソッドが使えることが期待できます。ファイル名を収容したnameもその1つです。詳細は次のDjangoドキュメントを参照してください。

Djangoドキュメント"アップロードファイルとアップロードハンドラ"
https://docs.djangoproject.com/ja/5.1/ref/files/uploads/

5.6 画像の変換とダウンロード

●機能

フォーマットを変えて画像をダウンロードさせるメカニズムは別途用意し、それぞれのページから呼び出せるようにします。必要な機能は次のとおりです。

- 画像フォーマットの選択。選択肢から1つを選ぶメニュー型のユーザインタフェースはいくつかありますが、ここではラジオボタンをサイドバーに配置します（st.radio）。
- 画像フォーマットの変換。データは、applicaiton/octet-streamとしてダウンロードできるようバイナリ化します。
- 拡張子の置換。アップロード時に引き渡されたファイル名の拡張子を選択したものと入れ替えます。
- 画像ダウンロード。ダウンロードボタンはサイドバーに配置します（st.download_button）。

●コード

画像の変換とダウンロードのsave.pyのコードを次に示します。

リスト5.5 save.py

```
1   from io import BytesIO
2   from pathlib import PurePath
3   from PIL import Image
4
5
6   def get_extensions():
7       return list(Image.registered_extensions().keys())
8
9
10  def image_to_bytes(pil_image, extension='.png'):
11      filename = PurePath(pil_image.filename).with_suffix(extension).name
12      buf = BytesIO()
13      try:
14          pil_image.save(buf, format=Image.registered_extensions()[extension])
15          buf_bytes = buf.getvalue()
```

```
16        except Exception as e:
17            buf_bytes = None
18
19        return (filename, buf_bytes)
20
21
22    def st_render(pil_image):
23        import streamlit as st
24
25        with st.sidebar:
26            st.divider()
27            with st.popover('画像フォーマットを選択'):
28                extension = st.radio(
29                    label='変換先フォーマット',
30                    options=get_extensions(),
31                    index=None,
32                    horizontal=True
33                )
34
35            if extension:
36                filename, buffer = image_to_bytes(pil_image, extension)
37                if buffer is None:
38                    st.error(f'{extension}への変換ができません。')
39                else:
40                    st.download_button(
41                        f'`{extension}` としてダウンロード (`{filename}`) ',
42                        buffer,
43                        file_name=filename
44                    )
45
46
47
48    if __name__ == '__main__':
49        import sys
50
51        print(get_extensions())
52
53        img = Image.open(sys.argv[1])
```

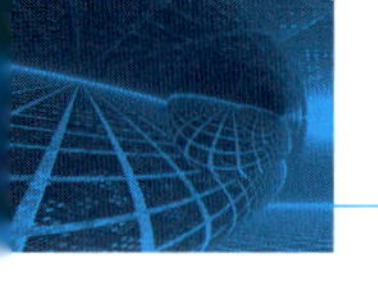


```
54            filename, buf = image_to_bytes(img, extension='.jpg')
55            print(f'Filename: {img.filename} to {filename}.')
```

関数は3つありますが、外部からは22〜44行目のst_renderだけ呼び出します。

48〜55行目はテスト用です。コマンドラインからStreamlitコマンドを呼び出すとエラーになるので、st_renderはテスト対象外です。

●水平線

st_render（22〜44行目）で生成する要素はいずれもサイドバーに配置します。

まずは、ページへのリンクとの間を明示するため、st.dividerから水平線を引きます（26行目）。

```
22  def st_render(pil_image):
23      import streamlit as st
24
25      with st.sidebar:
26          st.divider()
```

このコマンドはHTMLなら<hr/>に相当するもので、コンテナの端から端まで線を引きます。サイドバーならサイドバーの幅だけの長さです。引数も戻り値もありません。

マークダウンでも3連ダッシュ---で水平線が引けます。st.markdown('---')です。どちらを使うかは好み次第です。

●ポップオーバー

画像フォーマットを選択するラジオボタンは、開閉できるコンテナに配置します。サイドバーに41個の拡張子を常時羅列したままだと、使いにくいからです。開閉式コンテナにはst.popoverコマンドを使います（27行目）。

```
27          with st.popover('画像フォーマットを選択'):
```

第1引数には、ボタン上に表示する文字列を指定します。

ポップオーバーコンテナにはどのような要素も配置できますが、st.popover自身は置けません。

st.popoverはHTMLの<details>に近い挙動を示します。HTMLにもpopoverというグローバル属性が導入されましたが、Streamlitのものとは違うものです。

ユーザがポップオーバーを引き出したり閉じたりしても、スクリプトは再実行されません。もちろん、開いたポップオーバーの中でウィジェットを操作すれば再実行されます。

●ポップオーバーと詳細折り畳み

普段は閉じられていて、必要なときに中身を引き出すコンテナには、詳細折り畳みのst.exapanderもあります（2.4節）。ほぼ同じ機能ですが、微妙にルックアンドフィールが異なります。

次のコードから違いを見てみます。

リスト5.6 popover.py

```
1   import streamlit as st
2
3   with st.popover('`st.popover`を開く'):
4       st.image('https://www.python.org/static/community_logos/python-logo.png')
5
6   with st.expander('`st.expander`を開く'):
7       st.image('https://www.python.org/static/community_logos/python-logo.png')
8
9   st.markdown('''
10      Lorem ipsum dolor sit amet, consectetur adipiscing elit.
11      Etiam fringilla felis eget lorem posuere, vitae consequat leo mattis.
12      In aliquam lobortis lacinia. Vestibulum ante ipsum primis in faucibus orci
13      luctus et ultrices posuere cubilia curae;
14      Integer a justo vitae odio fermentum venenatis.''')
```

9～14行目のテキストは、2つのボタンの挙動をわかりやすくするために用意したものです。

どちらも開かれていない初期状態を次に示します。ボタンの幅がst.popoverでは最小限なのに対し、st.expanderではコンテナいっぱいに広げられます。このことは、テキス

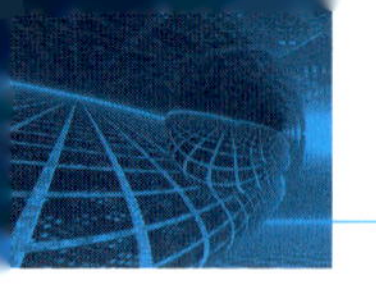

トが占める位置からもわかります。

図5.11　ポップオーバーと詳細折り畳みの比較～初期状態（popover.py）

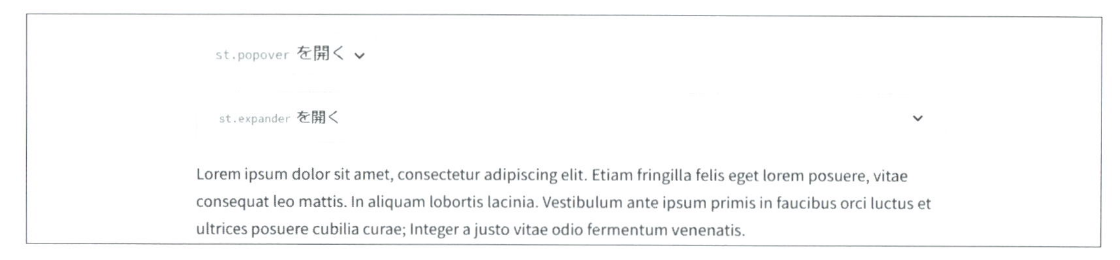

st.popoverを開きます。「ポップオーバー」の名のとおり、下にある要素の上に重ねてコンテナが配置されます。

図5.12　ポップオーバーと詳細折り畳みの比較～ポップオーバーを開く（popover.py）

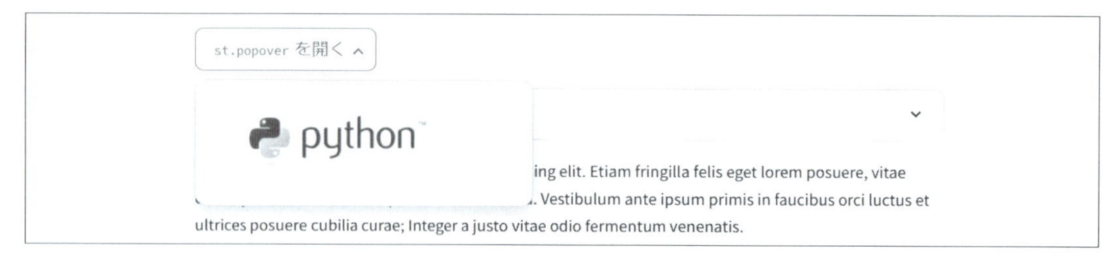

st.expanderを開きます。こちらはコンテナが下の要素を押し下げるので、テキストと重なりません。

図5.13　ポップオーバーと詳細折り畳みの比較～詳細折り畳みを開く（popover.py）

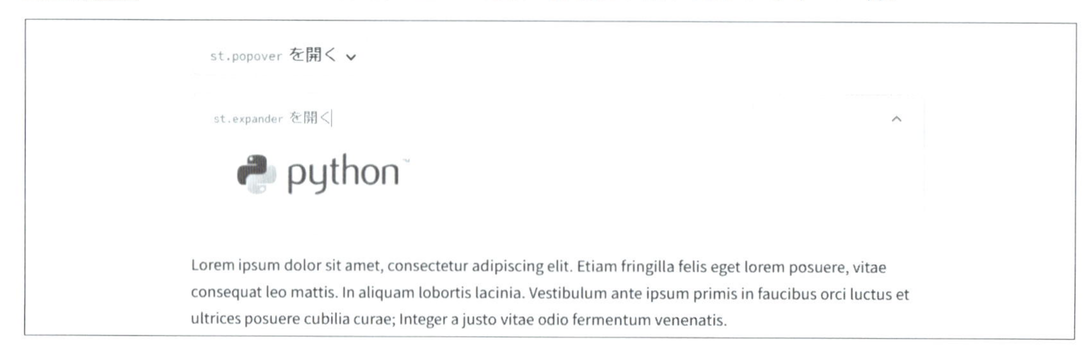

●ラジオボタン

ポップアップコンテナには、Pillowがサポートしている画像フォーマットの拡張子を列挙します。拡張子の選択にはラジオボタンst.radioを使います。HTMLでは<input type="radio">に相当するコマンドです。

```
28            extension = st.radio(
29                label='変換先フォーマット',
30                options=get_extensions(),
31                index=None,
32                horizontal=True
33            )
```

図 5.14 ラジオボタン

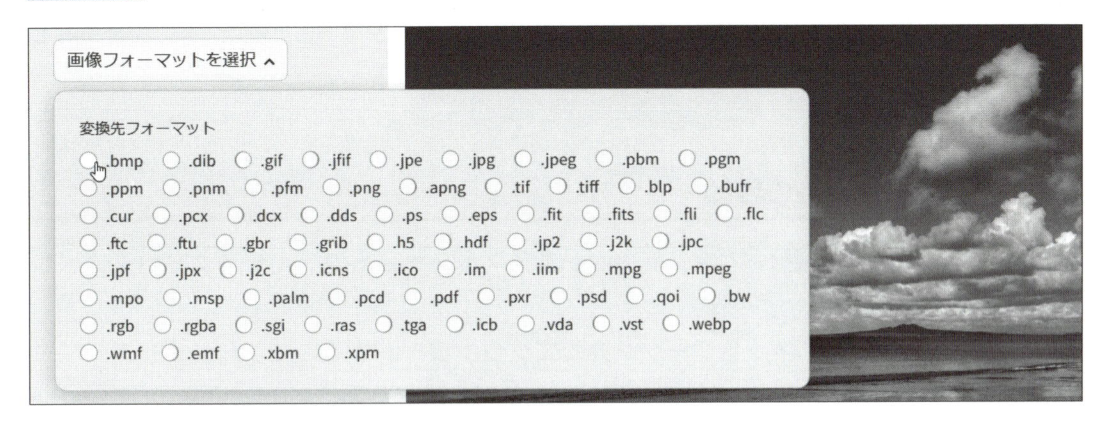

第1引数のlabelには、ボタン群の上に置くラベル文字列を指定します。

第2引数のoptionsは選択肢のリストです。値は、6～7行目で定義したget_extensionsから取得しています。Image.registered_extensionsから得た辞書のキーを返すだけの関数です（5.3節参照）。

```
6   def get_extensions():
7       return list(Image.registered_extensions().keys())
```

indexキーワード引数は、初期状態での選択項目をoptionsのインデックス番号から指

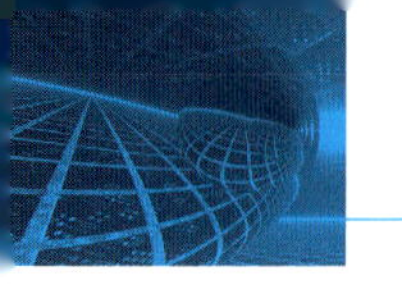

定します。デフォルトは、リストの0番目の要素を指す0です。ここでの用例のようにNoneが指定されていれば、ボタンは未選択で、関数はユーザが選択をするまでNoneを返し続けます。

horizontalキーワード引数は、ラジオボタンを並べる方向を指定します。ここでの用例のようにTrueが指定されていれば、ラジオボタンは横並びになります。デフォルトはFalseで、縦に並びます。

コマンドの戻り値はNoneまたはoptionsの要素のいずれかです。このコードの場合は、.xxxという拡張子の文字列です。インデックス番号ではないところに注意してください。

ラジオボタンは、複数の選択肢から1つだけ選択するときに使うユーザインタフェースです。同様な機能のコマンドに、プルダウンメニューのst.selectboxがあります。このタイプは選択項目を縦に並べるので、項目数が多いとスクロールしなければならないこともあるなど、一覧性に欠け、選択が困難になるという問題があります。その代わり、操作しない限りコンパクトにまとまっているので、場所を取らないというメリットがあります。ここでは、一覧性のよさと場所の取らなさの両方を追求するために、st.popoverとst.radioを組み合わせています。

●画像フォーマットの変換

画像フォーマットが選択されたら、Imageオブジェクトをそのフォーマットのファイルに変換します。

ファイルといっても、ネットワークを介してダウンロードするので、バイナリストリームとしてバッファに保存します。これには、5.3節で述べたようにio.BytesIO.getValueを使います。この操作をまとめているのが、10〜19行目のimage_to_bytesです。

```
 2   from pathlib import PurePath
 ⋮
10   def image_to_bytes(pil_image, extension='.png'):
11       filename = PurePath(pil_image.filename).with_suffix(extension).name
12       buf = BytesIO()
13       try:
14           pil_image.save(buf, format=Image.registered_extensions()[extension])
15           buf_bytes = buf.getvalue()
16       except Exception as e:
```

```
17            buf_bytes = None
18
19        return (filename, buf_bytes)
```

拡張子の入れ替えには、標準ライブラリのpathlib.PurePath.with_suffixを使います（11行目）。

image_to_bytes関数はファイル名とバイト形式の画像データのタプルを返します。変換に失敗したら、バイトはNoneです。拡張子の選択肢はImage.registered_extensionsから取得していますが、中には読み込みはできても保存ができない画像フォーマットもあります。

この関数はst.popoverで選択がなされた（extensionがNoneではない）あとに呼び出されます（35～36行目）。

```
35            if extension:
36                filename, buffer = image_to_bytes(pil_image, extension)
```

●ダウンロードボタン

画像フォーマットの変換が完了したら、そのデータをダウンロード（サーバからブラウザへ転送）するボタンをst.download_buttonから用意します（40～44行目）。HTMLなら、<input type="button">とJavaScriptの組み合わせで達成する機能です。

```
40                    st.download_button(
41                        f'`{extension}` としてダウンロード (`{filename}`) ',
42                        buffer,
43                        file_name=filename
44                    )
```

図 5.15 ダウンロードボタン

.png としてダウンロード
(IMG_1058.png)

第１引数には、ボタンに表示する文字列（マークダウン記法可）を指定します。

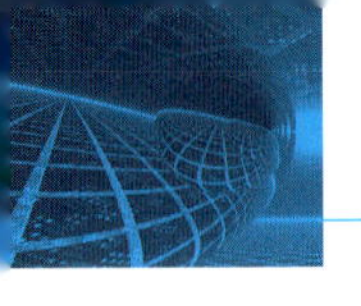

第2引数には送信するデータを指定します。ファイルも指定可能なので、画像をいったんローカルに落としてから読み込むのも手です（この方法は7.5節で使います）。その代わり、不要になったら削除するのを忘れないように。文字列も指定できます。その場合、受け手サイドではテキストファイル扱いになり、テキストとしてブラウザに表示されることもあります。

オプションのfile_name引数からは、ダウンロード先で保存するときのファイル名を指定します。未指定のときは適当な文字列が自動生成されます。

ここでは使っていませんが、オプションのmime引数から、データのメディアタイプをtext/htmlやimg/pngのように明示できます。この情報はContent-Typeレスポンスヘッダフィールドに乗せて送られるので、ブラウザ側でどのアプリケーションを使うか判断できます。デフォルトの値は、データが文字列ならtext/plain、バイナリならapplication/octet-streamです。メディアタイプはIANAで確認できます。

IANA "Media Types"
https://www.iana.org/assignments/media-types/media-types.xhtml

5.7 リサイズ

●機能

第2ページ（/page2）では、スライダーで拡大率を指定することで画像をリサイズします。Streamlitコマンドはst.sliderです。

/page1でアップロードされた画像はst.session_state.image_uploadからアクセスできます。

サイドバーにはリサイズ後の画像をダウンロードするボタンを配置します。

●コード

画像リサイズのpage2.pyのコードを次に示します。

リスト 5.7 page2.py

```
1  from PIL import Image, ImageOps
2  import streamlit as st
3  from save import st_render
4  
5  st.header(':rainbow[リサイズ]')
6  
7  num = st.slider('倍率', min_value=0.1, max_value=2.0,
8                  value=1.0, step=0.1, key='image_scale')
9  
10 if 'image_upload' in st.session_state:
11     img = st.session_state.image_upload
12     resized = ImageOps.scale(img, num)
13     resized.filename = img.filename
14     st.image(resized, use_column_width='never')
15 
16     st_render(resized)
```

●スライダー

スライダー式の数値入力インタフェースはst.sliderから配置します（7〜8行目）。HTMLでは<input type="range">に相当します。スライダーはオーディオ音量や画像の明るさなど、値を正確に指定しなくてもよいときに使われます。

```
7  num = st.slider('倍率', min_value=0.1, max_value=2.0,
8                  value=1.0, step=0.1, key='image_scale')
```

第1引数には、スライダー上部に印字されるラベル文字列を指定します。マークダウン記法で装飾してもかまいません。

スライダーの初期値、最小値、最大値、ステップ幅はそれぞれオプション引数のvalue、min_value、max_value、stepから指定します。最小値、最大値、ステップのデフォルトは<input type="range">と同じく、それぞれ0、100、1です。

未操作段階での値を指定するvalueは、デフォルトではmin_valueが採用されます。

ここではkeyを指定しているので、st.session_state.image_scaleからスライダーの値

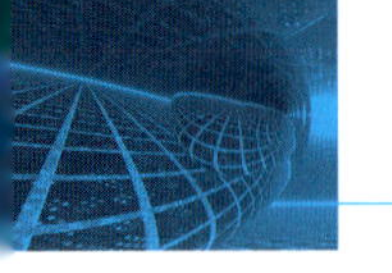

(コマンドの戻り値numと同じ) を受け取れます。main.pyの6〜7行目では、これを使ってリサイズ倍率をサイドバーに表示させています。

```
# main.py より
  6   if 'image_scale' in st.session_state:
  7       st.sidebar.markdown(f'リサイズ: {st.session_state.image_scale}')
```

Streamlitのスライダーがおもしろいのは、整数と浮動小数点数を明示的に使い分けるのと、日付 (datetime標準モジュール) が使えるところです。サンプルを次に示します。

リスト 5.8 slider.py

```
1    import streamlit as st
2    from datetime import datetime, timedelta
3
4    today = datetime(2024, 6, 20)
5
6    st.slider('整数', value=10)
7    st.slider('小数点数', value=10.0, max_value=20.0, step=0.5)
8    st.slider('日付', min_value=today, step=timedelta(days=1))
```

実行結果を次に示します。

図 5.16 整数、浮動小数点数、日付のスライダー (slider.py)

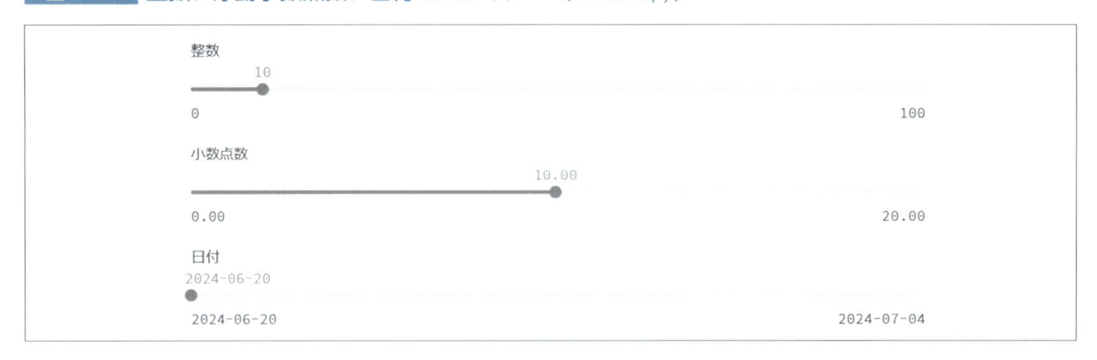

valueに指定した値に応じて、スライダーの値の型がそれぞれ異なるのがわかります。最初のスライダーが整数値で示されるのは、valueに整数値10を指定しているからで

す（6行目）。

同様に、2番目のスライダーは小数点数です（7行目）。valueが小数点数のときは、最小、最大、ステップ幅のデフォルトが0.0、1.0、0.01に変わります。引数で指定する数値表現はすべて一致しなければなりません。たとえば、7行目でstep=1のようにステップ幅だけ整数表記にするとエラーが発生します。

```
st.slider('小数点数', value=10.0, max_value=20.0, step=1)
```

```
StreamlitAPIException: Slider value arguments must be of matching types.
min_value has float type. max_value has float type. step has int type.
```

3番目のスライダーは、日付を使っています。デフォルトはmin_valueがvalueよりも14日（2週間分）少ない値、max_valueはvalueよりも14日多い値、ステップ数は1日（ただし、最大と最小の間が1日未満のときは15分）です。ここでも、型を混ぜるとエラーになります。

●画像へのアクセス

画像オブジェクトは、アップロードデータを受け取ったpage1.pyがst.session_state.image_uploadに保存します。このデータはmain.pyからもアクセスできます。

```
# page1.py より
 10        st.session_state.image_upload = img

# main.py より
  3    if 'image_upload' in st.session_state:
  4        st.sidebar.markdown(f'ファイル: {st.session_state.image_upload.filename}')
```

これにより、このpage2.pyでも同じリソースにアクセスできます（11行目）。

```
 11        img = st.session_state.image_upload
```

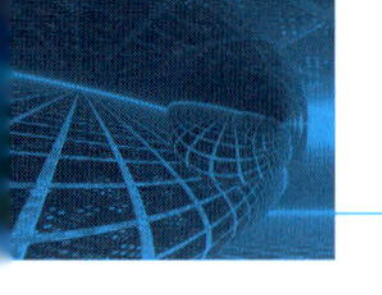

●リサイズ

画像のリサイズにはPillowのImageOps.scaleを使います（12行目）。

```
 1  from PIL import Image, ImageOps
 ⋮
 7  num = st.slider('倍率', min_value=0.1, max_value=2.0,
 ⋮
12      resized = ImageOps.scale(img, num)
13      resized.filename = img.filename
```

第１引数imageに元画像を、第２引数scaleに拡大縮小率を指定します。拡大縮小率が１より大きければ拡大、未満なら縮小です。スライダーは0.1から２の範囲を取っているので、1/10から２倍のリサイズです。

ImageOps.scaleの戻り値は新しく生成されたImageオブジェクトです。ファイル名は継承されないので、元画像のfilenameからコピーします（13行目）。

5.8　ポスタリゼーション

●機能

第３ページ（/page3）では、画像にポスタリゼーション処理を施します。

ポスタリゼーションは端的には減色操作ですが、いろいろな方法があります。Pillowには文字どおりのImageOps.posterizeがありますが、この関数は使用可能なビットを減らすことで減色します。そのため、１ビット（８色）か２ビット（64色）まで減らさないと効果が見えないという弱点があります。

ここでは、入力画像をGIFに変換するImage.quantizeを使います。GIFは最大で256色までしかサポートできないので、GIF化するだけでも「減色」できるからです。もっとも、256色のGIFと1600万色のオリジナルとで、そうそう見分けはつきません。しかし、この関数は引数で色数を１～256の間に制限できるので、減色の効果がわかりやすくなります。

ポスタリゼーションの効果をさらに高めるため、最頻値（モード）フィルタも併用します。

色数指定には、数値入力フィールドのst.number_inputを使います。HTMLの<input type="number">に相当するものです。インタフェース的にはst.text_inputとほとんど同じですが、フィールド右端に数値増減用のボタンが付くのが便利です。

●コード

ポスタリゼーションのpage3.pyのコードを次に示します。

リスト5.9 page3.py

```
1  from PIL import Image, ImageFilter
2  import streamlit as st
3  from save import st_render
4
5  st.header(':rainbow[ポスタリゼーション]')
6
7  colors = st.number_input('色数', min_value=2, max_value=256,
8                           value=256, step=1, key='image_colors')
9
10 if 'image_upload' in st.session_state:
11     img = st.session_state.image_upload
12     mode_filter = ImageFilter.ModeFilter(size=7)
13     filtered = img.filter(mode_filter)
14     poster = filtered.quantize(colors=colors)
15     poster.filename = st.session_state.image_upload.filename
16     st.image(poster)
17
18     st_render(poster)
```

画像のフォーマット変換とダウンロードはpage2.pyでも使っているst_render（18行目）から提供します。

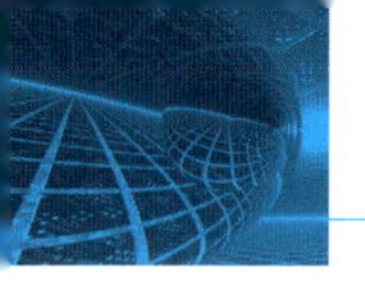

●数値入力フィールド

数値入力フィールドはst.number_inputコマンドから生成します（7〜8行目）。

```
7   colors = st.number_input('色数', min_value=2, max_value=256,
8                            value=256, step=1, key='image_colors')
```

第1引数には入力フィールド上に置かれるラベル文字列を指定します。

入力範囲は、オプション引数のmin_valueとmax_valueから指定します。デフォルトのNoneのときは、上限下限なしです。指定があれば、フィールド右端の－/＋ボタンで増減したとき、最大最小までいくとボタンがグレーアウトします。フィールドから範囲外の値を直接入力すると、エラーメッセージがポップアップします。

図5.17　範囲外の値を直接入力するとエラーメッセージが表示される

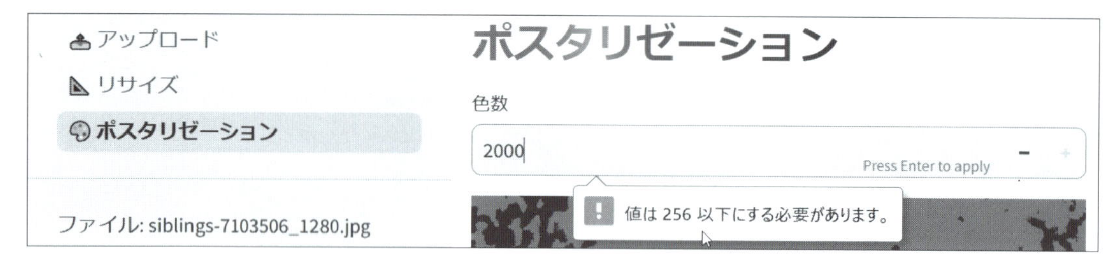

valueにはユーザ未操作時点での戻り値を数値、文字列の"min"、またはNoneから指定します。数値あるいはNoneのときは、その値が用いられます。"min"のときはmin_valueの値で、これがデフォルトです。"min"が指定されているのにmin_valueが未指定（None）のときは、0.0が用いられます。

stepには数値を増減させるときのステップ幅を指定します。デフォルトはvalueの値が整数のときは1、それ以外は0.01です。

オプション引数のkeyからst.session_stateで使うキーを指定しているので、main.pyでは、st.session_state.image_colorsを介してこの値にアクセスできます。

```
# main.py より
 9   if 'image_colors' in st.session_state:
10       st.sidebar.markdown(f'色数: {st.session_state.image_colors}')
```

●最頻値フィルタ

減色操作の前に、画像に最頻値フィルタをかけます。

最頻値フィルタは、ピクセルの値をその周囲のピクセルの最頻値と置き換える操作です。各ピクセルの色合いが周りの色と同じような色に置換されるので、太めの刷毛で塗りつぶした、あるいは水でにじんだような、輪郭がぼやけた画像が得られます。効果の程度は「周辺」をどれだけ多く取るかにかかってきます。隣接するピクセルだけだとさほど効果がありませんが、数十ピクセルまで広げるとかなりにじみます。

もともとはノイズ除去のためのメカニズムですが、うまく使うと、皮膚や服などのテクスチャが平板になるので、どことなくアニメ絵っぽくなります。

各種デジタルフィルタはPillowのImageFilterモジュールに収容されており、最頻値フィルタはModeFilterです（12行目）。

```
1    from PIL import Image, ImageFilter
⋮
12       mode_filter = ImageFilter.ModeFilter(size=7)
```

引数には「隣接するピクセル」の大きさ（カーネルサイズといいます）を指定します。対象のピクセルを中心に隣接するピクセルだけが範囲なら、その領域は3×3ピクセルなので、3を指定します。ここでは7を指定しています。

フィルタを用意したら、Image.filter関数の引数にそれを指定することで、実際にフィルタをかけます（13行目）。

```
13       filtered = img.filter(mode_filter)
```

参考までに、カーネルサイズと仕上がりの塩梅を図5.18に示します[注1]。画像の下の数値がカーネルサイズです。

注1　元画像はOpenCVドキュメントに同梱されたものです。

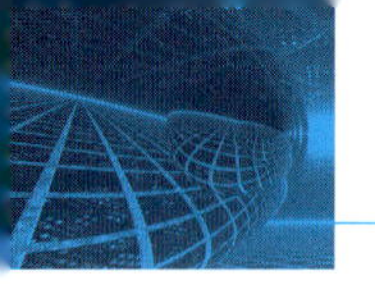

図5.18　最頻値フィルタとカーネルサイズ（mode_filter.py）

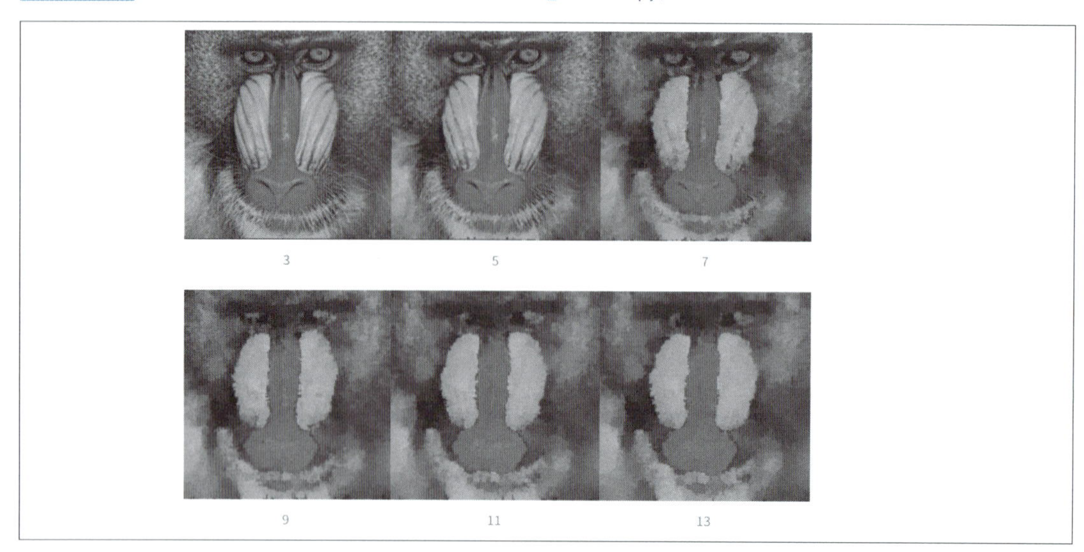

この例もStreamlitで書かれています。次にコードを示します。

リスト5.10　mode_filter.py

```
1   from PIL import Image, ImageDraw, ImageFilter
2   import streamlit as st
3
4   def mode_filter(img, size=3):
5       mode = ImageFilter.ModeFilter(size=size)
6       return img.filter(mode)
7
8
9   uploaded = st.file_uploader('Upload image')
10  if uploaded:
11      orig = Image.open(uploaded)
12      lst = range(3, 15, 2)
13      imgs = [mode_filter(orig, kern) for kern in lst]
14      st.image(imgs, caption=[str(num) for num in lst])
```

st.imageの第1引数に画像のリストを指定すると、ひと並べで表示できます（14行目）。

さらにcaptionオプション引数から文字列のリストを指定すれば、それぞれの画像にキャプションが加わります。14行目で数値リストを内包表記で文字列リストにしているのは、キャプションリストの要素は文字列でなければならないという制約があるからです。

●減色

減色には、色数制限付きGIF変換関数のImage.quantizeを使います（14行目）。

```
 7    colors = st.number_input('色数', min_value=2, max_value=256,
 ⋮
14        poster = filtered.quantize(colors=colors)
```

colorsキーワード引数には色数を指定します。指定がなければ、デフォルトでGIFの最大色数である256が使われます。

処理が終わったら、画像オブジェクトにファイル名を加えます。

```
15        poster.filename = st.session_state.image_upload.filename
```

5.9 付録：マルチページアプリケーション

●マルチページ（データ共有なし）

ページ間でデータのやりとりが必要なければ、複数ページのアプリケーションは簡単に構成できます。一定のルールに従って、ページの階層と同じディレクトリ構造でファイルを配置するだけです。親から子へのリンクも自動的に生成されます。

ルールは簡単です。

- アプリケーション全体を収容するディレクトリを用意する。
- その下にトップページのスクリプトを置く。
- トップページの配下に置くスクリプトはpagesと名付けたディレクトリ配下に置く。ディレクトリ名は必ずこれです。

本節のアプリケーションのディレクトリ構造を次に示します。

```
multipage/                                 # アプリケーション全体のディレクトリ
├── Welcome.py                             # トップページ
└── pages                                  # サブページのディレクトリ
    ├── 1_🧮_LaTeX.py                      # サブページ1
    ├── 2_🌤_Json forecast.py              # サブページ2
    └── 3_🌡_Metric_temperature.py         # サブページ3
```

トップページ（Welcome.py）のコードを次に示します。

リスト5.11 Welcome.py

```
1    import streamlit as st
2
3    st.header(':blue[枉駕来臨]')
4    st.image('https://upload.wikimedia.org/wikipedia/commons/6/60/WELCOME.jpg',
5             width=400)
```

ヘッダと画像の配置コマンドしかありません注2。それでも、サイドバーが自動的に生成され、そこにリンク先が示されます。

注2　画像はWikimedia Commonsのものです。

図 5.19 マルチページアプリケーション〜トップページ（Welcome.py）

トップページのパス名は省くこともできますが（/）、ファイル名からパスを指定してもアクセスできます（/Welcome）。

●ファイル名の構造

サブページのファイルには「数字_絵文字_ページ識別子.py」という命名規則があり、これに基づいてサイドバー上の名称やURLが決定されます。

- 上記の3要素を区切るセパレータにはアンダースコア_を使います。
- 数字はサイドバーでの登場順を示します。ページ名には含まれません。なければ、ファイル名順に並べられます。
- 絵文字はサイドバーには表示されますが、ページ名には含まれません。なくてもかまいません。
- サイドバーのリンクには、セパレータをスペースに置き換えたページ識別子部分が使われます。たとえば、3_🌡_Metric_temperature.pyはMetric temperatureです。
- URLはページ識別子から生成されます。空白が含まれていたら、アンダースコア_に変換されます。たとえば、2_🌤_Json forecast.pyは/Json_forecastです。

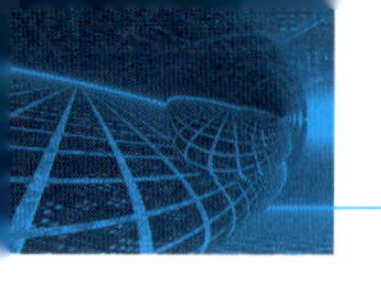

これより細かい（コーナーケースな）仕様は、次に示すStreamlitのリファレンスに示されています。

Streamlit リファレンス “Develop > Concepts > Multipage apps > Overview”
https://docs.streamlit.io/develop/concepts/multipage-apps/overview

Pythonのスタイルガイド（PEP 8）はファイル名（モジュール名）にスネークケースな小文字を使うことを推奨していますが、サイドバーに現れるリストの文字列が先頭大文字でないのは不満なため、あえて先頭大文字にするケースが多いようです。

●LaTeX

最初のサブページ1_🧮_LaTeX.pyは、LaTeXテキストをレンダリングします。URLのパス部分は/LaTeXです。

コードは次のとおりです。

リスト5.12 1_🧮_LaTeX.py

```
1   import streamlit as st
2
3   st.header('LaTeX')
4
5   st.latex(r'E^2 = (mc^2)^2 + (pc)^2')
6   st.latex(r'I(t) = I\sin\phi(t)')
7   st.latex(r'''m\frac{d^2}{dt^2}\left< x \right> =
8       - \left< \frac{\partial U}{\partial x} \right>''')
9   st.latex(r'''\left[S_Y, S_Z\right] = S_{Y} - S_{Z} =
10      i\hbar S_X \lambda_s - \lambda_i = \frac{h}{mc} (1 - \cos\theta)''')
```

LaTeXはHTMLと同じく、コマンドでテキストのレンダリング方法を指示する記法です。開発されたのは40年以上も前ですが、今もその数式の美しさは他の追随を許しません。実行結果を示します。

図 5.20 マルチページアプリケーション〜 LaTeX のページ（1_🧮_LaTeX.py）

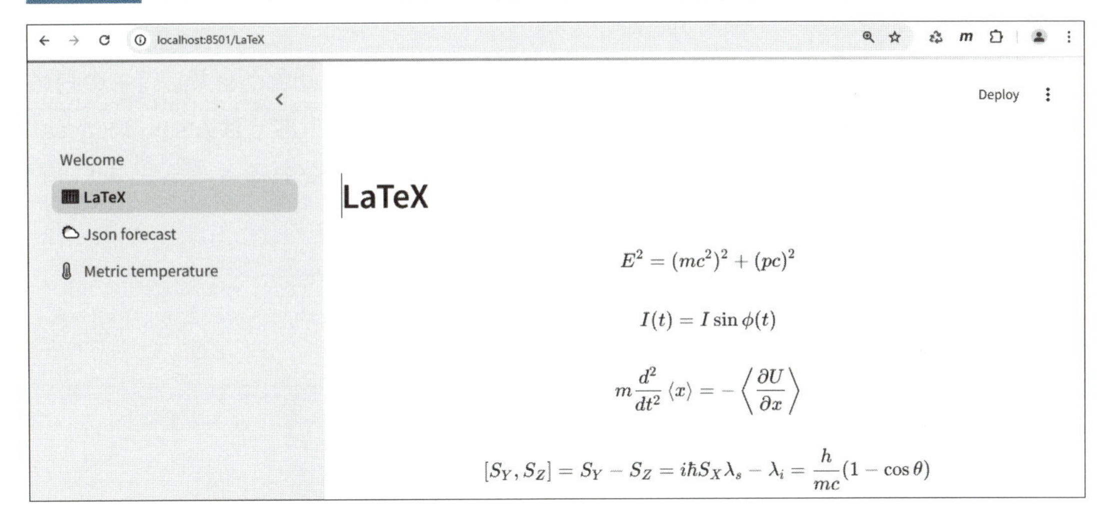

ただ、使いこなすのは容易ではありません。しかし、GitHubも含めて、LaTeXコマンドの一部をサポートしている記述環境は思ったよりもあり、ここぞというところで数式を埋め込むときにしばしば使われています。

Streamlitでは`st.latex`コマンドから配置します。必須の第1引数にはLaTeXのコマンド（`E^2`など）を記述します。たいていは数式を示すために用いられますが、数式モードの`\begin{equation}`や`$`で囲む必要はありません。ただ、バックスラッシュなど特殊記号が多用されるので、引数に指定する文字列は`r`でくくって生（raw）文字列であることを示すとよいでしょう。

LaTeXの記法については、いろいろなところで解説されているので検索してください（大学の資料が多いので、そちらを参考にするとよいでしょう）。

書籍なら、三重大の奥村先生の著作です。Streamlitで使うぶんにはオーバーキルかもしれませんが、定番です。

『［改訂第９版］LaTeX 美文書作成入門』（奥村晴彦、黒木裕介 著／技術評論社 刊）
https://gihyo.jp/book/2023/978-4-297-13889-9

● JSON

第2ページの2_🌤_Json forecast.pyは、気象庁のREST APIにアクセスし、その日の天気予報をJSONフォーマットで取得、表示します。URLのパス部分は/Json_forecastです。ファイル名の単語間のスペースがアンダースコア_に置換されるところがポイントです。

コードは次のとおりです。

リスト5.13 2_🌤_Json forecast.py

```
1    from datetime import date
2    import requests
3    import streamlit as st
4
5    @st.cache_data
6    def get_json(today_dummy):
7        url = 'https://www.jma.go.jp/bosai/forecast/data/forecast/130000.json'
8        headers = {'accept': 'application/json'}
9        resp = requests.get(url, headers)
10       return resp.text
11
12
13   st.header('天気予報（JSON）')
14   today = str(date.today())
15   st.json(get_json(today), expanded=False)
```

実行結果を示します。

図 5.21 マルチページアプリケーション〜 JSON のページ（2_⛅_Json forecast.py）

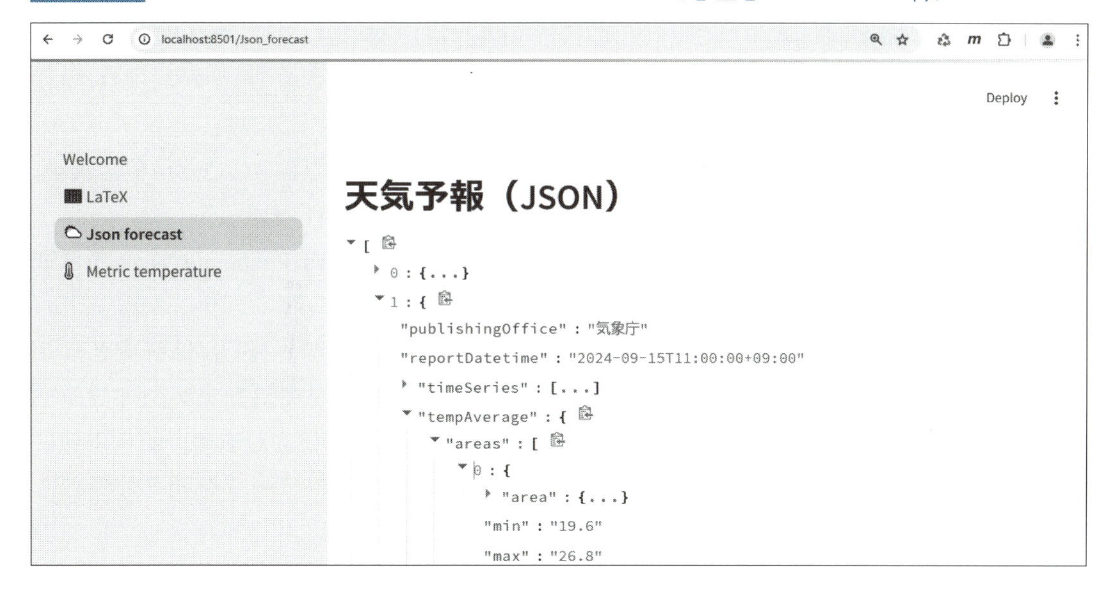

3.3節で説明したRequestsパッケージのrequests.getを使って、気象庁REST APIのエンドポイントにアクセスします（7〜9行目）。懇請するのがJSONフォーマットのデータであることを明示するために、第2引数にAccept: application/jsonを収容したリクエストヘッダをセットします（8行目）。JSONをやりとりするRESTサーバの中には、これがないとリクエストを受け付けないものもあります。

REST APIのエンドポイントは次のとおりです。

```
https://www.jma.go.jp/bosai/forecast/data/forecast/<area_code>.json
```

URL中の<area_code>は対象の地方の識別子（エリアコード）で、6桁の数字です。7行目で使っている130000は、東京、伊豆諸島、小笠原諸島をカバーするエリアです。エリアコードと地域名の対応表は次のURLからJSON形式で得られます。

```
https://www.jma.go.jp/bosai/common/const/area.json
```

実は、気象庁天気予報のREST APIの仕様は公式には公開されていません。これ以上の細かい話は、ネットワークの有志らの情報を参考にしてください。

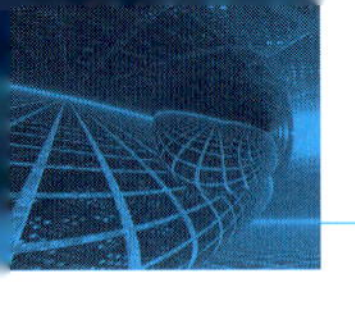

データアクセス関数は@st.cache_dataで修飾します（5行目）。関数では使わない引数（today_dummy）を用意し、わざわざその日の日付（14行目）を指定して呼び出しているのは、アクセスを1日1回に制限するためです。気象庁の天気予報の発表は（急変がなければ）1日3回だけなので、頻繁にアクセスしても同じデータが得られるだけです。

@st.cache_dataの引数にキャッシュの有効期限を指定することでも同じことはできます。@st.cache_dataおよび@st.cache_resourceの引数は7.5節で説明します。

JSONデータはテキストなので、メッセージボディはrequests.Response.textから取得します（10行目）。

JSONテキストを表示するのはst.jsonコマンドです（15行目）。JSONは辞書とリストを組み合わせたデータ構造なので、st.writeあるいはマジックでコンテナ型オブジェクトを書き出したときと同じように、階層構造に沿ってデータを出力します。第1引数にはJSONテキストを指定します。オプションのexpandedは階層のデータを開くか閉じるかの指示で、デフォルトのTrueだと展開表示されます。ここではFalseを指定しているので、初期状態では閉じていて、▶をクリックすれば展開します。

●メトリック

第3ページの3_🌡_Metric_temperature.pyは、その日の予想最高・最低気温をデジタルメーターで示します。URLのパス部分は/Metric_temperatureです。

コードは次のとおりです。

リスト5.14 3_🌡_Metric_temperature.py

```
1    import streamlit as st
2
3    st.header('予想最高最低気温')
4    st.markdown(f'**:red[2024-09-14]**')
5    col_min, col_max = st.columns(2)
6    col_min.metric('予想最低気温', '19.8℃', delta=-0.2)
7    col_max.metric('予想最高気温', '27.0℃', delta=0.5)
```

実行結果を示します。

図 5.22 マルチページアプリケーション〜気温のページ（3_🌡_Metric_temperature.py）

デジタルメーターのコマンドはst.metricです（6〜7行目）。第1引数にはメーターのラベルを、第2引数には値を指定します。メーターを意識したデザインですが、℃、%、mmなどの単位が必要ならば、値は文字列で指定します。値がNoneのときはダッシュが示されます。

オプションのdeltaキーワード引数は、前回の表示との差分を示すものです。デフォルトでは、マイナス値は赤で下向き矢印↓が、プラス値は青で上向き矢印↑がそれぞれ自動で加わります。ここでは指定していませんが、カラーリングを変更するにはdelta_colorキーワード引数をセットします。"normal"がデフォルト、"inverse"が色の反転（マイナスが青、プラスが赤）、"off"がプラスマイナスどちらも灰色です。

気温などをハードコードしていますが、本来は第2ページのようにネットワーク経由でデータを取得します。

第6章

カメラ映像処理

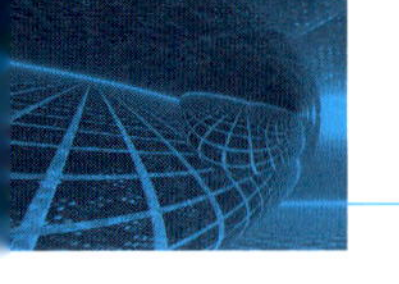

6.1 目的

●アプリケーションの仕様

カメラからキャプチャした画像を処理します。アプリケーションは3タブ構成で、それぞれから次のサービスを提供します。

- 画像キャプチャ。第1タブではカメラから取得した顔画像を表示します。このとき、画像をOpenCVの画像オブジェクトに変換します（6.4節）。
- 顔の隠蔽（6.5節）。第2タブではスマイリーを張り付けて顔を隠蔽します。顔位置の検出にはOpenCVのディープラーニングモジュールを利用します。
- アニメ絵化（6.7節）。第3タブでは画像をアニメ絵風に変換します。昨今ではAI技術を用いた手法も盛んですが、ここでは画像の輪郭を残しつつ、顔や服などの部分領域は同一色で埋めるストレートなアルゴリズムを用います。

カメラからの画像だけでは試せる素材が限られるので、URLからも画像をロードできるようにします。

顔をスマイリーで覆ってしまうとそこが顔だったかが確認できないので、デバッグ用に矩形で囲むオプションも加えます。スマイリーの張り付けと枠囲みの処理は、関数として切り出します（6.6節）。

顔検出で用いるモデルデータ（構造と重み）の読み込みと準備は時間のかかる処理なので、`@st.cache_resource`でキャッシュします。このキャッシュはすべてのWebセッションで共有されます（3.7節）。

サービスはそれぞれ独立して実行できるスクリプトとして構築し、これらをStreamlitで1つのインタラクティブな映像処理アプリケーションに統合します（6.8節）。

本章付録（6.9節）では、Haar特徴検出器を用いた顔検出方法も紹介します。ディープラーニングが登場する以前の古典的な方法で精度も低いですが、メモリなどのリソースが限られた環境では重宝します。

●画像キャプチャ

デフォルトでは、画像はカメラからキャプチャします。

図 6.1 カメラ映像処理アプリケーション〜タブ 1 のカメラキャプチャ（video.py）

フレーム下のボタン［Take Photo］をクリックすると、スナップショットが撮影されます。映像はこの時点で停止し、下部の［× Clear photo］をクリックするまでそのままです。

アプリケーションのカメラ制御には、ブラウザの明示的な許可が必要です。図6.2にChromeの例を示します（ブラウザによって詳細は変わります）。

図 6.2 ブラウザのカメラ利用には明示的な許可が求められる

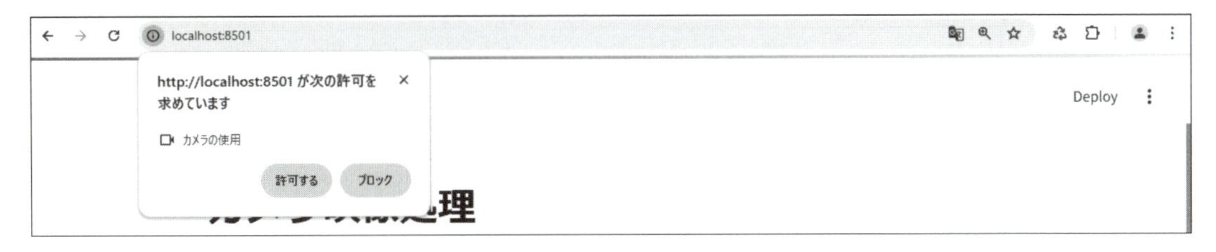

ページ上部のラジオボタンから［url］を選択すると、画像をダウンロードします。ダウンロードにはHTTPクライアントライブラリのRequestsを使います（3.3節）。

図 6.3　カメラ映像処理アプリケーション～タブ 1 の画像ダウンロード（video.py）

camera　url

URL　顔認識　アニメ絵

https://cdn.pixabay.com/photo/2017/04/07/06/25/sisters-2210314_960_720.jpg

URLのときは、ロードした画像を表示します。

画像が得られるまで、第2、第3タブには画像を得るように注意書きが示されます。

図 6.4　カメラ映像処理アプリケーション～タブ 2、3 で画像がないとき（video.py）

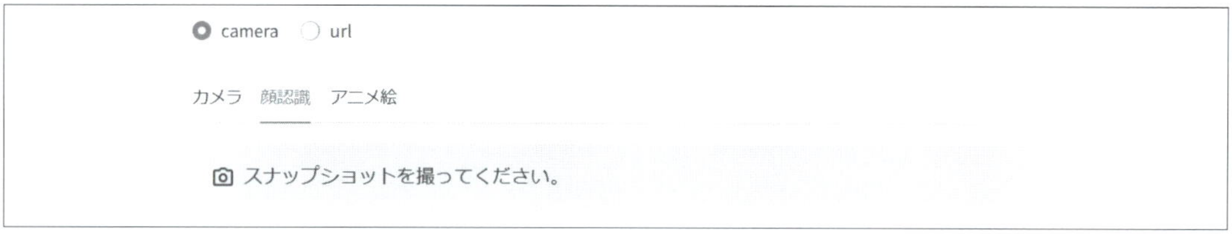

camera　url

カメラ　顔認識　アニメ絵

スナップショットを撮ってください。

メッセージはカメラとURLで変えます。カメラのときは図6.4のように「スナップショットを撮ってください」で、URLなら「画像へのURLを入力してください」です。

■顔の隠蔽

画像がロードされていれば、顔の所在を検出し、デフォルトではその上にスマイリー画像を描きます[注1]。

注1　画像はPixabayのものです。

図 6.5 カメラ映像処理アプリケーション～タブ2の顔検出（video.py）

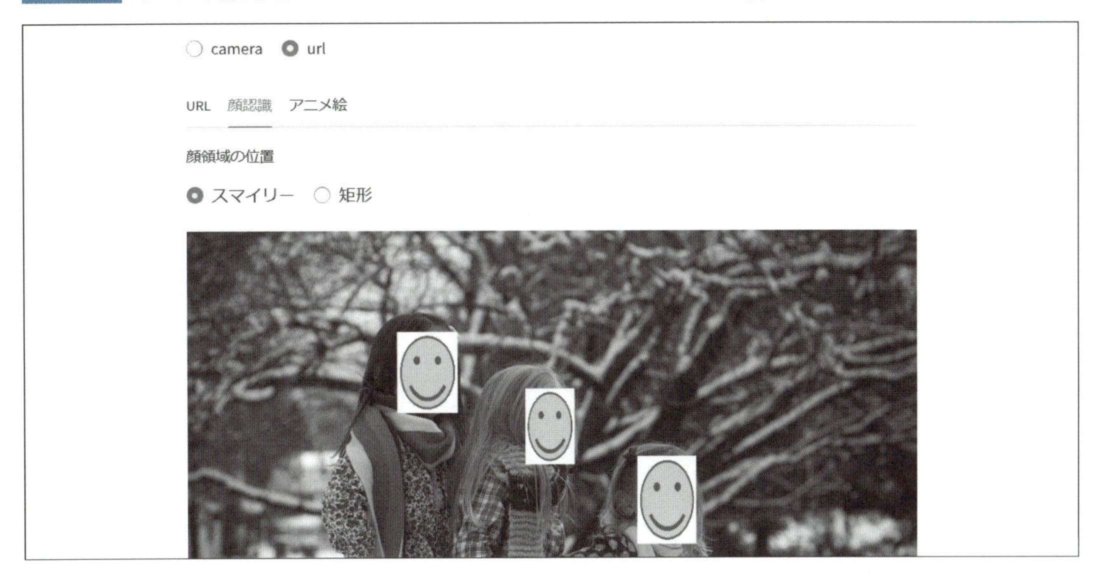

上部のラジオボタンから矩形描画も選択できます。

■アニメ絵化

ダウンロードした画像をアニメ絵化（輪郭の強調と閉領域の平板化）します[注2]。

図 6.6 カメラ映像処理アプリケーション～タブ3のアニメ絵化（video.py）

注2　画像はPixabayのものです。

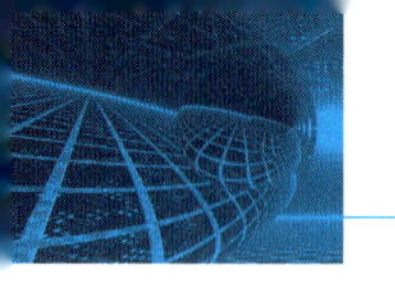

計算量が多いので、写真の横幅には制限を設けます（デフォルトで最大1024ピクセル）。

●紹介するStreamlitの機能

アプリケーションの実装をつうじて、次のStreamlitの機能を紹介します。

- カメラ映像から画像をキャプチャ（st.camera_input）。HTMLの<video>とnavigator.mediaDevices.getUserMediaの組み合わせに相当します。

●コード

本章の実務用モジュールは次の4点です。

- 画像の取得と変換のto_ndarray.py。
- ディープラーニング版顔検出のface_detection.py。こちらは、本編のアプリケーションで使用します。
- Haar特徴版顔検出のface_detection_haar.py。こちらは、付録で扱います。
- アニメ絵化のstylize.py。

これらを統合するStreamlitスクリプトはvideo.pyです。カメラキャプチャもここから処理します。

取得する画像データの形式は、カメラ経由だとUploadedFileオブジェクト、URL経由だとbytesと異なるので、to_ndarray.pyにはそれぞれ専用の変換メソッドを用意します。メソッドはどちらも、OpenCVの画像フォーマットであるNumPyのnp.ndarrayを出力します。

顔検出は本編と付録の2つありますが、APIレベルで互換になるよう、どちらのモジュールでも同じ名称と同じシグニチャの関数を用意します。具体的には、モデルを準備するprepare_modelと顔位置を検出するdetectです。メソッドを2つに分けるのは、モデルオブジェクトをキャッシュするためです。detectメソッドは、どちらの版でも矩形領域の左上と右下の頂点の座標をリストにした[x0, y0, x1, y1]をリストで返します。

顔の上にスマイリーあるいは矩形を描く機能は、補助プログラムのdraw_faces.pyに実装します。

本章で掲載するファイル名付きのコードは、本書ダウンロードパッケージのCodes/videoディレクトリに収容してあります。

顔検出で使う深層学習モデル（ファイル2つ）、Haar特徴検出器のデータ、スマイリー画像はdataサブディレクトリに収容してあります。

6.2 外部データについて

顔検出にはさまざまな方法が提案されています。本書では、本編でディープラーニングのSSDモデルを、付録でHaar特徴検出器を取り上げます。目的とするところは同じですが、前者のほうが新しく（2015年）、後者は古典的方法です（2001年）。精度は前者のほうが高いのはいうまでもないですが、後者は軽く、リソース不足の環境でも十分に動作するという特徴があります。

●SSDモデル

SSDは、画像中の物体をリアルタイムで検出するために設計されたディープラーニングモデルです（Single Shot MultiBox Detectorの略ですが、名前は気にしなくて結構です）。技術的な説明は本書の範囲を超えるので割愛しますが、複数のサイズの異なる物体とそのカテゴリー（名称）を高速に検出できるため、よく使われます。

本書は、Caffeというディープラーニングフレームワークで実装したSSDを利用します。これはニューラルネットワークの構造を定義した*.prototxtと、訓練によって得られた重み付けデータを収容した*.caffemodelの2つのファイルで構成されています。前者はどことなくJSON風なフォーマットのテキストファイルなのでエディタで読めますが、後者はバイナリです。

これらファイルは、スクリプトのあるカレントディレクトリ配下の./dataサブディレクトリに置かれているとします。

```
$ ls -l data
-rw-rw-rw- 1 user users   28104 deploy.prototxt*
-rw-rw-rw- 1 user users 5351047 res10_300x300_ssd_iter_140000_fp16.caffemodel*
```

LearnOpenCVのソースを収容した次のGitHubに掲載されています。

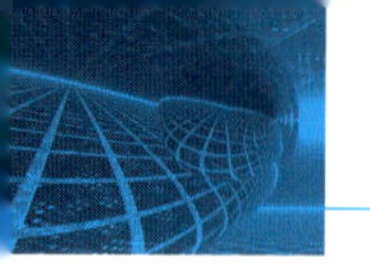

GitHub spmallick/learnopencv

https://github.com/spmallick/learnopencv/tree/master/FaceDetectionComparison/models

●Haar特徴検出器

Haar特徴検出器は、ヒトの顔や眼の検出を念頭に考案された機械学習技術です。正式には「Haar-Likeな特徴を基にしたカスケード式検出器」あるいは考案者の名から「Viola-Jones物体検出器」と呼ばれますが、ここでは短く呼びます。

端的には、Haar状と呼ばれる明暗で構成される矩形の特徴が対象にあるかないかで、そこに顔や眼があるかどうかを判断します。詳細は、次のチュートリアルがわかりやすいと思います。

Haar Cascadesを使った顔検出

https://whitewell.sakura.ne.jp/OpenCV/Notebook/faceDetection.html

明暗のパターンは顔がどちらを向いているか、あるいは探している部位によって変わるため、OpenCVに同梱されている訓練済みのHaar特徴検出器ファイルは、顔正面、全身像、右眼だけのように向きや部位別に用意されています。OpenCVのソースには、すぐに使えるそうしたファイルが17個あります。ファイル先頭にライセンス条項があるので、利用に際してはご一読ください（プレーンテキストのXMLなのでエディタで読めます）。

GitHub opencv/opencv Haarcascadeファイル

https://github.com/opencv/opencv/tree/master/data/haarcascades

本章では、その中でもhaarcascade_frontalcatface.xml（猫の正面顔用）を用います。

●カメラについて

ブラウザがカメラにアクセスするとき、ポリシー上HTTPSが求められることがあります。ローカル運用で問題が生じたら、サーバの設定をデフォルトのHTTPからHTTPSに変更します（1.5節）。

アプリケーションをStreamlitクラウドで展開しているなら、スキームはHTTPSなので問題は起こりません。

6.3 外部ライブラリについて

本章のアプリケーションでは、画像処理ライブラリのOpenCVと数値計算パッケージのNumPyを使用します。

●OpenCV

OpenCVは画像処理のライブラリです。前章のPillowがリサイズや色調変換など基本機能をより使いやすくしているのに対し、OpenCVは画像のことならたいていなんでも揃えている代わりに、ハードルが高いという特徴があります。

オリジナルのAPIはC++ですが、Python、Java、JavaScriptといったメジャーなスクリプト言語でも利用できます。メインのページは次のURLからアクセスできます。

OpenCVサイト
https://opencv.org/

パッケージはpipからインストールします。

```
$ pip install opencv-python
```

モジュール名はcv2です。本書では、インポート時にcvに別名付けして使います。

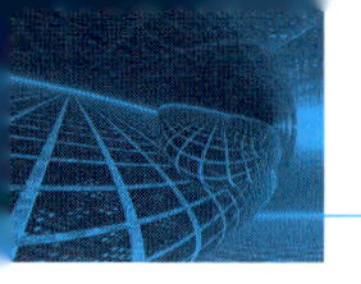


```
import cv2 as cv
```

■ OpenCVのリファレンス

OpenCVには2500以上のアルゴリズムが実装されており、そのマニュアルも膨大です。しかも、モジュール単位に分かれているので、分類基準のわからない一見さんにはどこから調べるべきかの見当もつきません。最初のうちは、ネットで検索をしたほうが早いでしょう。

慣れてきて、関数引数の詳細を知りたくなったら、リファレンスを参照します。リファレンスの上部右に置かれた検索フィールドは賢く、数文字入力すれば目的の関数を候補に挙げてくれます。

OpenCV modules API リファレンス
https://docs.opencv.org/4.x/index.html

図6.7　OpenCV API リファレンスのページ

書籍はいろいろあります。たいていは言語別になっているので、Python版を選びます。ここでは下記書籍を挙げておきます。

『実践 OpenCV4 for Python—画像映像情報処理と機械学習』
(永田雅人、豊沢聡 著／カットシステム刊)
https://www.cutt.co.jp/book/978-4-87783-460-9.html

■ OpenCV DNN

本章では、OpenCVの中でもディープラーニング用のDNN (Deep Neural Network) モジュールを使います。DNNにはニューラルネットワークのファインチューニングや訓練のメカニズムは提供されていないので、自作モデルの構築には別のライブラリを用います (たとえばTensorflow/KerasやPyTorchなど)。もっとも、本書では第3章や第4章同様、学習済みのモデルを利用するだけです。

OpenCV DNNモジュールについては、次に示すLearnOpenCVの記事が丁寧でわかりやすいので、一読してください (英語ですが、Google Translateなどを通せばなかなかイケます)。

LearnOpenCV "Deep Learning with OpenCV DNN Module: A Definitive Guide"
https://learnopencv.com/deep-learning-with-opencvs-dnn-module-a-definitive-guide/

■ OpenCVの画像

Python版OpenCVでは、画像データはNumPyの行列`np.ndarray`で表現されます。

■ 画像のオープン

画像ファイルから`np.ndarray`を得るには、`cv.imread`を使います。引数にはファイル名を指定します。

インタラクティブモードから確認します。

```
>>> import cv2 as cv                  # インポートする
>>> arr = cv.imread('tombow.png')     # ファイルを読む
>>> type(arr)                         # 戻り値のデータ型を確認
<class 'numpy.ndarray'>               # → numpyの行列
```

OpenCVはJPEG、PNG、TIFF、Windowsビットマップ (.bmp) などのフォーマット

をサポートしています。

■画像のサイズとデータ型

画像のサイズはnp.ndarray.shapeプロパティに収容されています。「行列」なので行（縦方向）×列（横方向）の順に並ぶところに注意してください。3次元目の「3」は色要素が3つ（BとGとR）あることを示しています。

```
>>> arr.shape                          # 形状を調べる
(750, 750, 3)                          # → 高さ750×横750×3色
```

とくに妙なことをやっていなければ、行列要素のデータ型は8ビット符号なし整数（uint8）です。プロパティはdtypeです。

```
>>> arr.dtype                          # データの型
dtype('uint8')
```

■画像の保存

np.ndarrayを画像ファイルとして保存するには、cv.imwrite関数を使います。第1引数にファイル名を、第2引数にnp.ndarrayを指定します。

```
>>> cv.imwrite('test.png', img)
```

保存時の画像フォーマットは拡張子から自動判定されます。

■画像の表示

ディスプレイに画像を表示するにはcv.imshowです。第1引数に任意のウィンドウ識別文字列を、第2引数にnp.ndarrayを指定します。ただし、ウィンドウ識別子で使える文字はASCIIに限られます。日本語などのUTF-8文字でも致命的なエラーにはなりませんが、文字化けはします。

```
>>> cv.imshow('Test', img)
>>> cv.waitKey(0)
```

cv.imshowはノンブロッキング型なので、ウィンドウを表示したら、すぐに次の処理に移ります（インタラクティブモードなら次のプロンプト>>>が出る）。

しかし、ウィンドウからキーボード入力を受け取るcv.waitKey関数が呼び出されるまで、画像は表示されません。この関数は引数に指定されたキー入力を待つ時間の間だけ処理をブロックします。上記の例のように0が指定されたときは永遠に待ちます。キー入力があれば、あるいは指定の時間が過ぎれば、押下されたキーのASCII値を返して次の処理に移ります。

キー操作後もウィンドウは残りますが、スクリプトが終了すれば自然に閉じられます。インタラクティブモードではセッションから抜けるか、cv.destroyAllWindowsですべてのウィンドウを明示的に閉じます（引数なし）。

```
>>> cv.destroyAllWindows()
```

PillowのImage.show同様（5.3節）、環境にディスプレイが接続されていないときの動作は不定です。WSLやVMwareなどの仮想環境やクラウド上のリソースでは注意してください。

■ RGBとBGR

OpenCVでは色構成に注意が必要です。一般的な画像では、1つのピクセルの色合いはRGB（赤、緑、青）の順に並べられますが、OpenCVの内部ではBGR（青、緑、赤）と反転して使われます。NumPyの行列では、3次元目の色空間のスライスarr[:, :, 0]はRGBなら赤を、BGRなら青のピクセルを収容しています。

画像をOpenCVの関数だけで操作しているぶんには、このことはほとんど気になりません。ファイルから読んだり（cv.imread）、バッファから読んだり（cv.imdecode）すれば、ファイルではRGBだった画像は内部でBGRに置き換えられます。同様に、保存するときも（cv.imwrite）、自動的にRとBが入れ替えられるので、ファイルではRGBです。

しかし、OpenCVで作成したnp.ndarray画像をそのまま他所で用いると、赤を青、青を赤と解釈するので、色調の怪しい画像になります。図6.8に例を示します。

図6.8　RGB画像をBGRで解釈すると色調が狂う

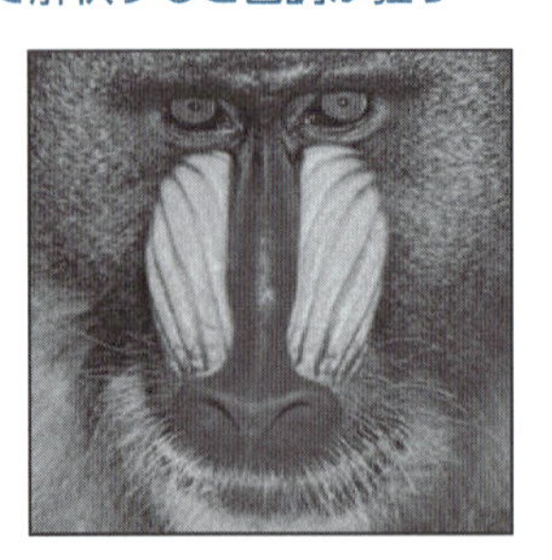

左が元画像でRGBの順です[注3]。マンドリルなので鼻筋が赤く、その周囲が水色です。右がRGB画像をそのままBGRと解釈し直したもので、Rだった鼻筋が青く、その周囲がオレンジになります。モノクロ印刷なので紙面では色合いはわかりませんが、RGBのほうが鼻筋は明るく（白っぽく）なります。

`st.image`を介してStreamlitのページ上に表示するときは、`channels`キーワード引数から色がBGR配列であることを指示します（後述）。

● NumPy

Python版OpenCVが画像の表現に用いるNumPyは、多次元行列や高度な数学関数を実装した数値計算用ライブラリです。

メインのページは次のURLからアクセスできます。

NumPyサイト
`https://numpy.org/`

注3　元画像はOpenCVドキュメントに同梱されたものです。

図 6.9 NumPy サイト

パッケージはpipからインストールします。

```
$ pip install numpy
```

インポートは次のようにnpに別名付けするのが一般的です。本書でも、関数を紹介するときはnp.ndarrayのようにnpを先付けして書きます。

```
import numpy as np
```

6.4 画像変換

●機能

画像をOpenCVで使えるnp.ndarrayに変換する機能を作成します。変換元画像は次を対象とします。

- UploadedFile：カメラ映像キャプチャのst.camera_inputコマンドが返すオブジェクト。st.uploaded_fileが返すものと同じで、io.BytesIOの子です。
- URL文字列：st.text_inputから引き渡されるURLは、requests.getでダウンロードします。戻り値は画像ファイルそのもののバイナリ（bytes）です。

サイズ制限も加えます。昨今のスマートフォンの写真は総画素数1200万を超えており、当然ながら、それだけ処理に時間もかかります。ここでは品質よりスピードを重視し、制限以上の大きな画像は縮小します。

具体的には、デフォルトで横幅または高さが1024ピクセル以上の画像はその寸法に抑えます。短辺のほうは、アスペクト比に合わせて縮小します。これで、スマートフォンでよくある4032×3024の画像がピクセル数にして1/15になるので、単純計算で、15秒かかる処理が1秒に短縮されます。

●コード

画像変換用のルーチンを集めたto_ndarray.pyのコードを次に示します。

リスト 6.1 to_ndarray.py

```
1     import cv2 as cv
2     import numpy as np
3     import requests
4
5     MAX_WIDTH = 1024
6
7     def limit_size(img, max_width=MAX_WIDTH):
8         if max_width is None:
9             return img
10
11        factor = min([max_width/wh for wh in img.shape])
12        if factor < 1:
13            img = cv.resize(img, dsize=None, fx=factor, fy=factor)
14
15        return img
16
17
18    def bytes_to_ndarray(buf):
19        arr = np.frombuffer(buf, np.uint8)
20        img_bgr = cv.imdecode(arr, cv.IMREAD_COLOR)
21        return img_bgr
22
```

```
23
24  def uploaded_to_ndarray(uploaded, max_width=MAX_WIDTH):
25      buf = uploaded.getvalue()
26      img = bytes_to_ndarray(buf)
27      if img is None:
28          raise Exception('Failed to read UploadedFile.')
29
30      return limit_size(img, max_width)
31
32
33  def url_to_ndarray(url, max_width=MAX_WIDTH):
34      resp = requests.get(url, headers={'User-agent': 'MyRequest'})
35      if resp.status_code != 200:
36          raise Exception('Failed to read URL.')
37
38      img = bytes_to_ndarray(resp.content)
39
40      return limit_size(img, max_width)
41
42
43
44  if __name__ == '__main__':
45      import sys
46      from io import BytesIO
47
48      max_width = 480
49      file = sys.argv[1]
50      if file.startswith('http'):
51          img = url_to_ndarray(file, max_width)
52      else:
53          with open(sys.argv[1], 'rb') as fp:
54              buf = fp.read()
55              uploaded = BytesIO(buf)
56              img = uploaded_to_ndarray(uploaded, max_width)
57
58      cv.imshow('Test', img)
59      print(img.shape)
60      cv.waitKey(0)
```

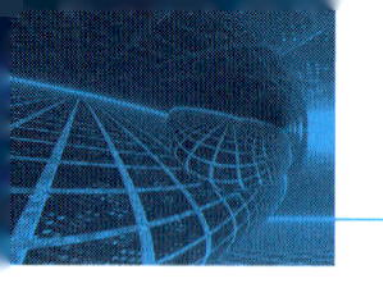

UploadedFileを変換するのがuploaded_to_ndarray（24～30行目）、URL文字列を変換するのがurl_to_ndarray（33～40行目）です。どちらの関数でも、引数指定のデータをバイト列に変換してから、共通のbytes_to_ndarray（18～30行目）を介してnp.ndarrayに変換します。

生成したnp.ndarrayはlimit_size（7～15行目）でリサイズしてから呼び出し元に返します（30、40行目）。

44～60行目はテスト用のメインです。最大サイズを480ピクセル（48行目）で固定してテストします。入力文字列（49行目）の先頭がURLならurl_to_ndarray経由でHTTP接続をし（50～51行目）、そうでなければバイナリモードrbで読み込みます（53行目）。UploadedFileと互換のデータを生成するため、バイナリ（"rb"）はio.BytesIOに変換します（55行目）。

テスト用メインでは画像ウィンドウを開くcv.imshowが使われているので、ディスプレイのある環境で実行してください。

●バイト列をnp.ndarray画像に変換

データがファイルの画像フォーマットを保ったままbytesに変換されているとして、これをnp.ndarray画像に変換するのがbytes_to_ndarrayです（18～21行目）。

```
18  def bytes_to_ndarray(buf):
19      arr = np.frombuffer(buf, np.uint8)
20      img_bgr = cv.imdecode(arr, cv.IMREAD_COLOR)
21      return img_bgr
```

画像ファイルデータをファイルから読むときはcv.imreadですが、バイト列から読むときはcv.imdecodeを使います（20行目）。ただし、この関数が受け付けるのは行列なので、先にbytesをNumPyのnp.frombufferでnp.ndarrayに変換します（19行目）。

np.frombufferの第1引数にはbytesを、第2引数にはそのデータの型を指定します。画像データは基本8ビット符号なし整数なので、NumPyのデータ型定数np.uint8を使います。戻り値は、入力のbytesをそのまま並べた1次元のnp.ndarrayです。

このnp.ndarrayはピクセルデータではありません。バイナリ形式の画像ファイルの中身そのものを、バイト単位で行列に流し込んだだけです。画像に関するメタデータも収容されていますし、ピクセル値も圧縮されたままです。

この行列を画像ピクセルとして読み直すのがcv.imdecodeです。第1引数には行列を、第2引数にはその構造を示す定数を指定します。ファイルから読むcv.imreadでは第2引数は不要でしたが、入力行列には画像が1次元（モノクロ）か3次元（カラー）かの情報が示されていないので、この関数では明示的な指定が必要です。ここで使っているcv.IMREAD_COLOR定数は、入力をカラーとして読み、それをOpenCVのBGRとして再配列せよ、という指示です。

●UploadedFileからnp.ndarray画像に変換

uploaded_to_ndarrayは、st.uploaded_fileやst.camera_inputが返すUploadedFileをnp.ndarrayに変換します（24～30行目）。

```
24  def uploaded_to_ndarray(uploaded, max_width=MAX_WIDTH):
25      buf = uploaded.getvalue()
26      img = bytes_to_ndarray(buf)
27      if img is None:
28          raise Exception('Failed to read UploadedFile.')
29
30      return limit_size(img, max_width)
```

io.BytesIO.getvalueでバイト列に直したら（25行目）、それを先ほどのbytes_to_ndarrayに投入するだけです（26行目）。

戻り値は、サイズ制限をかけたあとの画像オブジェクト（np.ndarray）です。

●URLからnp.ndarray画像に変換

url_to_ndarrayはURL文字列をnp.ndarrayに変換します（33～40行目）。

```
33  def url_to_ndarray(url, max_width=MAX_WIDTH):
34      resp = requests.get(url, headers={'User-agent': 'MyRequest'})
35      if resp.status_code != 200:
36          raise Exception('Failed to read URL.')
```

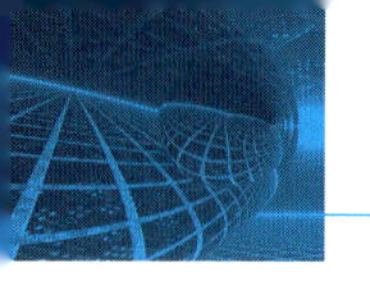


```
37
38        img = bytes_to_ndarray(resp.content)
39
40        return limit_size(img, max_width)
```

HTTPクライアントのRequestsパッケージを使ってHTTPアクセスをし、requests.Response.contentsプロパティからバイナリデータを取得するところは、3.4節と同じです。

GETリクエストのrequests.getで、headersキーワード引数を使っています（34行目）。ここには、リクエストヘッダに収容するフィールド名と値を収容した辞書を指定します。User-agentはこのHTTPクライアントが何者かを示すオプションのヘッダです。このフィールドがRequestsライブラリのデフォルトのままだと、ボット嫌いのサーバからアクセスを拒否されることがあるので、おまじないです。

●サイズ制限

処理効率アップのためのサイズ制限を担当しているのが、7～15行目のlimit_sizeです。引数にはnp.ndarray画像と最大サイズを指定します。最大サイズがNoneのときは、サイズ変更なしで返します（8行目）。

```
 5  MAX_WIDTH = 1024
 6
 7  def limit_size(img, max_width=MAX_WIDTH):
 8      if max_width is None:
 9          return img
10
11      factor = min([max_width/wh for wh in img.shape])
12      if factor < 1:
13          img = cv.resize(img, dsize=None, fx=factor, fy=factor)
14
15      return img
```

11行目では、横幅と高さが、それぞれ目的のmax_widthと比べてどのくらい大きいかを計算しています。デフォルトなら1024が基準です（5行目）。縦横どちらか1024より長いほうを1024に合わせるため、どちらの辺でも目的値との比を計算し、長いほうを基準に縮尺率を計算します。

比率が1未満、つまり縦横のどちらか長いほうが指定のサイズより大きければ、その比率でリサイズします。そうでなければ、元画像のまま返します。

OpenCVのリサイズ関数はcv.resizeです（13行目）。

```
13          img = cv.resize(img, dsize=None, fx=factor, fy=factor)
```

cv.resizeの第1引数には元画像を指定します。変換後のサイズはdsize引数からピクセル値のタプルで指定できますが、fxとfyという引数から拡大率も使えます。拡大率を使うときは、dsize=Noneをセットします。戻り値はリサイズ後の画像です。

6.5 顔検出

●コード

画像から顔の位置を検出するface_detection.pyのコードを次に示します。

リスト6.2 face_detection.py

```
1    from pathlib import PurePath
2    import cv2 as cv
3
4    PARENT = PurePath(__file__).parent
5    PROTO_TEXT = PARENT / 'data/deploy.prototxt'
6    WEIGHT = PARENT / 'data/res10_300x300_ssd_iter_140000_fp16.caffemodel'
7    PROB_THRESH = 0.3
8
9    def prepare_model():
10       net = cv.dnn.readNet(WEIGHT, PROTO_TEXT, 'Caffe')
11       return net
12
13
14   def detect(net, img, thresh=PROB_THRESH):
15       blob = cv.dnn.blobFromImage(img, size=(300, 300), mean=(104, 177, 123))
16       net.setInput(blob)
```

```
17        pred = net.forward()
18
19        rectangles = []
20        for i in range(pred.shape[2]):
21            conf = pred[0, 0, i, 2]
22            if conf > thresh:
23                x0 = int(pred[0, 0, i, 3] * img.shape[1])
24                y0 = int(pred[0, 0, i, 4] * img.shape[0])
25                x1 = int(pred[0, 0, i, 5] * img.shape[1])
26                y1 = int(pred[0, 0, i, 6] * img.shape[0])
27                if x1 < x0:
28                    x0, x1 = [x1, x0]
29                if y1 < y0:
30                    y0, y1 = [y1, y0]
31                rectangles.append( (x0, y0, x1, y1) )
32
33        return rectangles
34
35
36
37    if __name__ == '__main__':
38        import sys
39        from draw_faces import draw_rectangles, draw_smilys
40
41        img = cv.imread(sys.argv[1])
42
43        net = prepare_model()
44        rectangles = detect(net, img)
45        print(f'{len(rectangles)} faces.')
46
47        boxes = draw_rectangles(img, rectangles)
48        cv.imshow('Face detection', boxes)
49
50        smilys = draw_smilys(img, rectangles)
51        cv.imshow('Laughing Man', smilys)
52        cv.waitKey(0)
```

prepare_model（9～11行目）はモデルを読み込むだけの関数で、Streamlit側でキャッシュの対象とするものです。detect（14～33行目）は指定のモデルと画像から、矩形領域の座標値のリストを返します。第３引数のthreshは確度の低い領域をはじくためのもので、デフォルト値は７行目で定義しています。画像やモデルに応じて変更してください。

37～52行目はテスト用のメインです。コマンドライン引数に指定された画像ファイルを読み、顔の位置を検出し、それらの位置を枠でくくった画像とスマイリーで置き換えた画像を２つのウィンドウから開きます。cv.imshowを使っているので（48、51行目）、ディスプレイのある環境で実行してください。

顔の位置をスマイリーで置き換える、または矩形で囲む関数は次節で扱います（50行目のdraw_smilysと47行目のdraw_rectangles）。

●モデルファイルを読み込む

Caffeフレームワークでは、ネットワークを記述した構造ファイルと訓練で得られた重み付けデータファイルの２つが必要です（6.2節）。これらはdataサブディレクトリに置かれているとします（4～6行目）。

```
4    PARENT = PurePath(__file__).parent
5    PROTO_TEXT = PARENT / 'data/deploy.prototxt'
6    WEIGHT = PARENT / 'data/res10_300x300_ssd_iter_140000_fp16.caffemodel'
```

これらモデルファイルを読み込み、ニューラルネットワークを準備するには、cv.dnn.readNet関数を使います（10行目）。

```
9    def prepare_model():
10       net = cv.dnn.readNet(WEIGHT, PROTO_TEXT, 'Caffe')
11       return net
```

第１引数に重み付けデータのファイルを、第２引数に構造ファイルをそれぞれ指定します。第３引数にはフレームワーク名を指定します。ここでは"Caffe"です。

戻り値はcv.dnn.Netオブジェクトです。

prepare_modelはDNN関数をラップしているだけですが、これは、@st.cache_resourceで修飾してキャッシュするためと、本章付録のHaar特徴検出器とモデル取得関数を揃えるためです。

●入力画像の準備

ニューラルネットワークが用意できたら、画像を投入することで顔位置を検出します（14～33行目の関数detect）。

まず、cv.dnn.blobFromImageから、ネットワークの構造にあった形式に画像を変換します（13行目）。

```
14    def detect(net, img, thresh=PROB_THRESH):
15        blob = cv.dnn.blobFromImage(img, size=(300, 300), mean=(104, 177, 123))
```

第1引数にはnp.ndarray画像を指定します。sizeキーワード変数から指定しているのは画像サイズで、入力画像がどんなサイズであろうと、300×300にリサイズするよう指示しています。モデル自体がこのサイズのカラー画像を前提にしているからです。この設定は.prototxtの冒頭部分に記述されています（左の数字は行番号）。

```
1    input: "data"
2    input_shape {
3      dim: 1
4      dim: 3
5      dim: 300
6      dim: 300
7    }
```

meanキーワード変数から指定しているのは画像の平均輝度です。画像処理では、ライティングなどの影響で画面輝度が変化すると、同じ画角の対象であっても結果が変わります。ヒトの眼には同じように見えても、コンピュータ的にはピクセル値が異なる違った画だからです。そこで、平均輝度を減ずることで輝度変化に対してロバストになるようにします。ここで示しているのは、RGBのそれぞれのカラーチャネルの平均値です。

cv.dnn.blobFromImage関数の戻り値は4次元のnp.ndarrayです。そのシェイプを次に示します。

```
>>> blob.shape
(1, 3, 300, 300)
```

最初の1は入力した画像の枚数です。3はカラーチャネル数です。残りは画像のピクセル数で、sizeキーワード引数から指定したとおりです。この4つの値の並びをOpenCVリファレンスはNCHWと呼んでいます。

戻り値のnp.ndarrayのデータ型は32ビット浮動小数点数（np.float32）です。8ビット符号なし整数（np.uint8）にもできますが、そのときは関数のddepthキーワード変数から指定します。

```
>>> blob.dtype
dtype('float32')
```


●計算開始

用意ができたら、ニューラルネットワークモデルの入力層（最初の部分）に画像をセットします。関数はcv.dnn.Net.setInputです（16行目）。

```
16        net.setInput(blob)
```

引数はいろいろありますが、デフォルトの用法では第1引数に画像データをセットするだけです。

続いて、cv.dnn.Net.forwardから実行します（17行目）。引数はとくに必要ありません。

```
17        pred = net.forward()
```

戻り値は4次元のnp.ndarrayですが、最初の2次元は1要素しかないので、実質的には200×7のデータです。

```
>>> pred.shape
(1, 1, 200, 7)
```

●検出結果の解釈

200は顔領域候補の個数です。200なのは、構造ファイル.prototxtの末尾で、確率的に高い領域から200個を選別して報告せよ、と指定しているからです。

領域は7つの情報で構成されています。最初の3つの顔領域候補の中身を見てみます。

```
>>> pred[0, 0, 0:3, :]
array([
  [0. , 1. , 0.99949193, 0.78874135, 0.5167382 , 0.98682463, 0.81964386],
  [0. , 1. , 0.9859779 , 0.32754827, 0.47434187, 0.39197809, 0.59170353],
  [0. , 1. , 0.9708874 , 0.12600453, 0.6776386 , 0.23978187, 0.85991246]
], dtype=float32)
```

第1成分はこの情報がどのクラス（分類）に属するものかを示しています。ここではヒトの顔という単一のクラスだけを探しているので、クラスは1だけです。

第2成分はこの情報の信頼度を示しています。最初のものが0.99949193で、これはこの領域が顔である確率が99.9%であることを示しています。

第3〜第6成分が顔領域の矩形座標で、左上と右下のx、y座標を順に示しています。値は0〜1に正規化されているので、画像中のピクセル位置は横幅（画像のshapeの1番目の要素）と高さ（0番目）を掛けることで得られます。200個（pred.shapeの第2成分の数だからpred.shape[2]）の画像すべてについてこの計算をしているのが19〜31行目です。

```
 7   PROB_THRESH = 0.3
 ⋮
19       rectangles = []
20       for i in range(pred.shape[2]):
21           conf = pred[0, 0, i, 2]
22           if conf > thresh:
23               x0 = int(pred[0, 0, i, 3] * img.shape[1])
24               y0 = int(pred[0, 0, i, 4] * img.shape[0])
25               x1 = int(pred[0, 0, i, 5] * img.shape[1])
26               y1 = int(pred[0, 0, i, 6] * img.shape[0])
27               if x1 < x0:
28                   x0, x1 = [x1, x0]
29               if y1 < y0:
```

```
30                  y0, y1 = [y1, y0]
31              rectangles.append( (x0, y0, x1, y1) )
32
33      return rectangles
```

200個の中には、確率的に顔とはいえない領域も含まれています。そこで、ある一定以下のものは除外します（22行目）。ここでは30%以下のものは除外していますが（7行目）、これはこのケースでの経験値であり、理論的にこの値がよいというわけではありません。この値を大きくしすぎると、顔として認識すべき領域を見逃すことになります。反対に小さくしすぎると、顔とはいえないところも顔として報告します。

27～30行目では（x, y）の4つの値が左上から右下の順になるように並び替えています。この順でないとエラーを起こす関数もあるからです。

detectは（左上x, 左上y、右下x, 右下y）の矩形座標のタプルを収容したリストを返します（33行目）。

6.6 顔領域の処理

●コード

顔の位置を示す矩形領域に矩形枠を描画する、またはその位置にスマイリー画像をはめ込む関数を収容したdraw_faces.pyのコードを次に示します。

リスト6.3 draw_faces.py

```
1   from pathlib import PurePath
2   import cv2 as cv
3
4   PARENT = PurePath(__file__).parent
5   SMILY = PARENT / 'data/smily-240.png'
6   RECT_COLOR = (255, 0, 0)
7   RECT_LINE = 3
8
9   def draw_rectangles(img, rectangles):
10      ret_img = img.copy()
```

```
11         for rect in rectangles:
12             x0, y0, x1, y1 = rect
13             cv.rectangle(ret_img, (x0, y0), (x1, y1), RECT_COLOR, RECT_LINE)
14
15         return ret_img
16
17
18     def draw_smilys(img, rectangles):
19         ret_img = img.copy()
20         smily = cv.imread(str(SMILY))
21         for rect in rectangles:
22             x0, y0, x1, y1 = rect
23             smily_resized = cv.resize(smily, (x1-x0, y1-y0))
24             ret_img[y0:y1, x0:x1] = smily_resized
25
26         return ret_img
```

5行目はスマイリーの画像ファイルで、dataサブディレクトリに置かれていることを前提としています。サイズは240×240です。これを検出した顔領域にぴったりはめ込むわけですが、正方形を長方形にデフォルメするので、スマイリーの顔はどちらかの方向に引き伸ばされます。

6〜7行目では、矩形枠の色と線幅を定義しています。OpenCVのカラーはBGRの順なので、(255, 0, 0) は青です。

●矩形の描画

矩形を画像に描き込む関数draw_rectanglesを用意します（9〜15行目）。第1引数は矩形を描画する先の画像オブジェクトimgを、第2引数は矩形のリストrectanglesをそれぞれ受け付けます（9行目）。

```
9    def draw_rectangles(img, rectangles):
```

描画を開始する前に、元画像を温存するためにコピーを作成します（10行目）。np.ndarrayのコピーメソッドcopyには引数はありません。戻り値はnp.ndarrayオブジェクトです。

```
10        ret_img = img.copy()
```

矩形のリストはループで順次処理します。画像の上に矩形を描くOpenCVの関数はcv.rectangleです(13行目)。

```
 6   RECT_COLOR = (255, 0, 0)
 7   RECT_LINE = 3
 ⋮
11       for rect in rectangles:
12           x0, y0, x1, y1 = rect
13           cv.rectangle(ret_img, (x0, y0), (x1, y1), RECT_COLOR, RECT_LINE)
14
15       return ret_img
```

第1引数には描画対象の画像(np.ndarray)を指定します。第2引数と第3引数にはそれぞれ2つの対角の座標(タプルあるいはリスト)を指定します。第4引数はBGR順の10進数指定で書かれた線色です。第5引数は線の太さで、負の値を指定すると内部が塗りつぶされます。

●スマイリーの張り付け

スマイリーを画像に埋め込む関数draw_smilysを用意します(18〜26行目)。引数はdraw_rectanglesと同じです(18行目)。処理を開始する前にオリジナルの画像を保全するのも同じです(19行目)。

```
18   def draw_smilys(img, rectangles):
19       ret_img = img.copy()
```

まず、スマイリー画像をcv.imreadから読み込みます(20行目)。

```
 4   PARENT = PurePath(__file__).parent
 5   SMILY = PARENT / 'data/smily-240.png'
 ⋮
20       smily = cv.imread(SMILY)
```

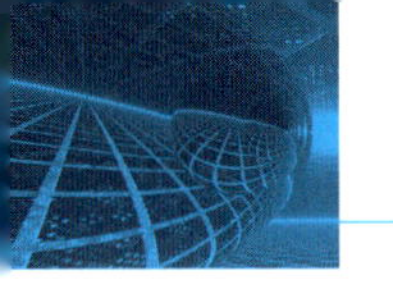

続いて、顔の矩形領域に合わせてスマイリー画像をリサイズします。これにはcv.resize関数を使います（23行目）。用法は6.4節で見たとおりですが、ここでは第2引数からサイズ指定をしています。

```
23          smily_resized = cv.resize(smily, (x1-x0, y1-y0))
```

あとはこれをターゲットの画像に張り付けるだけですが、これにはnp.ndarrayのスライスを使います（24行目）。行と列を区切るカンマ,が入っていることを除けば、リストのスライスと使い方は同じです。

```
24          ret_img[y0:y1, x0:x1] = smily_resized
```

6.7　アニメ絵化

●ノンフォトリアリスティックレンダリング

物体の輪郭を保持しつつ、内部領域を平坦に塗りつぶすのがアニメの作画に似ているので「アニメ絵化」といっていますが、技術的にはノンフォトリアリスティック（non-photorealistic）レンダリングと呼ばれる画像処理方法です。訳せば「非写実的」となることからわかるように、写真というリアルなものから手描きのように非リアルな絵を生成することを目的としています。油絵風、水彩画風、スケッチ風、あるいはアニメ絵風のように、作画手法（スタイル）を模倣することからスタイライゼーション（stylization）とも呼ばれ、昨今ではAIを用いた処理が盛んです。

ノンフォトリアリスティックレンダリングについては、次のWikipediaの記事が参考になります（英語版）。

Wikipedia "Non-photorealistic rendering"
https://en.wikipedia.org/wiki/Non-photorealistic_rendering

OpenCVには、定番のバイラテラルフィルタ（cv.bilateralFilter）も含めてノンフォトリアリスティックレンダリング関数がいくつかありますが、本章で使うのはcv.stylizationです。リファレンスは「輪郭に注目したフィルタで、低いコントラストの領域は簡略化しつつ、高いコントラストのところはその特徴を保存する」と述べています。次の論文はノンフォトリアリスティックレンダリングの各種の手法をカラー画像入りで比較しており、参考になります。

Gastal & Oliveira: “Domain Transform for Edge-Aware Image and Video Processing”
https://www.inf.ufrgs.br/~eslgastal/DomainTransform/

6

関数の内部構造とそのパラメータは基になっている数式を参照しないと意味やその効果がわかりませんが、使うぶんには簡単です。デフォルトのパラメータのままなら、引数に入力画像を指定するだけです。

●コード

OpenCVの関数を使って、リアルな入力画像を手描きのアニメ風にするstylize.pyのコードを次に示します。

リスト6.4 stylize.py

```
1   import cv2 as cv
2   import numpy as np
3
4   def stylize(img_bgr, sigma_s=60, sigma_r=0.45):
5       stylized = cv.stylization(img_bgr, sigma_s=sigma_s, sigma_r=sigma_r)
6       return stylized
7
8
9   if __name__ == '__main__':
10      import sys
11      img = cv.imread(sys.argv[1])
12      stylized = stylize(img)
```

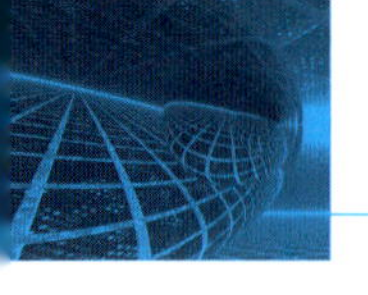


```
13          cv.imshow('Stylization', stylized)
14          cv.waitKey(0)
```

stylize関数（4〜7行目）は、cv.stylizationをラップしているだけで、ほとんどなにもしていません。入力がBGR順のカラー画像でなければならない点だけ注意してください。

●スタイライゼーション

cv.stylization関数の第1引数には入力画像を、第2、第3引数にはスタイライゼーションの度合いを示すパラメータをそれぞれ指定します（5行目）。

```
4   def stylize(img_bgr, sigma_s=60, sigma_r=0.45):
5       stylized = cv.stylization(img_bgr, sigma_s=sigma_s, sigma_r=sigma_r)
```

スタイライゼーションの度合いを調節するパラメータであるsigma_sは0〜200の範囲で、線に囲まれている（とおぼしき）領域をどれだけスムーズにするかを指定します。デフォルト値は60です。大きければ領域がよりスムーズになります。

第3引数のsigma_rは0〜1の範囲で、エッジ（輪郭）をどれほどキープするかを指定します。デフォルト値は0.45です。

シグマがどちらのパラメータでも出てくるのは、中にガウス関数が入っており、そこで標準偏差のσが使われるからです。

関数は変換後の画像をnp.ndarrayで返します。

6.8　カメラ映像処理アプリケーション

●コード

カメラからのキャプチャあるいはURLからの画像取得（タブ1）、顔の隠蔽あるいは位置の特定（タブ2）、アニメ絵化（タブ3）を組み合わせてカメラ映像処理アプリケーションを構築します。コードvideo.pyは次のとおりです。

リスト 6.5 video.py

```
1    import streamlit as st
2    from face_detection import prepare_model, detect
3    # from face_detection_haar import prepare_model, detect
4    from stylize import stylize
5    from draw_faces import draw_rectangles, draw_smilys
6    from to_ndarray import uploaded_to_ndarray, url_to_ndarray
7
8    OPTIONS = {
9        'camera': {
10           'name': 'カメラ',
11           'text': 'スナップショットを撮ってください。',
12           'icon': ':material/photo_camera:',
13           'image': False,
14           'input': lambda: st.camera_input(label='ダミー', ↗
                         label_ visibility= 'hidden'),
15           'process': uploaded_to_ndarray
16       },
17       'url': {
18           'name': 'URL',
19           'text': '画像への URL を入力してください。',
20           'icon': ':material/photo_library:',
21           'image': True,
22           'input': lambda: st.text_input('ダミー', label_visibility='hidden',
23                       value=None, placeholder='Enter URL for an image.'),
24           'process': url_to_ndarray
25       }
26   }
27
28   @st.cache_resource
29   def get_model():
30       model = prepare_model()
31       return model
32
33
34   st.header('カメラ映像処理')
35   im = st.radio(label='ダミー', label_visibility='hidden',
```

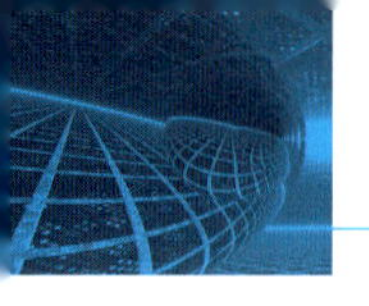


```
36            options=OPTIONS.keys(), horizontal=True)
37    options = OPTIONS[im]
38
39    camera, face, anime = st.tabs([options['name'], '顔検出', 'アニメ絵'])
40
41    with camera:
42        snapshot = options['input']()
43
44    if snapshot is None:
45        face.info(body=options['text'], icon=options['icon'])
46        anime.info(body=options['text'], icon=options['icon'])
47
48    else:
49        img = options['process'](snapshot, max_width=1024)
50        if options['image'] is True:
51            camera.image(snapshot)
52
53        with face:
54            over = st.radio('顔領域の位置', options=['スマイリー', '矩形'],↗
                  horizontal=True)
55            model = get_model()
56            rectangles = detect(model, img)
57            if over == '矩形':
58                faces = draw_rectangles(img, rectangles)
59            else:
60                faces = draw_smilys(img, rectangles)
61            st.image(faces, channels='BGR')
62            st.caption(f'顔検出 (`{len(rectangles)}`個発見) ')
63
64        with anime:
65            stylized = stylize(img)
66            st.image(stylized, caption='アニメ絵化', channels='BGR')
```

コメントアウトしてある3行目のimportは、Haar特徴検出器で顔を検出するときにコメントを戻します。そのときは、代わりに2行目のface_detectionのインポートをコメントアウトします。どちらのモジュールの関数も形式と名称は同じなので、コードを変更することなく、2つの顔検出方法を切り替えられます。

●入力切り替え

カメラ入力とURL指定は、ラジオボタンから切り替えます（35〜36行目）。

```
35   im = st.radio(label='ダミー', label_visibility='hidden',
36           options=OPTIONS.keys(), horizontal=True)
```

ユーザインタフェース系のウィジェットコマンドでは、ラベル文字列を指定する第1引数は必須です。しかし、見出しが冗長なとき、あるいは場所ふさぎなときもあります。そのようなときは、ここで指定しているようにlabel_visibilityキーワード引数に"hidden"を指定すれば、表示されません。他にはデフォルトの"visible"（可視）と"collapsed"（折り畳み）の選択肢があります。

optionsキーワード引数に指定する選択肢のリストは["camera", "url"]ですが、この情報は8〜26行目で定義したOPTIONS辞書から取得します。この辞書は、カメラのときとURLのときのメッセージや処理関数を定義しており、選択肢の文字列はそのキーになっています。

```
8    OPTIONS = {
9        'camera': {
10           'name': 'カメラ',
11           'text': 'スナップショットを撮ってください。',
12           'icon': ':material/photo_camera:',
13           'image': False,
14           'input': lambda: st.camera_input(label='ダミー', ↵
                         label_visibility= 'hidden'),
15           'process': uploaded_to_ndarray
16       },
17       'url': {
18           'name': 'URL',
 ⋮
26   }
```

キーの意味を表6.1に示します。

表6.1 各キーの意味

キー	意味
name	タブに表示する名称（39行目）。
text	画像が入力されていないとき、顔検出とアニメ絵化のタブに配置する情報パネル（st.info）に示す文字列（45～46行目）。
icon	上と同じで、表示するマテリアルアイコン。
image	画像をst.imageで張り付けるか否かの選択（50～51行目）。カメラ入力のときは、カメラ映像のウィンドウに静止画像が示されるので、改めて静止画を張り付ける必要はない。
input	画像入力をつかさどるStreamlitコマンド（42行目）。
process	inputから得られた値（カメラはUploadedFile、URLは文字列）を、OpenCVの画像に変換する関数（49行目）。6.4節で定義したもの。

inputの値はあとから呼び出す都合上、関数でなければならないので、引数付きのStreamlitコマンドをラムダ関数でラップしています。42行目が関数呼び出し部分です。

```
 9        'camera': {
14            'input': lambda: st.camera_input(label='ダミー', ↗
                          label_visibility= 'hidden'),
17        'url': {
22            'input': lambda: st.text_input('ダミー', label_visibility='hidden',
23                          value=None, placeholder='Enter URL for an image.'),
 ⋮
41    with camera:
42        snapshot = options['input']()
```

これで、カメラが選択されていればst.camera_input（後述）が、URLが選択されていればst.text_inputが呼び出されます。

processも同様で、関数を指定します。

```
 9        'camera': {
15            'process': uploaded_to_ndarray
17        'url': {
24            'process': url_to_ndarray
 ⋮
```

```
49        img = options['process'](snapshot, max_width=1024)
```

カメラから得られたUploadedFileならto_ndarray.uploaded_to_ndarrayで、URLから得られた文字列ならto_ndarray.url_to_ndarrayでnp.ndarray画像を取得します。

●カメラスナップショット

リアルタイムなカメラ映像からスナップショットを撮るウィジェットは、st.camera_inputコマンドで配置します（14行目）。HTMLでは<video>タグとカメラアクセスのnavigator.mediaDevices.getUserMedia関数の組み合わせに相当します。

やや読みにくいので、ラムダを外した格好で次に示します。

```
st.camera_input(label='ダミー', label_visibility='hidden')
```

第1引数には、フレーム上端に置くラベルをマークダウン記法で指定します。ここではlabel_visibility='hidden'を指定しているので、値はダミーです。

戻り値はst.file_uploaderと同じUploadedFileオブジェクトです。

●OpenCV画像の表示

OpenCVのBGRカラー画像を表示するときは、st.imageコマンドのchannelsキーワード引数に"BGR"を指定します（61、66行目）。忘れると、地球人がガミラス星人あるいはパンドラ星人になります。

```
61            st.image(faces, channels='BGR')
 ⋮
66            st.image(stylized, caption='アニメ絵化', channels='BGR')
```

画像そのものをBGRからRGBに変換するなら、次節で説明する色変換のcv.cvtColor関数を使います。

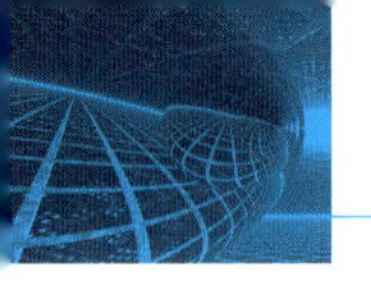

●キャプション

st.imageには見出し（キャプション）を加える方法が2つあります。ここでは、両者の違いを示すため、顔検出とアニメ絵化でそれぞれ異なる方法を用いて見出しを加えています。

顔検出では、テキスト出力コマンドのst.captionを使っています（61～62行目）。

```
61            st.image(faces, channels='BGR')
62            st.caption(f'顔検出（`{len(rectangles)}`個発見）')
```

仕上がりは図6.10のように左寄せです。

図 6.10 st.image に st.caption から見出しを加える

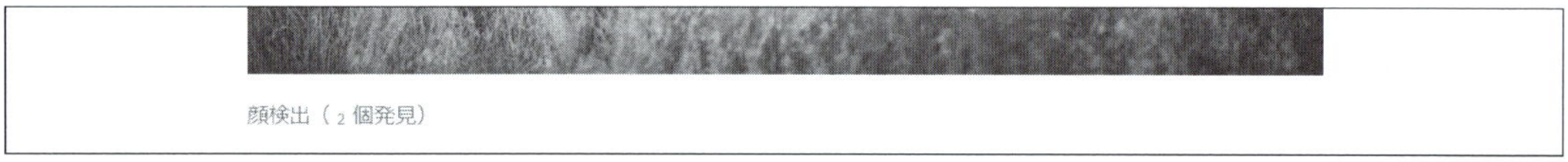

顔検出（ 2 個発見）

アニメ絵化では、st.imageのcaptionオプション引数を使っています（66行目）。

```
66            st.image(stylized, caption='アニメ絵化', channels='BGR')
```

仕上がりは図6.11のように中央揃えです。

図 6.11 st.image の caption オプションから見出しを加える

アニメ絵化

コマンドの用法もやや異なります。st.captionの第1引数にはマークダウン文字列が指定できます。unsafe_allow_htmlキーワード引数にTrueが指定されていなければ、HTML文字列はリテラルに解釈されます。これに対し、st.imageのcaption引数には普通の文字列しか指定できません。マークダウンもHTMLもリテラルに解釈されます。

6.9 付録：Haar特徴検出器を用いた顔検出

●コード

Haar特徴検出器版のface_detection_haar.pyを次に示します。

リスト6.6 face_detection_haar.py

```
1   from pathlib import PurePath
2   import cv2 as cv
3   import numpy as np
4
5   PARENT = PurePath(__file__).parent
6   HAAR_FILE = PARENT / 'data/haarcascade_frontalcatface.xml'
7
8   def prepare_model():
9       cascade = cv.CascadeClassifier(str(HAAR_FILE))
10      return cascade
11
12
13  def detect(net, img, thresh=None):
14      gray = cv.cvtColor(img, cv.COLOR_BGR2GRAY)
15      cv.equalizeHist(gray, gray);
16      objects = net.detectMultiScale(gray)
17
18      rectangles = []
19      for rect in objects:
20          x0, y0, w, h = rect
21          rectangles.append( (x0, y0, x0+w, y0+h) )
22
23      return rectangles
24
25
26
27  if __name__ == '__main__':
28      import sys
29      from draw_faces import draw_rectangles, draw_smilys
```

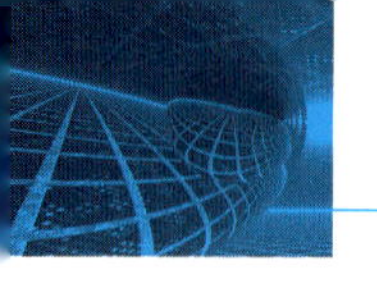


```
30
31      img = cv.imread(sys.argv[1])
32
33      net = prepare_model()
34      rectangles = detect(net, img)
35      print(f'{len(rectangles)} faces.')
36
37      boxes = draw_rectangles(img, rectangles)
38      cv.imshow('Face detection', boxes)
39
40      smilys = draw_smilys(img, rectangles)
41      cv.imshow('Laughing Man', smilys)
42      cv.waitKey(0)
```

SSDモデル版のface_detection.pyとスタイルを合わせ、訓練済みデータ読み込みのprepare_modelと検出のdetectの2関数構成です。関数名も同じなので、呼び出し元のimportを書き替えるだけで動作します（video.pyの3行目）。ただし、Haar特徴検出器は検出領域の確度を示さないので、detectのthresh引数はダミーです。

```
# video.py
 2    # from face_detection import prepare_model, detect         # DNN
 3    from face_detection_haar import prepare_model, detect      # Haar
```

●実行例

実行例を図6.12に示します[注4]。

注4　画像はPixabayのものです。

図6.12 カメラ映像処理アプリケーション〜 Haar 特徴検出版顔検出（face_detection_haar.py）

モデルは猫の正面顔用なので、猫にしか使えません。ヒト対応にするなら、コード6行目のモデルファイルを変更してください。

●Haar 特徴検出器ファイルの読み込み

SSD版ではcv.dnn.readNetだったモデル読み込み部分は、Haar特徴検出器データファイル読み込みのcv.CascadeClassifierコンストラクタと置き換えます（9行目）。

```
5   PARENT = PurePath(__file__).parent
6   HAAR_FILE = PARENT / 'data/haarcascade_frontalcatface.xml'
7
8   def prepare_model():
9       cascade = cv.CascadeClassifier(str(HAAR_FILE))
10      return cascade
```

コンストラクタの引数にローカルファイル名を指定して実行すれば、cv.CascadeClassifier オブジェクトが返ってきます。

●画像のモノクロ化

Haar特徴検出器は明暗を対象としているので、カラー画像はモノクロに変換します。変換にはcv.cvtColor関数を使います（14行目）。

```
14        gray = cv.cvtColor(img, cv.COLOR_BGR2GRAY)
```

第１引数には元画像を、第２引数には変換方法を示す定数をそれぞれ指定します。定数はCOLOR_、変換元のフォーマット、リテラリの「2」、変換先のフォーマットを連結した格好になっています。ここでは「BGR 2 GRAY（モノクロ）」です（2 は to）。たいていの組み合わせが用意されていますが、意外なものが欠けていることもあるので、使用に際してはリファレンスを確認してください。

OpenCV API リファレンス "Color Space Conversions"
https://docs.opencv.org/4.x/d8/d01/group__imgproc__color__conversions.html

この関数を使えば、BGRをRGBに変換できます。第２引数の定数はcv.COLOR_BGR2RGBです。

●コントラスト調整

続いて、モノクロ画像のコントラストを調整します。明るいところはより明るく、暗いところはより暗く、明暗をはっきりさせたほうが検出しやすくなるからです。この操作を行っているのが、輝度ヒストグラムを均等化するcv.equalizeHistです（15行目）。

```
15        cv.equalizeHist(gray, gray);
```

第１引数には入力画像を、第２引数には出力画像をそれぞれ指定します（ここでは入力をオーバーライトしています）。

ヒストグラム均等化は、画像輝度のヒストグラムを描いたとき、カーブの裾の左右を最小最大値まで広げ、ピークを押しつぶすようにして均一にする操作です。図6.13に変換前（左）と後（右）のヒストグラムを示します。

図6.13 ヒストグラム均等化（左：変換前、右：変換後）

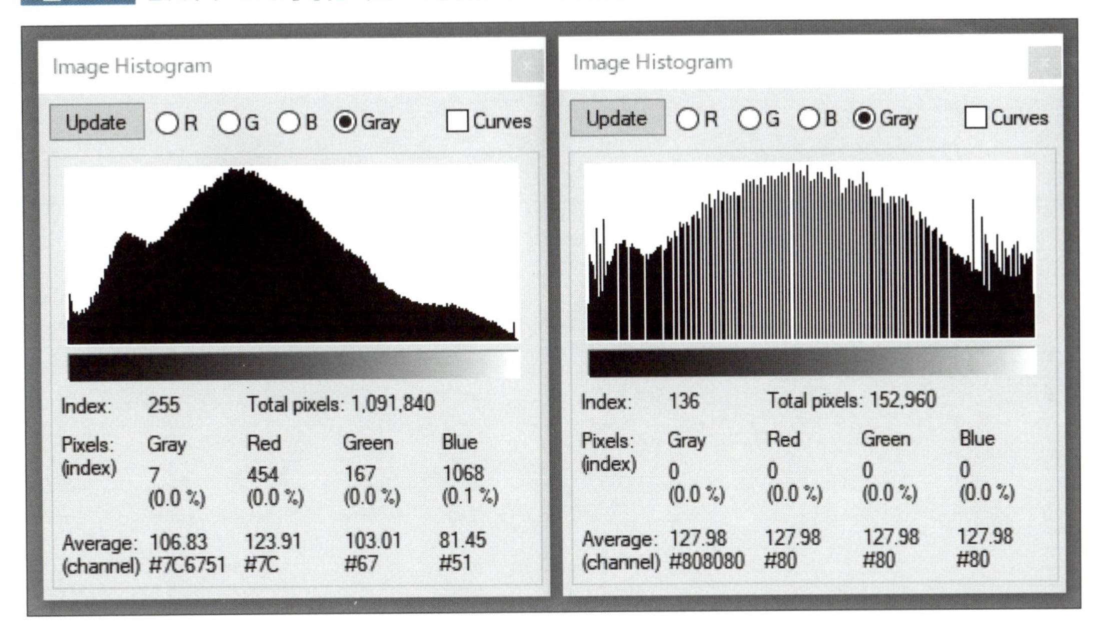

数学的な操作方法はOpenCVのチュートリアルに詳しいです。次のURLを参照してください。

OpenCV Tutorial "Histogram Equalization"

https://docs.opencv.org/4.10.0/d4/d1b/tutorial_histogram_equalization.html

●計算開始

Haar特徴検出器と入力画像の用意ができたら、`cv.CascadeClassifier.detectMultiScale`から計算を開始します（16行目）。

```
16          objects = net.detectMultiScale(gray)
```

引数にはモノクロ画像を指定します。他にもパラメータがいろいろありますが、とくに変更する必要はありません。

戻り値は2次元のnp.ndarrayです。列方向には猫顔領域の左上の座標（x, y）と、矩形の幅と高さ（width, height）が収容されています。行方向には検出された矩形が順に並べられます。よって、検出したオブジェクトをループにかけ、抽出した要素を分割代入するだけです（19～20行目）。

```
19          for rect in objects:
20              x0, y0, w, h = rect
```

第7章

テキスト起こし

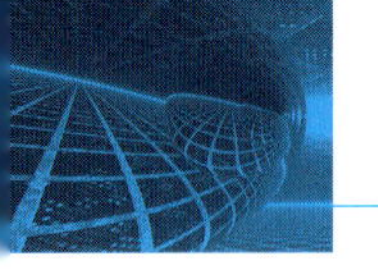

7.1　目的

●アプリケーションの仕様

音声ファイルからテキストを起こします。この「speech to text」には、OpenAIの音声認識ソフトウェアWhisperを使います[注1]。

図7.1　テキスト起こしアプリケーション（transcribe.py）

音声データがアップロードされたら、メインコンテナにオーディオプレイヤーを配置します。▶マークをクリックすれば、再生されます。データはいったんサーバ上にファイルとして保存します。

Whisperは複数の言語に対応しており、言語の自動判定もできますが、ここではラジオボタンから英語（en）か日本語（ja）かを選択します。

注1　テストに使用したArthur.mp3は、ウィスコンシン大学マディソン校のDARE（Dictionary of American Regional English）プロジェクトがサンプルとして公開している「Arthur the Rat」というお話のオーディオデータです。

処理は［文字起こし開始］ボタンを明示的にクリックすることで開始します。

処理が完了したら、テキストとともに所要時間と処理速度を表示します。図7.1では英文で約3000ワード、音声にして3分半程度の文章を起こすのに50秒ほどかかっています。ワード数単位なら約12ワード/秒の速度です。

音声認識モデルは`@st.cache_resource`でキャッシュしますが、右上の［キャッシュクリア］ボタンからクリアできます。

●紹介するStreamlitの機能

アプリケーションの実装をつうじて、次のStreamlitの機能を紹介します。

- ボタン（`st.button`）。HTMLでは`<input type="button">`に相当します。イベントハンドラ登録の`on_click`キーワード引数も併せて説明します。
- キャッシュのクリア（`function.clear`）。`@st.cache_data`や`@st.cache_resource`で作成したキャッシュをクリアします。
- オーディオプレイヤー（`st.audio`）。HTMLでは`<audio>`に相当します。

●コード

テキストを起こすスタンドアローンのスクリプトが`to_text.py`、これをWebアプリケーション化するのが`transcribe.py`です。

本章付録（7.6節）では、起こしたテキストに句読点を振る`fill_mask.py`を取り上げます。日本語に句読点が振られない本章のモデルを補完するものです。このプログラムは、第3章と第4章で用いたHugging FaceのTransformersとそのモデルを使います。

本章で掲載するファイル名付きのコードは、本書ダウンロードパッケージの`Codes/transcribe`ディレクトリに収容してあります。

7.2 外部データについて

●OpenAI Whisperモデル

本章のアプリケーションでは、OpenAI Whisperの訓練済みモデルを利用します。

Whisperモデルはtiny（小盛）からlarge（特盛）まで、サイズに応じて5種類があります。また、性能的にはほぼlargeと同等でも、速度とサイズに最適化を施したturboもあります。tinyからmediumには英語専用モデルと多言語モデルのバリエーションがあるので、トータルで10種類が提供されています[注2]。WhisperのGitHubに掲載されているモデルの一覧表を表7.1に転載します。

表7.1 Whisperモデル一覧

サイズ	パラメータ数	英語のみモデル	多言語モデル	必要なVRAM	相対速度
tiny	39 M	`tiny.en`	`tiny`	~1 GB	~32x
base	74 M	`base.en`	`base`	~1 GB	~16x
small	244 M	`small.en`	`small`	~2 GB	~6x
medium	769 M	`medium.en`	`medium`	~5 GB	~2x
large	1550 M	該当なし	`large`	~10 GB	1x
turbo	809 M	該当なし	`turbo`	~6 GB	~8x

サイズが大きければ大きいほど解析精度は高くなります（2列目のパラメータ数）。半面、必要になるメモリは膨大になり（5列目）、実行速度も遅くなります（6列目）。

英語のみモデル（3列目）は、同じサイズの多言語版と比べて英語リスニングの性能が向上しているので、英語だとわかっているターゲットで利用するとよいでしょう。もっとも、大きなモデルではそれほど差は出ないとも書かれています。

本章では多言語モデルのbase（並盛）を使用します。ファイルシステム上のサイズは約145 MBです。

利用可能なモデル名（3、4列目）は`whisper.available_models()`から取得できます。

```
>>> import whisper
>>> whisper.available_models()
['tiny.en', 'tiny', 'base.en', 'base', 'small.en', 'small', 'medium.en',
 'medium', 'large-v1', 'large-v2', 'large-v3', 'large', 'turbo']
```

モデルは、初めて使用するときに自動的にネットワークからダウンロードされます（次節で説明する`whisper.load_model`関数）。ロード中は次のようにプログレスバーが表示されます。

注2　モデルのバリエーションはバージョンによって異なります。本書ではwhisperバージョン20240930で確認しています。

```
>>> import whisper
>>> model = whisper.load_model('tiny')
100 : %|████████████████████████████████████████| 72.1M/72.1M [00:27<00:00, 2.80MiB/s]
```

データはローカルにキャッシュされます。保存場所はUnix系ならデフォルトで~/.cache/whisper、Windowsなら%HOMEPATH%\cache\whisperです。

```
$ ls -l ~/.cache/whisper/
total 215664
-rw-r--r-- 1 user     group    145262807 Aug  7 16:00 base.pt
-rw-r--r-- 1 user     group     75572083 Aug 10 16:50 tiny.pt
```


モデルファイルはHugging FaceのTransformersからも利用できます（3.3節図3.7）。「openai/whisper」で検索してください。

●テスト音声データ

音声データは自分で録音してもよいですが、テキストも提供するデータセットがあれば、精度の検証もできて便利です。幸いなことにいろいろなところがデータを提供しています。

ここではMozillaのCommon Voiceを紹介します。機械学習技術の向上を目的とした、ヒトの音声とその書き起こしテキストを提供するプロジェクトです。

Mozilla Common Voice
https://commonvoice.mozilla.org/ja

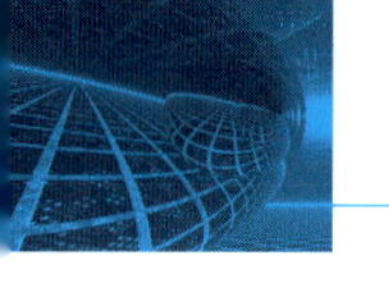

図 7.2　Mozilla Common Voice のページ

時間長はいずれも数秒と短めです。いろいろな国のいろいろな提供者が音声データあるいはテキストを提供しているので、おびただしい数のデータがあります。トップページ上端のメニューから［ダウンロード］を選択すると、アーカイブフォーマットでデータセットをダウンロードできます。対象の言語は［言語］プルダウンメニューから選択できます。

図 7.3　Mozilla の Common Voice ～データセットのダウンロード

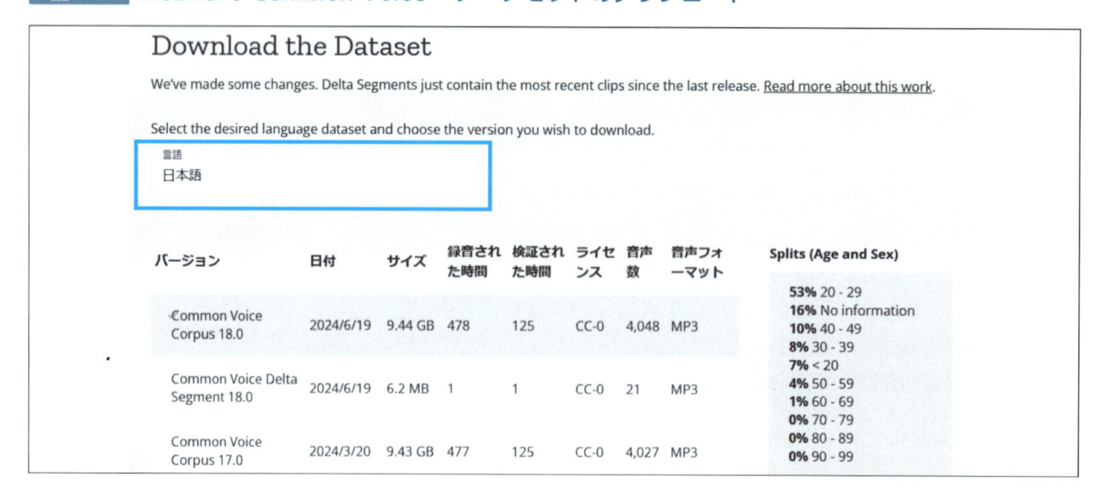

バージョン	日付	サイズ	録音された時間	検証された時間	ライセンス	音声数	音声フォーマット
Common Voice Corpus 18.0	2024/6/19	9.44 GB	478	125	CC-0	4,048	MP3
Common Voice Delta Segment 18.0	2024/6/19	6.2 MB	1	1	CC-0	21	MP3
Common Voice Corpus 17.0	2024/3/20	9.43 GB	477	125	CC-0	4,027	MP3

Splits (Age and Sex)

- **53%** 20 - 29
- **16%** No information
- **10%** 40 - 49
- **8%** 30 - 39
- **7%** < 20
- **4%** 50 - 59
- **1%** 60 - 69
- **0%** 70 - 79
- **0%** 80 - 89
- **0%** 90 - 99

時間とともにデータが追加されていくので、バージョンが上がるにつれ分量は増えます。

図7.3によると、バージョン18.0はバイト数にして9.44 GB、時間長にして478時間分のデータを収録しています。実際にニューラルネットワークを訓練するのでなければ、こんなには要りません。そこで低いバージョンのもの、あるいはバージョン間の差分をあえて選ぶのも手です。図7.3のバージョン18.0と17.0の間にある「Delta Segment 18.0」とある1時間分のものなどが差分です。

アーカイブには音声ファイルの他に、起こされたテキストも収容されています。

7.3 外部ライブラリについて

本章のアプリケーションでは、OpenAI WhisperのPython APIとオーディオ・ビデオ処理ツールのFFmpegを使用します。

●OpenAI Whisper

Whisperは、対話型生成AIのChatGPTで有名なOpenAIの音声認識および機械翻訳のモデルとそのサービスです。

Whisperはインターネットから収集した68万時間分のデータから学習したモデルで、高い精度で音声を認識できます。多くの言語に対応しており、本書執筆時点で、日本語も含めて現在57言語をサポートしています。簡単な紹介が次のOpenAIによる記事にあるので、参考にしてください。

OpenAI "Introducing Whisper"
https://openai.com/index/whisper/

Pythonベースのオープンソースは無料で利用できます。ソースコードは次のGitHubリポジトリから参照できます。

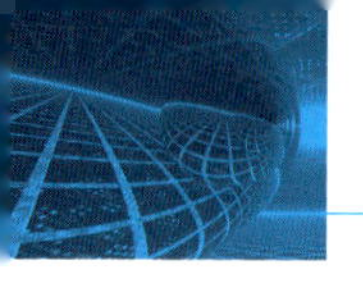

GitHub openai/whisper
https://github.com/openai/whisper

オープンソースのWhisperプログラムは、Pythonスクリプトからライブラリとして呼び出すこともできれば、コマンドラインから実行することもできます。かなりそっけないですが、用法はソースのREADMEに示されています。本章ではライブラリとしてのみ用います。

コマンドラインプログラムも含んだライブラリはpipから導入します。

```
$ pip install openai-whisper
```

インポートモジュール名はwhisperです。

```
import whisper
```

Streamlitにアップロードされた音声データはいったんファイルに落としてから、データ読み込みメソッドのwhisper.transcribeに入力します。

●FFmpeg

Whisperは、FFmpegというコマンドライン指向のオーディオ・ビデオ処理ツールを使ってオーディオフォーマットを相互変換します。

FFmpegのサイトwww.ffmpeg.orgはソースしか提供していませんが、バイナリ提供先のリンクを次のページから示しています。

FFmpeg ダウンロードページ
https://www.ffmpeg.org/download.html

図7.4 FFmpegダウンロードページ

Windowsならなどのアーカイブ形式をダウンロードし、展開すれば実行形式（*.exe）が得られます。

前出のWhisper GitHubリポジトリREADMEには、パッケージマネージャによるインストール方法がプラットフォーム別に示されています。以下に転載します。

```
sudo apt update && sudo apt install ffmpeg    # on Ubuntu or Debian
sudo pacman -S ffmpeg                         # on Arch Linux
brew install ffmpeg                           # on MacOS using Homebrew
choco install ffmpeg                          # on Windows using Chocolatey
scoop install ffmpeg                          # on Windows using Scoop
```

パッケージマネージャによっては古いバージョンのものがインストールされますが、とくに問題はありません。

インストールが完了すれば、プロンプトからffmpegコマンドを実行できます。-versionオプションから試してみます。正しくインストールされていれば、バージョンとコンパイル時の設定情報が表示されます。

```
$ ffmpeg -version
ffmpeg version 4.4.2-0ubuntu0.22.04.1 Copyright (c) 2000-2021 the FFmpeg developers
built with gcc 11 (Ubuntu 11.2.0-19ubuntu1)
 ⋮
```

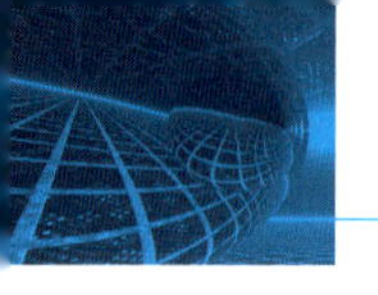

本書では直接は利用しませんが、VOBファイルをaviに落とす、あるいはオーディオフォーマットを変換するといった、オーディオビジュアル系の操作ならたいていはできるので、使ってみるのもよいでしょう。使い方はメインページの［Documentation］から調べられます。

7.4 テキスト起こし

●コード

Whisperを用いたテキスト起こしスクリプトto_text.pyのコードを次に示します。

リスト7.1 to_text.py

```
1    import time
2    import whisper
3
4    def prepare_model(size='base'):
5        model = whisper.load_model(size)
6        return model
7
8
9    def transcribe(audio_file, lang):
10       result = model.transcribe(audio_file, fp16=False, language=lang)
11       return result['text']
12
13
14   def performance():
15       start_time = time.perf_counter()
16
17       def get_stats(text, lang):
18           end_time = time.perf_counter()
19           duration = end_time - start_time
20
21           if lang == 'en':
22               wps = len(text.split()) / duration
23               unit = 'words/s'
24           else:
```

```
25              wps = len(text) / duration
26              unit = '文字/s'
27
28          return {
29              'duration': duration,
30              'wps': wps,
31              'unit': unit
32          }
33
34      return get_stats
35
36
37  if __name__ == '__main__':
38      from sys import argv
39
40      model = prepare_model()
41
42      perf = performance()
43      text = transcribe(argv[1], argv[2])
44      stats = perf(text, argv[2])
45      print(f'''
46          実行時間 {stats['duration']:.2f} seconds
47          速度 {stats['wps']:.2f} {stats['unit']}
48      ''')
49
50      print(text)
```

例によって、Streamlit側で`@st.cache_resource`で修飾できるよう、モデル取得（`prepare_model`）と計算（`transcribe`）の関数を分けています。コードの長さからわかるように、大半の作業はWhisperのAPIがやってくれます。

性能を評価する`performance`関数も加えました（14〜34行目）。中身はシンプルで、計測を開始したい処理の前で`performance`を呼び出し（42行目）、処理の直後に`performance`が返した関数を、テキストと使用言語を指定して呼び出すだけです（44行目）。開始時点の時刻（`time.perf_counter`）をクロージャーで閉じ込めているところがポイントです（15行目）。

内部関数（17〜32行目。呼び出しは44行目）が返すのは、実行時間（`duration`）、単

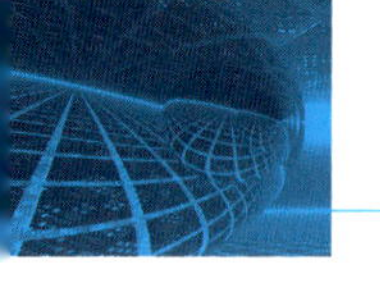

位時間あたりの処理単語数（wps）、その単位（unit）からなる辞書です（28～32行目）。処理「単語」数は、英語なら文字どおり単語なので、テキストを空白で分けて総単語数をカウントします（22行目）。単位は「words/s」です（23行目）。日本語では「文字/s」が単位です（26行目）。

●実行例

テストします注3。テスト用のメインは、第1引数から音声データファイルを、第2引数から言語名を受け付けます。

```
$ python to_text.py aps-smp.mp3 ja

        実行時間 14.38 seconds
        速度 16.14 文字/s

パラ弦後情報ということなんですが 簡単に最初に復習をしておきたいと思いますこうやって話して
おりますと それはもちろん言語的情報を伝えるということが一つの重要な目的になんでありますが
同時にパラ弦後情報そして日言語情報が伝わっております...
```

警告がいくつか上がってくるかもしれませんが、いずれも無害なものです。
句読点がなくて読みにくいのが難点です。これについては本章付録で対処します。

●モデルデータの読み込み

Whisperの多言語版baseモデルを`whisper.load_model`から読み込みます（5行目）。

```
4   def prepare_model(size='base'):
5       model = whisper.load_model(size)
6       return model
```

必須の第1引数にはモデルの名称（サイズ）を指定します。
ダウンロードしたモデルファイルを収容するディレクトリは、デフォルトの~/.cahce/

注3　テストデータには国立国語研究所・言語資源開発センターが提供する音声サンプルの音声データを使っています。

whisper (Unix) または%HOMEPATH\cache\whisper (Windows) で十分ですが、キーワード引数のdownload_rootから変更もできます。

戻り値はWhisperオブジェクトです。

●テキスト起こし

モデルからテキストを起こすには、Whisper.transcsribeメソッドです（9行目）。

```
 9    def transcribe(audio_file, lang):
10        result = model.transcribe(audio_file, fp16=False, language=lang)
11        return result['text']
```

第1引数にはファイル名を指定します。サポートしているオーディオフォーマットはmp3、mp4、mpeg、mpga、m4a、wav、webmの7種類です。ファイル以外にはWAVフォーマットを収容したnp.ndarrayやtorch.Tensorも指定できますが、Streamlitでの利用では一般的ではないでしょう。

st.file_uploderが返すUploadedFileあるいはそこから得られるio.BytesIOやbytesは受け付けないので、一時ファイルに落としてから、Whisper.transcribeにかけます。

メソッドの戻り値は辞書（dict）です。起こしたテキストをすべて収録しているのは、そのtextキーです（11行目）。

●言語の指定方法

言語の種類は2文字の小文字のコード、またはあらかじめ定められた言語名から指定します。日本語なら"ja"（"japanese"）、英語なら"en"（"english"）です。サポートされている言語名は、次のOpenAIガイドの「Supported languages」セクションに示されています。全部で57言語です。

OpenAI Platform Documents “Speech to text”
https://platform.openai.com/docs/guides/speech-to-text

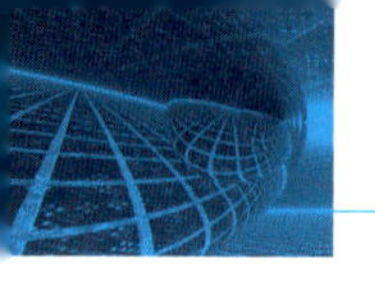

言語2文字コードはISO 639-1で定義されており、その一覧はWikipediaの次のページから調べられます。

Wikipedia “ISO 639-1 コード一覧”
https://ja.wikipedia.org/wiki/ISO_639-1コード一覧

Whisperモジュールのtokenizerクラスに収容されているLANGUAGES定数は、サポートしている言語を2文字コードの側をキー、言語名を値とした辞書として収容しています。サポートしている言語の数を確認します。

```
>>> len(whisper.tokenizer.LANGUAGES)
100
```

先ほどの「57言語」と数が合いません。これは、モデル自体は98言語で訓練されたものの、エラー率が一定以下の言語のみをリストしているからだそうです。そうした言語（たとえばラテン語やオクシタン語）も認識できないわけではないものの、精度はかなり低いとされています（残り2言語がどうなっているかは不明）。

●FP16の警告

Whisper.transcribeが次の警告を発することがあります。

```
warnings.warn("FP16 is not supported on CPU; using FP32 instead")
```

浮動小数点数（Floating Point）のデータ型がCPUに合わないと言っています。オーディオデータのデータ型がデフォルトで16ビットだからです。自動的に32ビット浮動小数点数にフォールバックするので計算上は問題ありませんが、メモリサイズが大きくなります。

警告が気になるときは、最初から32ビット浮動小数点数を使うよう、Whisper.transcribeのオプションfp16にFalseをセットします（10行目）。デフォルトはTrueです。

7.5 テキスト起こしアプリケーション

●コード

音声データファイルからテキストを起こすtranscribe.pyのコードは次のとおりです。

リスト7.2 transcribe.py

```
1   from tempfile import NamedTemporaryFile
2   import streamlit as st
3   from to_text import prepare_model, transcribe, performance
4
5   @st.cache_resource
6   def get_model(size='base'):
7       print('Loading the model.')
8       model = prepare_model(size)
9       return model
10
11
12  left, right = st.columns([3,1])
13  left.header('テキスト起こし')
14  right.button('キャッシュクリア', on_click=get_model.clear)
15
16  with st.sidebar:
17      audio_binary = st.file_uploader('💬 **音声ファイル**', type=['mp3'])
18      lang = st.radio('🌏 **言語**', ['en', 'ja'], horizontal=True)
19      start = st.button('🔤 **文字起こし開始**',
20                        disabled=True if audio_binary is None else False)
21
22  model = get_model()
23
24  if audio_binary is not None:
25      st.audio(audio_binary)
26
27      if start is True:
28          with NamedTemporaryFile() as temp:
29              audio_bytes = audio_binary.getvalue()
```

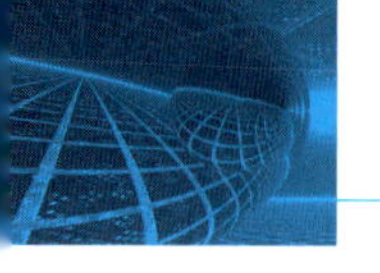


```
30                temp.write(audio_bytes)
31                temp.seek(0)
32
33                perf = performance()
34                text = transcribe(model, temp.name, lang)
35                stats = perf(text, lang)
36                st.write(text)
37
38                st.sidebar.divider()
39                st.sidebar.text(f'''
40                    ファイルタイプ {audio_binary.type}
41                    実行時間 {stats['duration']:.2f} seconds
42                    速度 {stats['wps']:.2f} {stats['unit']}
43                ''')
```

●ボタン

ボタン類はサイドバーに配置します（16行目）。ファイルアップロード（17行目）、言語設定のラジオボタン（18行目）、それと文字起こし開始のボタンです（19～20行目）。

```
16 with st.sidebar:
17     audio_binary = st.file_uploader('💬 **音声ファイル**', type=['mp3'])
18     lang = st.radio('🌏 **言語**', ['en', 'ja'], horizontal=True)
19     start = st.button('🔤 **文字起こし開始**',
20                       disabled=True if audio_binary is None else False)
```

ボタン配置コマンドはst.buttonです。HTMLの<input type="button">に相当します。

第1引数には、ボタン上のテキストを指定します。他のウィジェット同様、マークダウンも使えます。

disabledキーワード引数にTrueをセットするとボタンがグレーアウトし、クリックできなくなります。デフォルトはFalse（アクティブ）です。ここではst.file_uploaderがファイルをまだ受け取っていないとき（戻り値のaudio_binaryがNone）、ボタンをグレーアウトしています（20行目の3項演算子）。

無効化のキーワード引数disabledは、すべてのユーザインタフェース系ウィジェットで共通です。たとえば、テキスト入力のst.text_inputやプルダウンメニューの

st.selectboxなどでも使えます。

●クリックイベント

メインコンテナの上部には表題（13行目）とキャッシュクリアのボタン（14行目）を配置します。st.columnsで3：1に分割している（12行目）のは、ボタンを右に寄せたいからです（3.7節で紹介したフィールド幅制限のバリエーション）。

```
12    left, right = st.columns([3,1])
13    left.header('テキスト起こし')
14    right.button('キャッシュクリア', on_click=get_model.clear)
```

st.buttonのon_clickは、クリックイベントが発生すると呼び出される関数を指定するキーワード引数です。イベントが発生するとスクリプトは先頭から再実行されますが、イベント処理関数は必ず最初に呼び出されます。

名称は違いますが、機能的には4.7節で説明したon_changeと同じです。ユーザインタフェース系ウィジェットコマンドの大半はon_changeを使いますが、ボタン系のコマンドのみon_clickを使います（st.button、st.download_button、st.form_submit_button）。イベントハンドリング用の引数がないコマンドもあります（st.link_button、st.page_link）。

●キャッシュのクリア

キャッシュ生成のデコレータは、キャッシュをクリアする.clearメソッドを対象となった関数に加えます。ここでのキャッシュ付き関数の名前はget_model（6行目）なので、get_model.clearがクリアのメソッドです。14行目ではイベントハンドラに登録する都合上、関数名で指定していますが、通常は()を付けて呼び出します。

```
14    right.button('キャッシュクリア', on_click=get_model.clear)
```

ここでキャッシュ機能について補足説明します。

.clearはその関数のキャッシュしか削除しませんが、st.cache_resource.clearはリソー

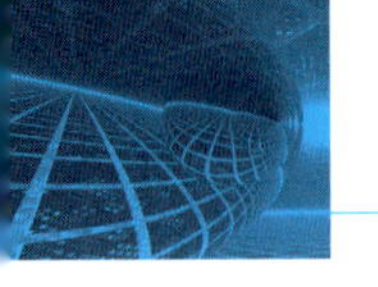

スのキャッシュすべて、st.cache_data.clearはデータのキャッシュすべてをクリアします。デコレータとして使ってはいないので、先頭に@がないところに注意してください。

これらキャッシュ制御関数にはいくつかキーワード引数があります。persist、ttl、max_entriesです。

■キャッシュの恒久化

persistにTrueをセットすると、キャッシュデータをサーバローカルに保存することで恒久化できます。これにより、サーバが再起動しても以前のキャッシュデータが利用できます。デフォルトのFalseでは、サーバプロセスが終了すれば、キャッシュも消えます。

次のように使います。

```
@st.cache_data(persist=True)
def caching_function():
```

ファイルは~/.streamlit/cache/に保存されます。自動で消去されるわけではないので、不要になったら手作業で整理しなければなりません。

■残存時間

ttlからはキャッシュの最大残存時間（time-to-live）を指定できます。残存時間を過ぎれば、キャッシュは自動的にメモリから消去されます。整数あるいは浮動小数点数表記なら単位は秒です。"1d"や"1h23h"などの文字表記も使えます。記法は、pandasのTimedeltaコンストラクタで使える時間表記と同じです。デフォルトのNoneではキャッシュは消去されません。また、persistとは競合するので、persistが指定されるとttlは無視されます。

次のように使います。

```
@st.cache_data(ttl='1d')
def caching_function():
```

■エントリ数

関数のキャッシュは異なる入力と出力の組のぶんだけ保存されますが、entriesからは、保持できる最大のエントリ数をセットできます（整数指定）。この値を超えると、古いものから順に自動で削除されます。デフォルトはNoneで、無制限を意味します。
次のように使います。

```
@st.cache_resource(max_entries=10)
def caching_function():
```

●オーディオプレイヤー

17行目のst.file_uploaderはtype引数でmp3だけを受け取るように設定されていますが、7.4節で説明したように、Whisper.transcribeは7種類のオーディオフォーマットを受け付けます。必要ならリストにフォーマットを追加してください。

```
17        audio_binary = st.file_uploader('💬 **音声ファイル**', type=['mp3'])
```

受け取ったUploadedFileオブジェクトは、そのままオーディオプレイヤーのst.audioコマンドに指定できます（25行目）。HTMLでは<audio>に相当するコマンドです。

```
24    if audio_binary is not None:
25        st.audio(audio_binary)
```

第1引数にはオーディオデータを指定します。ローカルファイル、URL、バイナリデータ（bytes）も受け付けます。
バイナリ内のフォーマットは自動認識されますが、メディアタイプ文字列をオプションのformatキーワード引数から指定できます（たとえば、MP3オーディオはMPEGで規定されているのでformat="audio/mpeg"）。
他にも、自動再生のautoplay、繰り返しのloopなどのオプション引数があります。基本は<audio>の属性と同じものです。必要なものがあれば、リファレンスを参照してください。

●一時ファイル

オーディオデータがアップロードされ、［文字起こし開始］ボタン（19行目）がクリッ

クされていれば、データを7.4節で用意したtranscribeに投入します。が、その前に、データをローカル一時ファイルに保存します。

一時ファイルの生成には、Python標準ライブラリのtempfile.NamedTemporaryFileを使います。

```
 1  from tempfile import NamedTemporaryFile
 ⋮
27      if start is True:
28          with NamedTemporaryFile() as temp:
29              audio_bytes = audio_binary.getvalue()
30              temp.write(audio_bytes)
```

tempfile.NamedTemporaryFileはファイルシステムから可視な（エクスプローラからも見える）、一時的な名前のあるファイルを生成します（Unixでは/tmpに生成されます）。引数はいろいろありますが、ただバイナリデータを書き込むだけなら、なにも指定する必要はありません。

戻り値は同名のオブジェクトです。このオブジェクトはオープンしたファイルと同じように使えるので、そのままwriteメソッドでデータを書き込めます（30行目）。オブジェクトとファイルは、ファイルが閉じられたら自動的に削除されます。28行目のように、普通のファイルのオープン同様、withでくくって使うのが一般的です。

データを書き込んだら、seekでファイルポインタをファイルの先頭に持ってきます。30行目の書き込み操作でファイルポインタがファイル末尾を指すため、そのままでは、Whisperが読むべきデータがないと判断するからです。

```
31              temp.seek(0)
```

一時ファイルが用意できれば、あとはtranscribeを呼び出し（34行目）、結果をメインコンテナに書き出します（36行目）。

```
33              perf = performance()
34              text = transcribe(model, temp.name, lang)
35              stats = perf(text, lang)
36              st.write(text)
```

得られた統計データはサイドバーに書き出します（39～43行目）。

```
39          st.sidebar.text(f'''
40              ファイルタイプ {audio_binary.type}
41              実行時間 {stats['duration']:.2f} seconds
42              速度 {stats['wps']:.2f} {stats['unit']}
43          ''')
```


7.6 付録：句読点の挿入

●マスク言語モデル

Whisper.transcribeは英文なら句読点を打ちますが、日本語には入れてくれません。本付録では、句読点のない文に句読点を補完します。

句読点も含めて、本来あるべきところにない単語を推定する自然言語処理のモデルをマスク言語モデルといいます。利用するのは、第4章で使ったHugging FaceのTransformersとfill-maskタスクのモデルです。このモデルの概要は、次に示すHugging Faceのページに示されています。

Hugging Face "Fill-Mask" タスク
https://huggingface.co/tasks/fill-mask

日本語対応のfill-maskタスクのモデルはいくつかありますが、ここでは東北大学が開発したtohoku-nlp/bert-base-japaneseを使います。

Hugging Face Hub - tohoku-nlp
https://huggingface.co/tohoku-nlp/bert-base-japanese

図7.5 東北大学のマスク言語モデルのページ

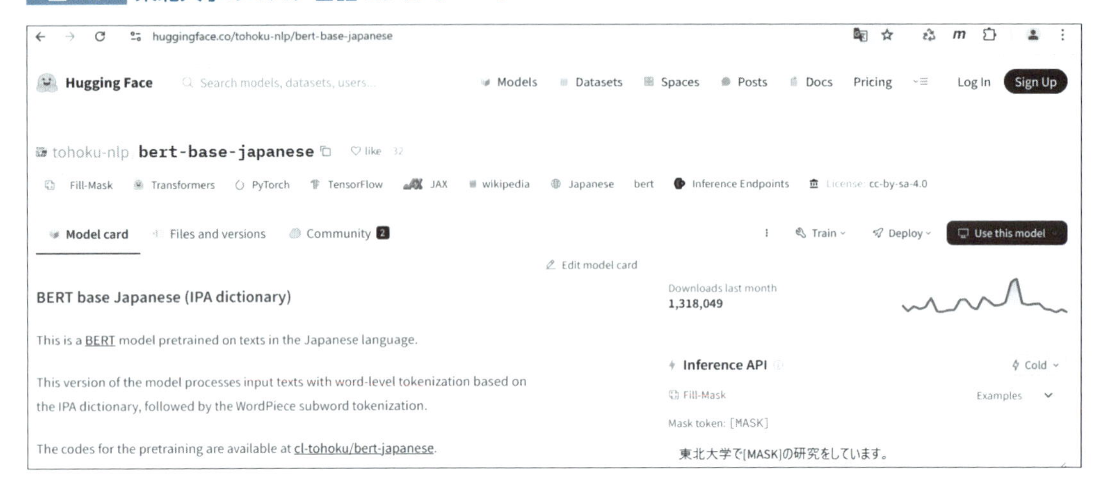

このモデルは、単語分割機構にPython版のMeCab（fugashi）および関連する辞書を用います。これら依存パッケージは次のようにpipからインストールできます。

```
$ pip install transformers["ja"]
```

●コード

テキストに句読点を補完するfill_mask.pyのコードは次のとおりです。

リスト7.3 fill_mask.py

```
1     from janome.tokenizer import Tokenizer
2     from transformers import pipeline
3
4     TASK = 'fill-mask'
5     MODEL = 'tohoku-nlp/bert-base-japanese'
6
7     def splitter(text):
8         t = Tokenizer()
9         text = ''.join(text.split())
10        tokens = [w.surface for w in t.tokenize(text)]
11        masked_text = '[MASK]'.join(tokens) + '[MASK]'
```

```
12
13        pipe = pipeline(TASK, model=MODEL)
14        results = pipe(masked_text)
15
16        replaced = []
17        for res, token in zip(results, tokens):
18            first = res[0]
19            replaced.append(token)
20            if first['token_str'] in ['、', '。'] and first['score'] > 0.3:
21                replaced.append(first['token_str'])
22
23        return ''.join(replaced)
24
25
26
27    if __name__ == '__main__':
28        from sys import argv
29        text = ''.join(argv[1:])
30        sentences = splitter(text)
31        print(sentences)
```

コマンドラインから実行するときは、引数からテキストを入力します。29行目は、スペース区切りのテキストが入力されたときの措置です。

●入力テキストの分解

モデルは文章の欠落個所に[MASK]というマーカーが入っていると仮定しています。たとえば、次の句読点のない文章を考えます[注4]。

```
彼の趣味は箱庭であり鉄道の方はあとからついてきた
```

人力で句読点の入りそうなところにチェックを入れるなら、次のようになるでしょう（原典では２番目が読点、４番目が句点。他はなし）。

注4　円城塔『鉄道模型の夜』（青空文庫、図書カード番号61171）より。

```
彼の趣味は[MASK]箱庭であり[MASK]鉄道の方は[MASK]あとからついてきた[MASK]
```

しかし、入りそうなところを探す前に入りそうなところを指定しろ、というのは無理な相談です。そこで、文を単語に分け、間すべてにマーカーを埋めます。文の単語分解にはJanomeを使います（8～11行目）。

```
1    from janome.tokenizer import Tokenizer
⋮
8        t = Tokenizer()
9        text = ''.join(text.split())
10       tokens = [w.surface for w in t.tokenize(text)]
11       masked_text = '[MASK]'.join(tokens) + '[MASK]'
```

Whisperの出力には空白文字が入ることもあるので、処理前にそれらを除きます（9行目）。あとは、単語単位に分解し（10行目）、間に[MASK]を入れるだけです（11行目）。末尾にも加えているのは、そこに句点が入るかもしれないからです。

●欠落の推定

Transformersのpipelineを使って、[MASK]のある個所の欠落を推定します（13～14行目）。

```
2    from transformers import pipeline
3
4    TASK = 'fill-mask'
5    MODEL = 'tohoku-nlp/bert-base-japanese'
⋮
13       pipe = pipeline(TASK, model=MODEL)
14       results = pipe(masked_text)
```

出力のresultsはリストで、[MASK]の数だけ要素が収容されています。先ほどの「彼の趣味は…」なら4つです。それぞれの要素はリストで、中に欠落を埋める候補の辞書が含まれています。次に最初の[MASK]の「**彼の趣味は[MASK]箱庭であり**」のもの（results[0]）を示します。

```
>>> len(results)                              # 4要素
4
>>> results[0]                                # 0番目（最初の[MASK]）
[
  {'score': 0.34046003222465515,
   'sequence': '[CLS] 彼 の 趣味 は 、 箱庭 で あり [MASK] 鉄道 の 方 は ...',
   'token': 6,
   'token_str': '、'},
  {'score': 0.16515780985355377,
   'sequence': '[CLS] 彼 の 趣味 は いつも 箱庭 で あり [MASK] 鉄道 の 方 は ...',
   'token': 9749,
   'token_str': 'いつも'},
  {'score': 0.058206915855407715,
   'sequence': '[CLS] 彼 の 趣味 は もっぱら 箱庭 で あり [MASK] 鉄道 の 方 は ...',
   'token': 14523,
   'token_str': 'もっぱら'},
  {'score': 0.037497758865356445,
   'sequence': '[CLS] 彼 の 趣味 は もともと 箱庭 で あり [MASK] 鉄道 の 方 は ...',
   'token': 4699,
   'token_str': 'もともと'},
  {'score': 0.02706746757030487,
   'sequence': '[CLS] 彼 の 趣味 は ほとんど 箱庭 で あり [MASK] 鉄道 の 方 は ...',
   'token': 1297,
   'token_str': 'ほとんど'}
 ]
```

辞書は4つのプロパティからなり、token_strが欠落個所を埋める候補の文字列、scoreがその確率です。最初のエントリは「彼の趣味は、」となる確率が34%と読めます。sequenceは該当箇所を候補文字列で埋めた入力文、tokenはトークン（単語）の識別番号なので、ここでは使いません。

要素は確率の高い順に並んでいるので、最初のもの（18行目）で、token_strが句読点（20行目）であり、scoreが一定以上のもの（20行目）だけを抽出して、間に埋めます（21行目）。他は無視します。

```
16        replaced = []
17        for res, token in zip(results, tokens):
18            first = res[0]
19            replaced.append(token)
20            if first['token_str'] in ['、', '。'] and first['score'] > 0.3:
21                replaced.append(first['token_str'])
22
23        return ''.join(replaced)
```

●実行例

「彼の趣味は...」の結果を次に示します。単語分割はMeCabが機械的に行っているので、手動のときとは微妙に結果は異なります。

```
$ TEXT='彼の趣味は箱庭であり鉄道の方はあとからついてきた'
$ python fill_mask.py $TEXT
彼の趣味は、箱庭であり、鉄道の方は、あとからついてきた。
```

なお、20行目で指定している「確率が30%より大きい」は試行の結果決めたもので、この値が最適というわけではありません。

7.4節で得た「パラ弦後情報ということなんですが…」も試します。

```
$ TEXT='パラ弦後情報ということなんですが 簡単に最初に復習をして ... 伝わっております'
$ python fill_mask.py $TEXT
パラ弦後情報ということなんですが、簡単に、最初に復習をしておきたいと思います。こうやって話しておりますと。それは、もちろん、言語的情報を伝える、ということが、一つの重要な目的になんでありますが、同時に、パラ弦後情報、そして日言語情報が伝わっております。
```

一部違和感のあるところもありますが、読みやすくするという点では、おおむね成功しています。読点を入れすぎなようにも思えますが、書き手のスタイルによっては、これくらい入れることもあるでしょうし、許容範囲です。

第8章

データアプリケーション

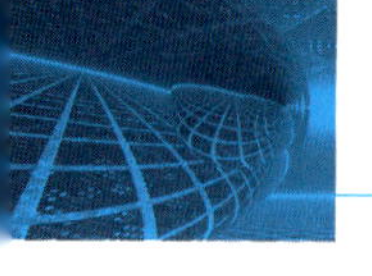

8.1 目的

●アプリケーションの仕様

表データを視覚化するデータアプリケーションを作成します。

データは総務省統計局が公開している都道府県・年別の人口データとします。次の方法でこのデータを視覚化します。

- 表（第1タブ）。取り込んだデータを整形し、表として表示します。
- グラフ（第2タブ）。折れ線グラフと棒グラフで示します。特定の都道府県を選択できるようにします。
- 地図（第3タブ）。日本地図の上に、都道府県の人口を示す大きさで円を描きます。

スクリプトは2本です。表題や注釈など夾雑物の混じったExcelデータを整形し、都道府県庁の緯度経度を加えるデータ処理のもの（population.py）と、それを視覚化するStreamlitスクリプト（data_app.py）です。データアプリケーションを得意とするStreamlitだけあって、整った表データさえあれば、コマンド1つで多様な表や図を作成できます。

データ処理には数表を得意とするpandasを用います。もっとも、本章で活用する機能はごく一部で、ExcelおよびCSVを表として読み、不要な行や列を削除し、2枚の表を結合するだけです。

■データソースへのリンク

メインコンテナには、人口データと緯度経度情報のデータソースへのリンクを配置します。マウスホバーすればリンク先URLが表示され、クリックすればその先へジャンプします。

図8.1 データアプリケーション～ソースへのリンク（data_app.py）

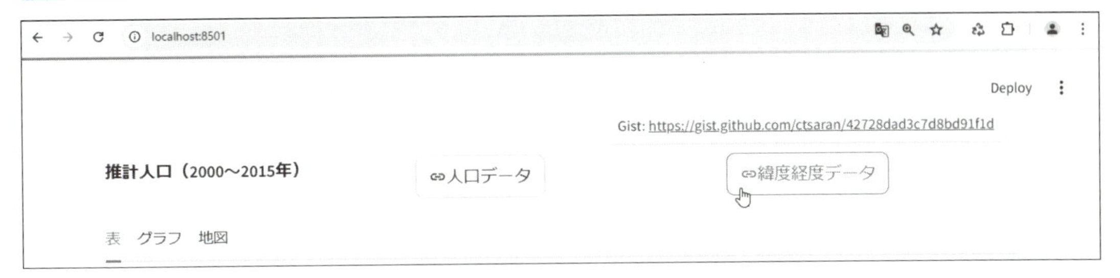

■表

第1タブの「表」の画面を図8.2に示します。

図8.2 データアプリケーション～表（data_app.py 第1タブ）

表　グラフ　地図

	↓緯度	経度	Y2000	Y2001	Y2002	Y2003	Y2004	Y2005	Y2006	Y2007	Y2008	Y2009	Y2010	Y2011	Y2012
北海道	43.064	141.3479	5,683	5,680	5,672	5,663	5,650	5,628	5,605	5,579	5,548	5,524	5,506	5,488	5,465
青森県	40.8246	140.7406	1,476	1,473	1,467	1,459	1,448	1,437	1,424	1,409	1,395	1,383	1,373	1,363	1,350
秋田県	39.7186	140.1023	1,189	1,183	1,175	1,165	1,156	1,146	1,134	1,121	1,109	1,097	1,086	1,075	1,063
岩手県	39.7035	141.1527	1,416	1,413	1,407	1,401	1,395	1,385	1,375	1,364	1,352	1,340	1,330	1,315	1,306

表は2つのデータを組み合わせたものです。左側の2列はGitHub（GIST）から入手したもので、都道府県庁所在地を緯度と経度で示します。3列目以降の人口データ（単位千人）はオリジナルから大幅に整形しています。

表はインタラクティブに操作できます。

列の幅は枠線をマウスでつかんで広げたり、狭めたりできます。図8.2では緯度と経度の間の枠線を掴んでおり、マウスカーソルが左右引っ張りに変わっています。

水平垂直どちらの方向でも、表の中身がコンテナより大きければスクロールバーが表示されます。図8.2では縦スクロールバーが右側に表示されています。

列見出しをクリックすると、その配下の値をベースに行をソートできます。図8.2では緯度の昇順に並び替えているので、下向き矢印がセルに表示されています。上向き矢印なら降順、矢印がなければもともとの順です。

表の上でマウスをホバーさせると、図8.2右上のように操作メニューが表示されます。左から順に⤓ダウンロード、🔍検索、⛶フルスクリーンモードです。ダウンロードアイコンからは、データをCSVとしてダウンロードできます。

●グラフ

第2タブの「グラフ」の画面を図8.3に示します。

図8.3 データアプリケーション～グラフ（data_app.py タブ 2）

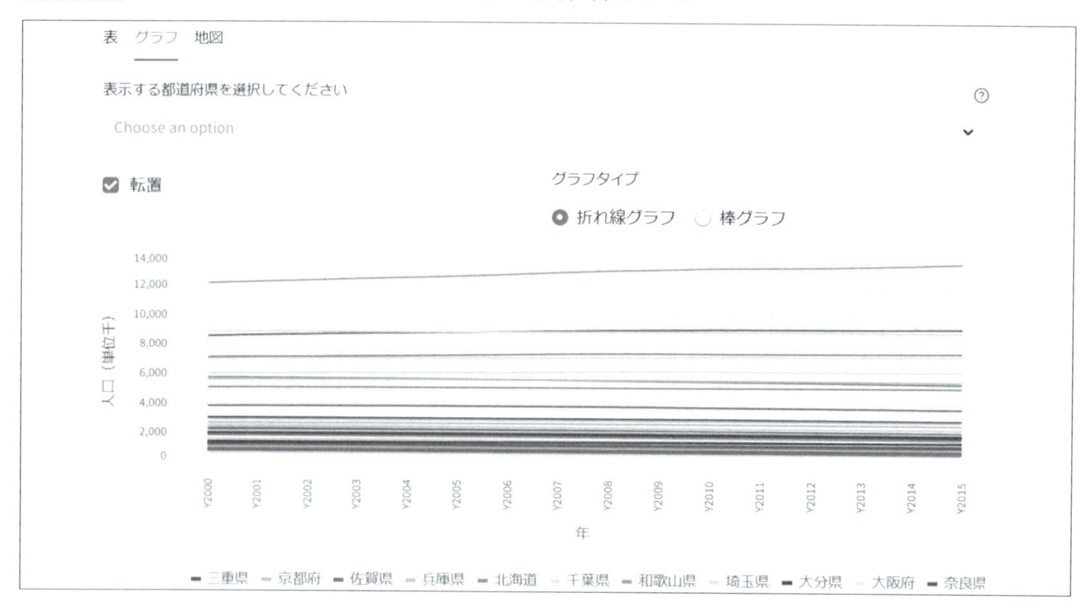

グラフのスタイルは折れ線グラフか棒グラフで、ラジオボタンから選択します。 デフォルトでは折れ線です。

横軸は年、縦軸は人口（単位千人）です。都道府県それぞれの人口は色を変えた折れ線で示されます。

47本もあると混んでしまうので、「表示する都道府県を選択してください」と示された上部の項目選択フィールドから都道府県を選べるようになっています。デフォルトは未選択状態で、すべての都道府県が表示されます。このユーザインタフェースでは、プルダウンメニューから選択した項目がフィールドに移動します。フィールド上の項目の×をクリックすれば、フィールドから消えてプルダウンメニューに戻ります。

図 8.4 項目選択フィールド～選択結果

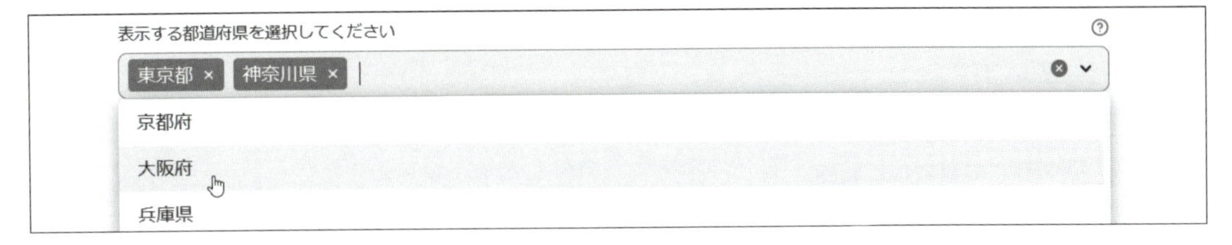

4都府県を選んだ状態の画面を図8.5に示します。

図 8.5 項目選択フィールド～選択結果

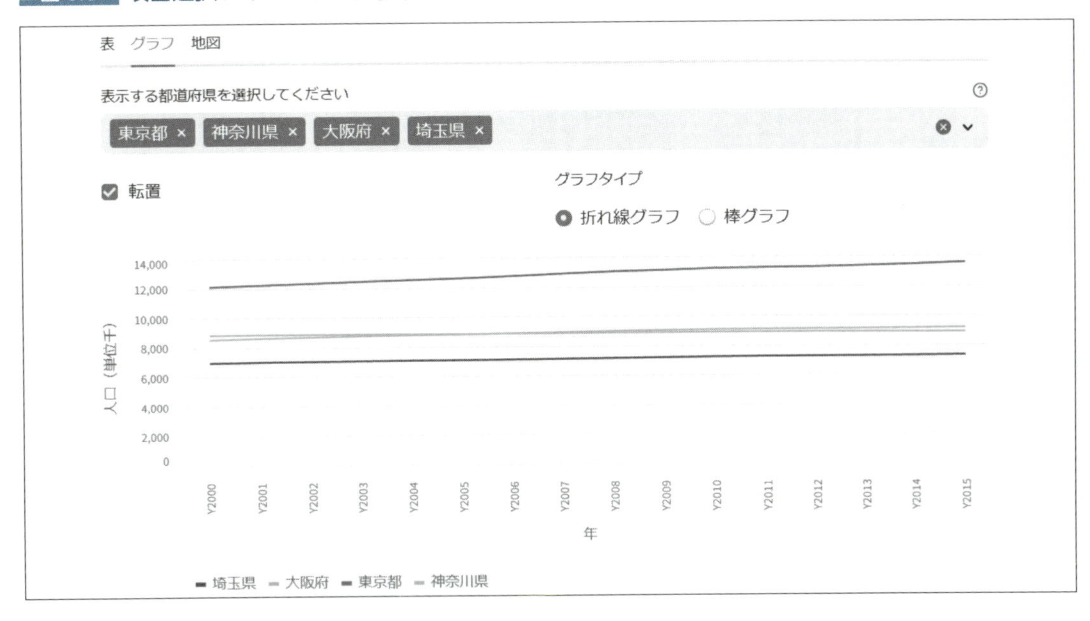

項目選択フィールドの下にある［転置］チェックボックスから、表の年と都道府県の行列を入れ替えられます。この操作を、数学では転置（transpose）といいます。

未操作のもともとの表では、都道府県が縦に、年が横に並んでいます（図8.10および8.11参照）。この状態では、グラフ横軸は都道府県です。それぞれの年のデータは、年次順に横に並べた棒または折れ線の1点で表現されます。これを転置すると、表の上では年が縦に、都道府県が横になり、グラフでは横軸が年、グラフの個々の棒や点が都道府県に変わります。ここまでの図ではチェックが入っていたので、グラフの表現はこちらです。

項目選択フィールドの下にある［グラフタイプ］のラジオボタンから、折れ線グラフと

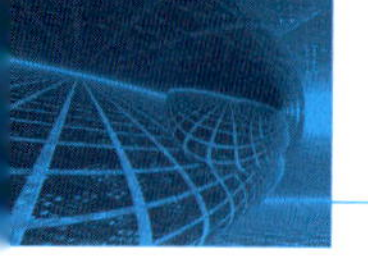

棒グラフを入れ替えられます。

図8.6では４都県を選択し、転置のチェックを外して（横軸が都道府県名になる）、棒グラフで描いています。

図 8.6 棒グラフに変更して転置

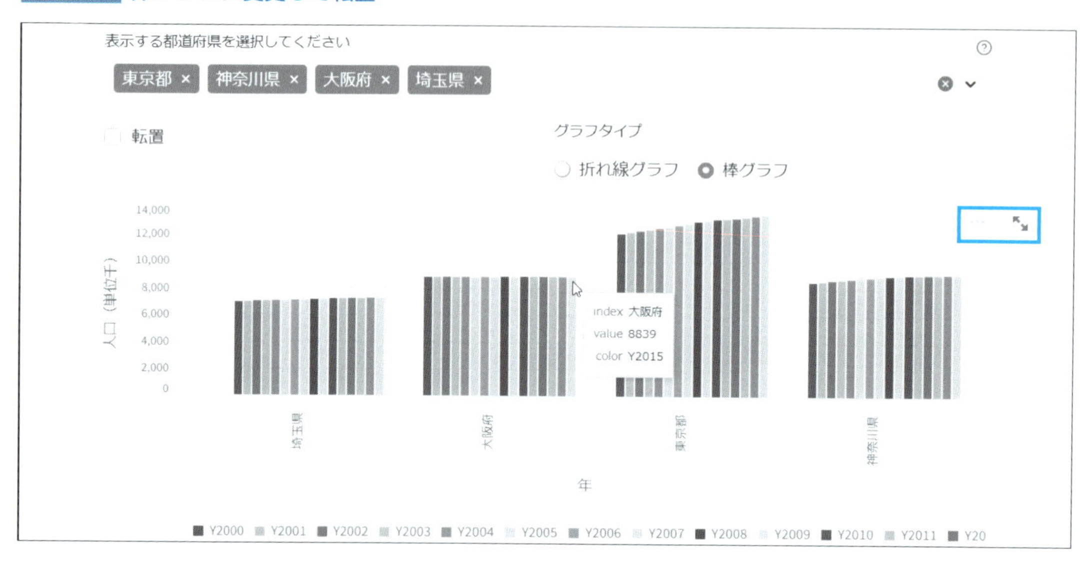

グラフもインタラクティブに操作できます。棒や線の上にマウスをホバーさせれば、値が表示されます。グラフ右上に現れる…３点ドットはメニューで、グラフを画像としてダウンロードできます。グラフはつかんで動かせ、またマウスホイールを動かすことで拡大縮小します。⤡斜め双方向矢印アイコンをクリックすれば、フルスクリーンモードです。

●地図

第３タブの「地図」の画面を図8.7に示します。

図 8.7 データアプリケーション〜地図（data_app.py タブ 3）

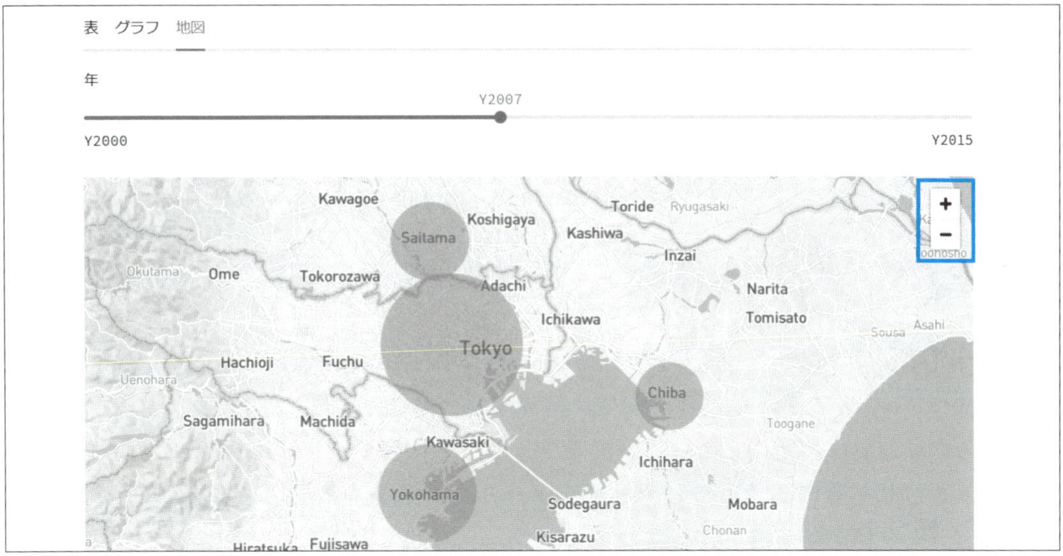

都道府県庁所在地を中心に描いた半透明な円が人口を示しています。年は上のスライダーから選択します。円には物理的な最小サイズがあるので、あまりにズームアウトするとすべて同じサイズになります。

地図はインタラクティブに操作でき、マウスホイールまたは地図右上のプラスマイナスボタンからズームイン・アウトができます。地図をつかんで中心点を移動することも可能です。地図上にマウスホバーすると現れる⤡フルスクリーンボタンでフルスクリーン表示になるのは、表やグラフと同じです。

●紹介する Streamlit の機能

アプリケーションの実装をつうじて、次のStreamlitの機能を紹介します。

- リンク付きボタン（st.link_button）。外見的にはst.buttonと同じですが、クリックするとリンク先にジャンプします。そういう意味では、st.logoに近い機能のものです。HTMLでは<input type="button">に、クリックイベントを契機にロケーションのプロパティを変更するonclick="location.href='...'"を加えたものに相当します。
- 2次元のデータ（表）の表示（st.dataframe）。
- 折れ線グラフと棒グラフの表示（st.line_chartとst.bar_chart）。

- 地図の表示（st.map）。
- 選択型スライダー（st.select_slider）。数値だけを扱うst.sliderと異なり、任意の対象を扱えるスライダーです。HTMLでは<input type="range" list="datalist">のように、labelを備えた<option>を収容する<datalist>を用いた複合技のレンジスライダーに相当します。

本章付録（8.6節）では、st.select_sliderでオブジェクトを扱う方法を示します。

●コード

表データをダウンロードし、後段の視覚化処理に合うように整理する実務担当スクリプトはpopulation.pyです。これまで同様、単体で動作します。

このスクリプトは特定のExcelデータをターゲットに書かれているので、汎用性はありません。同じサイトの同じようなデータファイルであっても、そのままでは使えません。これは、データ構造が明確に定義されていない、ヒトがヒトのために手作業で作成した情報を、コンピュータで扱うように整形しなければならないときに必ずつきまとう問題です。ただし、考え方は応用できます。

population.pyをWebアプリケーション化するStreamlitスクリプトはdata_app.pyです。

本章で掲載するファイル名付きのコードは、本書ダウンロードパッケージのCodes/dataappディレクトリに収容してあります。

都道府県庁所在地の緯度経度情報はGitHubから取得したものですが（後述）、使いやすいようにCSVに直しています。このデータは、dataサブディレクトリに収容してあります。

8.2　外部データについて

本章のアプリケーションでは、次の外部データを利用します。

- 総務省統計局の都道府県別・年度別の推計人口データ
- GitHubに置かれた都道府県庁所在地の緯度経度情報

●総務省統計局

総務省統計局は定期的に日本の人口データを公開しています。該当ページは次のURLからアクセスできます。

総務省統計局 " 人口推計 "
https://www.stat.go.jp/data/jinsui/index.html

図8.8 総務省統計局の人口推計のページ

総務省はこのデータを「人口推計」と呼んでいます。曰く、「国勢調査による人口を基に、その後の各月における出生・死亡、入国・出国などの人口の動きを他の人口関連資料から得ることで、毎月1日現在の男女別、年齢階級別の人口を推計」したものです。

総務省はまた、毎年10月1日に年齢別および都道府県別で集計した結果を公表しています。本章で用いるのは、このデータを2000年（平成12年）から2020年（令和2年）まで集めた「長期時系列データ」です。ファイルは「政府統計の総合窓口」であるe-Statに置かれており、当該データは次のURLからアクセスできます。

e-Stat "人口推計 / 長期時系列データ（平成 12 年～令和 2 年）"
https://www.e-stat.go.jp/stat-search/files?toukei=00200524&tstat=000000090001&tclass1=000000090004&tclass2=000001051180

図 8.9　e-Stat の人口推計のページ

図8.9には該当するデータが「12件」あると示されていますが、集計方法の違いによるもので、元データは同じです。ここではそのうちの「都道府県別人口（各年10月1日現在）–総人口、日本人（2000年～2020年）」（彼らの分類では第5表）を用います。

データへの直接のリンクを次に示します。

e-Stat "人口推計 / 長期時系列データ（平成 12 年～令和 2 年）第 5 表"
https://www.e-stat.go.jp/stat-search/file-download?statInfId=000013168605&fileKind=4

●人口データの構成

データはExcelスプレッドシートの形式で提供されています。

図 8.10 都道府県別人口（オリジナルの Excel）

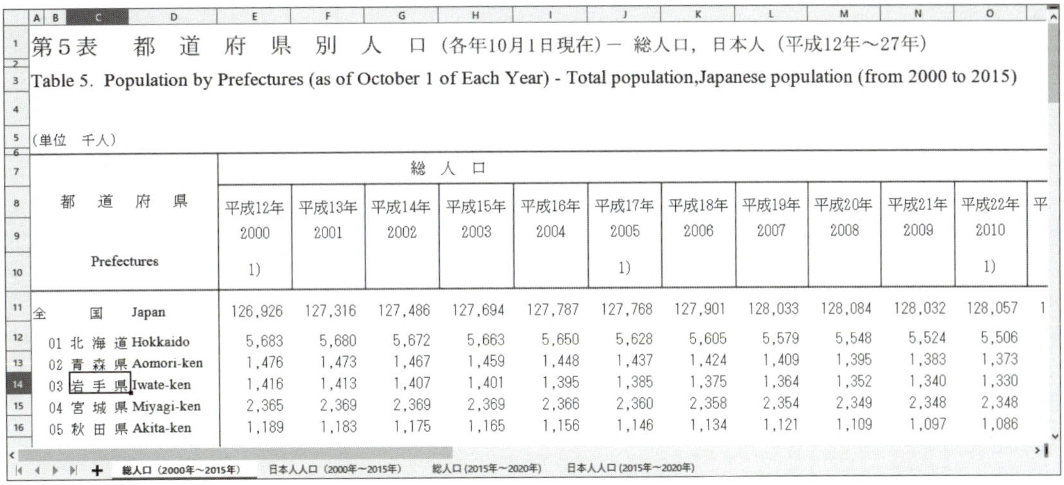

第５表　都　道　府　県　別　人　口（各年10月1日現在）－ 総人口，日本人（平成12年～27年）
Table 5. Population by Prefectures (as of October 1 of Each Year) - Total population,Japanese population (from 2000 to 2015)

(単位　千人)

都　道　府　県 Prefectures	総　人　口											
	平成12年 2000 1)	平成13年 2001	平成14年 2002	平成15年 2003	平成16年 2004	平成17年 2005 1)	平成18年 2006	平成19年 2007	平成20年 2008	平成21年 2009	平成22年 2010 1)	平
全　国 Japan	126,926	127,316	127,486	127,694	127,787	127,768	127,901	128,033	128,084	128,032	128,057	1
01 北 海 道 Hokkaido	5,683	5,680	5,672	5,663	5,650	5,628	5,605	5,579	5,548	5,524	5,506	
02 青 森 県 Aomori-ken	1,476	1,473	1,467	1,459	1,448	1,437	1,424	1,409	1,395	1,383	1,373	
03 岩 手 県 Iwate-ken	1,416	1,413	1,407	1,401	1,395	1,385	1,375	1,364	1,352	1,340	1,330	
04 宮 城 県 Miyagi-ken	2,365	2,369	2,369	2,369	2,366	2,360	2,358	2,354	2,349	2,348	2,348	
05 秋 田 県 Akita-ken	1,189	1,183	1,175	1,165	1,156	1,146	1,134	1,121	1,109	1,097	1,086	

総人口 (2000年～2015年)　日本人人口 (2000年～2015年)　総人口 (2015年～2020年)　日本人人口 (2015年～2020年)

ヒトの見た目でわかりやすくすることを目的としているため、空行が含まれているなど、余分な装飾が目立つ構成です。このままではプログラムでは扱いにくいので、次の要領で整形します。

- スプレッドシートは２区間の年代（2000～2015と2015～2020）と人口区分（総人口と日本人人口）に分けて４枚のシートで構成されています。ここでは１枚目の「総人口（2000年～2015年）」だけを使います。
- 列見出しには９行目の西暦を使います。このとき、見出しが数値だと困る場面もあるため（`st.map`の`size`引数）、2000は「Y2000」のような文字列に変換します。
- 行見出しはC列の都道府県名です。都道府県名に「北␣海␣道」のように入っているスペースは削除します。
- グラフの対象となるデータは、都道府県の人口を収容しているセルです。Excel上では、北海道の2000年を収容したE12から沖縄の2015年を収容したT58までの領域です。他のデータは必要ないので、見出しとこれらデータ以外はすべて削除します。11行目の全国の集計も省きます。

データの整形はpandasで行いますが、Excelでやったとしたら、次のような形が目標です。

図 8.11 都道府県別人口（整形後）

	A	B	C	D	E	F	G	H	I	J	K	L	M	N
1	都道府県名	Y2000	Y2001	Y2002	Y2003	Y2004	Y2005	Y2006	Y2007	Y2008	Y2009	Y2010	Y2011	Y20
2	北海道	5683	5680	5672	5663	5650	5628	5605	5579	5548	5524	5506	5488	54
3	青森県	1476	1473	1467	1459	1448	1437	1424	1409	1395	1383	1373	1363	13
4	岩手県	1416	1413	1407	1401	1395	1385	1375	1364	1352	1340	1330	1315	13
5	宮城県	2365	2369	2369	2369	2366	2360	2358	2354	2349	2348	2348	2326	23
6	秋田県	1189	1183	1175	1165	1156	1146	1134	1121	1109	1097	1086	1075	10

●都道府県庁所在地データ

地図上の点位置になんらかの情報をプロットするには、緯度経度の座標値が必要です。しかし、都道府県庁あるいはランドマークとして使える建物などの所在値の緯度経度は、公的機関にはまとめて置かれていないようです。そこで、民間の有志のデータを借ります。ここでは、ctsaranさんがGitHub Gistに置いた次のデータを利用します。

GitHub Gist ctsaran “ 都道府県 緯度経度データ ”
https://gist.github.com/ctsaran/42728dad3c7d8bd91f1d

このTSV（タブ区切り）テキストデータは次のような格好になっています（1列目の行番号も含む４列構造）。

```
1   北海道 43.063968    141.347899
2   青森県 40.824623    140.740593
⋮
47  沖縄県 26.212401    127.680932
```

pandasはこのままでも問題なく読めますが、人口データに合わせて、次のようなCSVテキストファイルに変換します。

```
"都道府県名","緯度","経度"
"北海道",43.063968,141.347899
"青森県",40.824623,140.740593
⋮
"沖縄県",26.212401,127.680932
```

以下、このファイルはdata/prefectures.csvに保存されているとします。

8.3 外部ライブラリについて

本章のアプリケーションではpandasパッケージを使用します。

●pandas

Pythonで表計算を行うならpandasです。

pandas サイト
https://pandas.pydata.org/

図8.12 pandas トップページ

トップページの冒頭は「簡単に使える」と述べており、それはある意味そのとおりです。しかし、表計算ソフトウェアに備わる膨大な数の機能に埋もれて、自分のやりたいことがなかなか見つけられないこともしばしばあります。一番簡単なのは、おそらく検索です（あるいはChatGPTにお伺いをたてる）。おおまかなことがわかったら、次のAPIリファレンスから関数の引数など細かいことを参照します。

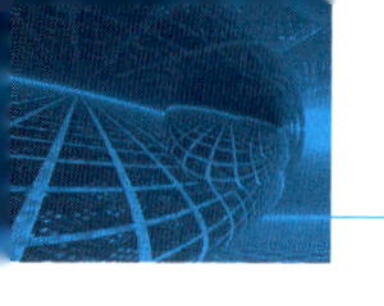

pandas API リファレンス
https://pandas.pydata.org/docs/reference/index.html

図8.13 pandas API リファレンスのページ

ライブラリの導入はpipからです。

```
$ pip install pandas
```

インポート時にはpdと別名付けするのが一般的です。本書でも、関数を紹介するときはpd.read_excelのようにpdを先付けして書きます。

```
import pandas as pd
```

Excelの読み書きには別途openpyxlというライブラリが、また、用法によってはデータフォーマット用のjinja2が必要とされます。これらも併せてインストールします。

```
$ pip install openpyxl
$ pip install jinja2
```

8.4 表データの読み込みと整形

●手順

データを取得し、整形するには、次のステップを踏みます。

- e-Statから人口データのExcelファイルをダウンロードし、pandasのデータフレームオブジェクトに変換します。
- 不要な行や列を削除し、列見出しや行見出しを整え、セル中のデータも必要なら修正します。
- ローカルファイルから緯度経度情報のCSVファイルを読み込みます。
- 人口データと緯度経度データを都道府県名をキーに結合します。

本章で示す方法は、利用する表データに特化しています。そのため、行列の位置やURLはすべてハードコードします。

●コード

人口データと緯度経度情報を読み込み、整形をするpopulation.pyのコードを次に示します。

リスト8.1 population.py

```
1   from pathlib import PurePath
2   import pandas as pd
3
4   PARENT = PurePath(__file__).parent
5
6   URL = 'https://www.e-stat.go.jp/stat-search/file-download?statInfId= ↵
       000013168605&fileKind=4'
7   PREFECTURES = PARENT / 'data/prefectures.csv'
8
9   def load_population():
10      df = pd.read_excel(
11          io=URL,
12          sheet_name=0,
13          usecols='C,E:T',
14          index_col=0,
15          skiprows=list(range(8))+[9, 10]+list(range(58, 65))
16      )
17
18      df.rename(index=lambda x: x.replace(' ', ''), inplace=True)
19      df.rename(columns=lambda x: f'Y{x}', inplace=True)
```

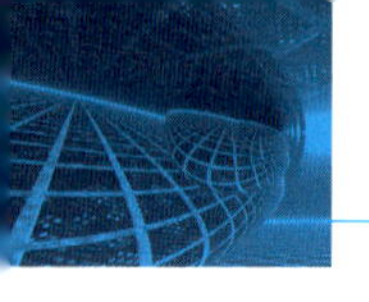


```
20        df.columns.name = '都道府県名'
21
22        return df
23
24
25    def add_prefectures(pop):
26        prefs = pd.read_csv(
27            PREFECTURES,
28            index_col=0
29        )
30        df = prefs.merge(pop, left_index=True, right_index=True)
31
32        return df
33
34
35    if __name__ == '__main__':
36        pop = load_population()
37        prefs = add_prefectures(pop)
38
39        print('都道府県:', list(pop.index))
40        print(prefs)
41        print(prefs.loc[['東京都', '神奈川県']])
42        print(prefs.transpose())
```

35～42行目のテスト用メインは、Streamlitアプリケーションで使用する表データをコンソール出力します。

- 都道府県のリスト（39行目）。項目選択フィールド（st.multiselect）の選択肢で使用します。
- 表全体（40行目）。第1タブで表示します（緯度経度も含む）。
- 東京都と神奈川県だけを抽出した表（41行目）。項目選択フィールドの選択結果をグラフに反映するのに使用します。ただし、アプリケーションでは緯度経度を含まない表を使います。
- 表を転置した表（42行目）。グラフで横軸の入れ替えをするときに使用します。こちらも緯度経度を含まない表を使います。

引数はありません。ファイルの所在は6～7行目でそれぞれハードコードしています。

●実行例

実行例を次に示します。長い表なので、かなり省いています。#部分は筆者が後付けした注釈です。

```
$ python population.py
# 都道府県のリスト
都道府県: ['北海道', '青森県', '岩手県', '宮城県', '秋田県', '山形県', ...
   '福岡県', '佐賀県', '長崎県', '熊本県', '大分県', '宮崎県', '鹿児島県', '沖縄県']

# 表（第1タブ）
              緯度          経度  Y2000  Y2001  Y2002  Y2003  Y2004  Y2005  ...
北海道   43.063968  141.347899   5683   5680   5672   5663   5650   5628  ...
青森県   40.824623  140.740593   1476   1473   1467   1459   1448   1437  ...
 ⋮
鹿児島県 31.560148  130.557981   1786   1782   1776   1770   1763   1753  ...
沖縄県   26.212401  127.680932   1318   1327   1336   1345   1353   1362  ...
[47 rows x 18 columns]

# 表（2都県のみ）
              緯度          経度  Y2000  Y2001  Y2002  Y2003  Y2004  Y2005  ...
東京都   35.689521  139.691704  12064  12165  12271  12388  12482  12577  ...
神奈川県 35.447753  139.642514   8490   8575   8636   8702   8753   8792  ...
[2 rows x 18 columns]

# 転置
               北海道          青森県          岩手県          宮城県  ...
緯度        43.063968     40.824623     39.703531     38.268839  ...
経度       141.347899    140.740593    141.152667    140.872103  ...
Y2000     5683.000000   1476.000000   1416.000000   2365.000000  ...
 ⋮
Y2014     5410.000000   1323.000000   1290.000000   2335.000000  ...
Y2015     5382.000000   1308.000000   1280.000000   2334.000000  ...
[18 rows x 47 columns]
```

●Excelを読み込む

pd.read_excel関数からExcelファイルを読み込みます（10〜16行目）。

```
 2  import pandas as pd
 ⋮
 6  URL = 'https://www.e-stat.go.jp/stat-search/file-download?statInfId= ↗
        000013168605&fileKind=4'
 ⋮
 9  def load_population():
10      df = pd.read_excel(
11          io=URL,
12          sheet_name=0,
13          usecols='C,E:T',
14          index_col=0,
15          skiprows=list(range(8))+[9, 10]+list(range(58, 65))
16      )
```

第1引数から入力データを指定します（引数名はio）。ローカルファイル名、ファイル風オブジェクト、URL、bytesなどを受け付けます。URLが指定されたときは、pandasが透過的にネットにアクセスします。bytesが使えるので、st.file_uploaderなどが返すUploadedFileデータも直接流し込めます。

戻り値は2次元の表を表現するpd.DataFrameオブジェクトです（データフレーム）。

第1引数さえ指定すれば動作します。ただし、空行や空白セルも含めてそのまま読み込まれます。構造化されていないExcel表をデータフレームに強引に押し込むとえらく使いにくくなるので、あとからいろいろと整形を施さなければなりません。

整形のいくつかは、pd.read_excelのオプション引数からでも行えます。ここでは、4つの整形を施しています（12〜15行目）。

■シートの指定

複数あるワークシートから選択的に抽出するには、sheet_nameキーワード引数を使います。0からカウントするシートの番号、または「Sheet1」のような名称を指定できます。スカラー（1枚だけ）もリスト（複数枚）も指定できます。リストなら、関数の戻り値もデータフレームのリストです。

デフォルトでは最初のシートのみを返します。つまり、sheet_name=0（12行目）は指定するまでもないのですが、説明のためにあえて書いています。

■読み込む列の指定

デフォルトではすべての列が読み込まれます。特定の列のみ読み込ませるのなら、13行目のようにusecolsキーワード引数から指定します。フォーマットはいろいろありますが、ここではExcelのアルファベット列名からなる文字列を指定しています。Excel同様、カンマ,で個別に、コロン:で範囲を指定できます。ここでの指定は、C列とE～T列を読み込め、という指示です。

■行見出しの指定

データフレームには表に収容するデータだけでなく、データの行や列の見出しを収容するエリアもあります。列見出し（横に並ぶもので、ここでは年）をコラム（columns）、行見出し（縦に並ぶもので、ここでは都道府県名）をインデックス（indexes）といいます。Excelではユーザが触れることのできない、セル外のAから順に並ぶアルファベットと1からの番号部分がこれらに相当します。

14行目では、index_colキーワード引数からインデックスに使う列を指定しています。指定する数値は0からスタートする列番号ですが、上記で読み込んだ列が対象です。ここでは"C,E:T"を読み込んでいるのでオリジナルのExcelのC列がインデックスです。

デフォルトのindex_col=Noneではインデックスが作成されないので、列指定は番号から行うことになります。

■除外する行の指定

無視したい行はskiprowsキーワード引数から指定します（取り込みたい行の指定ではないところに注意）。行番号は0からカウントします。

ここでは、西暦が登場するまでの0～7行目、「1)」などの注釈記号の入った9行目、全国の人口（和）の入った10行目、そして、注釈の書かれた58～64行目が不要です。これらをリストの組み合わせで定義しているのが15行目です。

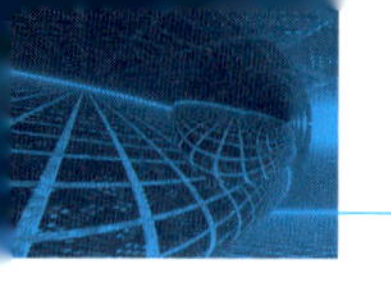

●行見出しを整形する

行見出しに列挙された都道府県名には、「北␣海␣道」のように間に半角スペースが入っています。このままでも使えないわけではないですが、スペース入りではない県もあり、間違えやすいです。そこで、スペースは省きます。

行あるいは列の見出しを変更するには、データフレームのメソッドrenameを使います。

行見出しを変更します（18行目）。

```
18        df.rename(index=lambda x: x.replace(' ', ''), inplace=True)
```

行見出し（インデックス）を変更するには、indexキーワード引数に適用する関数を指定します。関数は引数を1つ（それぞれのセル）受け取り、値を1つ返すように書きます。ここではラムダ式を使って、半角スペースを削っています。

デフォルトでは、このメソッドは変更後のデータフレームを返します。ここでの用例のように対象のデータフレームdfをじかに変更するなら、inplace（「その場で」という意味）キーワード引数にTrueをセットします。このときの戻り値はNoneです。

●列見出しを整形する

pd.read_excelはデフォルトでは1行目を列見出しと解釈します。skiprowsで不要な行を削除したあとの行なので、オリジナルのExcelでは西暦の入った8行目が列見出しになります。この行はExcelが数値としてフォーマットしているため、pandasでも整数と解釈されます。

列見出しが数値でもpandasは困りませんが、Streamlitのコマンドではうまく扱えないことがあります。そこで、数値の前に「Y」を付けることで、文字列と解釈するように強制します。メソッドは行見出しと同じdf.renameですが、対象が列であることを示すためにcolumnsキーワード引数を使います（19行目）。

```
19        df.rename(columns=lambda x: f'Y{x}', inplace=True)
```

●行見出しのリストを得る

第2タブの「グラフ」では、項目選択フィールド（st.multiselect）に都道府県名のリストが必要です。行見出しのリストは、データフレームのindexプロパティから得られます（39行目）。

```
39        print('都道府県:', list(pop.index))
```

戻り値は、データフレームの1次元だけを表現するシリーズ（pd.Series）です。これは、リスト的ではあるものの中身的には異なるオブジェクトです。リストに直しておくと、pandas以外での使い勝手がよくなります。

●特定の行だけを抽出する

第2タブの「グラフ」では、項目選択フィールドから選択した都道府県だけをグラフにプロットします。これには、特定の都道府県の行だけを抽出した部分表が必要です。

行データはデータフレームのlocプロパティから抽出できます。アクセスには、リストのように[]を使います。たとえば、神奈川県の行はdf.loc['神奈川県']で抽出します。

複数を抽出するなら、リストを使います（41行目）。もともとの[]にリストの[]が入れ子になるので、[[]]と2重になるところがポイントです。

```
41        print(prefs.loc[['東京都', '神奈川県']])
```

ここでは使っていませんが、特定の列だけを抽出するときは、データフレームに直接[]を作用させます。たとえば、df['Y2000']（1列だけ）やdf[['Y2000', 'Y2002']]（複数列）です。

●転置する

データフレームの行列を入れ替える（転置する）には、df.transposeです（42行目）。

```
42        print(prefs.transpose())
```

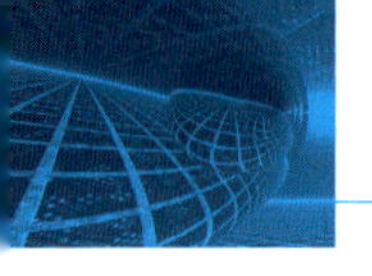

これで［転置］ボタンが作れます。

●CSVを読み込む

緯度経度情報を収容したCSVファイルを読み込むには、pd.read_csvを使います（26〜29行目）。

```
 4  PARENT = PurePath(__file__).parent
 ⋮
 7  PREFECTURES = PARENT / 'data/prefectures.csv'
 ⋮
25  def add_prefectures(pop):
26      prefs = pd.read_csv(
27          PREFECTURES,
28          index_col=0
29      )
```

第1引数（引数名はio）にはローカルファイル名、URL、あるいはio.BytesIO（UploadedFile）を指定します。この関数の機能や使えるキーワード引数は、おおむねpd.read_excelと同じです。ここで読み込むCSVは事前に整形してあるので、index_colによる行見出しの選択以外、とくにやることはありません。

■TSVを読み込む（別解）

参考までに、オリジナルのTSVファイルを読み込むのなら、次のように整形します。

```
>>> import pandas as pd
>>> url = 'https://gist.githubusercontent.com/ctsaran/42728dad3c7d8bd91f1d/raw/ ⏎
017718dde64f70e221f0e2bb0487a6c975d6195d/gistfile1.txt'
>>> df = pd.read_csv(io=url, sep='\t', usecols=[1,2,3], index_col=0,
... names=['都道府県名', '緯度', '経度'])
```

引数の意味を次に示します。

- io：ファイルのアクセスURL。
- sep：レコードセパレータ文字。デフォルトではCSVのカンマ,です。TSVならタブ\tです。
- usecols：取り込む列（0ベースカウント）。オリジナルデータの1列目は番号なので、それ以外を取り込みます。
- index_col：行見出しの列（0ベースカウント）。オリジナルデータの都道府県名は、0行目を省くと0行目になります。
- names：列見出し。行見出しのぶんも含めてリストから指定します。

次のようになります。

```
>>> df

              緯度          経度
都道府県名
北海道     43.063968   141.347899
青森県     40.824623   140.740593
  ⋮
鹿児島県   31.560148   130.557981
沖縄県     26.212401   127.680932
```


●表を結合する

人口データと緯度経度情報の2つの表は、どちらも行見出しが都道府県名になっているので、左右に結合できます。とくにそうしなければならない理由はありませんが、地図で緯度経度と人口を一緒に扱うときは、1つにまとまっていたほうが便利です。

表の結合にはdf.mergeを使います（30行目）。

```
30        df = prefs.merge(pop, left_index=True, right_index=True)
```

インスタンスメソッドなので、オブジェクトに作用させる形で使います。作用させる側（30行目では緯度経度のprefs）を左側にして、その右から第1引数（人口のpop）をくっつけます。

left_indexキーワード引数は、左側の表のインデックスを、結合後の表のインデックスにせよ、という指示です。これで左側からはインデックスが消えます。right_indexも

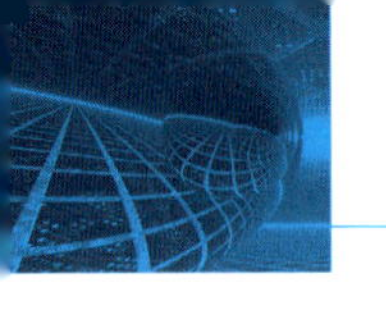

同様です。これでどちらの側からもインデックスが消え、新規の表に1つだけ都道府県の列見出しができます。

戻り値はpd.DataFrameです。インスタンス側も第1引数側もオリジナルのデータは変更されません。

8.5 データアプリケーション

●コード

前節のpopulation.pyから得られるデータフレームを可視化するデータアプリケーションdata_app.pyのコードは、次のとおりです。

リスト8.2 data_app.py

```
 1  import streamlit as st
 2  from population import load_population, add_prefectures
 3
 4  st.set_page_config(layout='wide')
 5
 6  @st.cache_data
 7  def get_tables():
 8      pop = load_population()
 9      pop_prefs = add_prefectures(pop)
10      return (pop, pop_prefs)
11
12
13  pop, pop_prefs = get_tables()
14  pref_names = list(pop.index)
15  years = list(pop.columns)
16
17
18  POPULATION = 'https://www.e-stat.go.jp/stat-search/files?toukei=00200524 ↵
        &tstat=000000090001&tclass1=000000090004&tclass2=000001051180'
19  GEOLOCATIONS = 'https://gist.github.com/ctsaran/42728dad3c7d8bd91f1d'
20
```

```
21  cols3 = st.columns(3)
22  cols3[0].markdown('**推計人口（2000〜2015年）**')
23  cols3[1].link_button(':material/link:人口データ', POPULATION,
24          help=f'総務省: {POPULATION}')
25  cols3[2].link_button(':material/link:緯度経度データ', GEOLOCATIONS,
26          help=f'Gist: {GEOLOCATIONS}')
27
28
29  table, graph, geolocation = st.tabs(['表', 'グラフ', '地図'])
30
31  with table:
32      st.dataframe(pop_prefs)
33
34
35  with graph:
36      GRAPHS = {
37          '折れ線グラフ': {
38              'function': st.line_chart,
39              'kwargs': {
40                  'x_label': '年',
41                  'y_label': '人口（単位千）'
42              }
43          },
44          '棒グラフ': {
45              'function': st.bar_chart,
46              'kwargs': {
47                  'x_label': '年',
48                  'y_label': '人口（単位千）',
49                  'stack': False
50              }
51          }
52      }
53
54      prefs = st.multiselect(
55          label='表示する都道府県を選択してください',
56          options=pref_names,
57          help='未選択時はすべての都道府県が選択されます')
58      cols2 = st.columns(2)
```

8

```
59            transpose = cols2[0].checkbox(
60                label='転置',
61                value=True
62            )
63            graph_type = cols2[1].radio(
64                label='グラフタイプ',
65                options=list(GRAPHS.keys()),
66                horizontal=True
67            )
68
69            if len(prefs) > 0:
70                pop = pop.loc[prefs]
71
72            if transpose is True:
73                pop = pop.transpose()
74
75            g = GRAPHS[graph_type]
76            g['function'](data=pop, **g['kwargs'])
77
78
79        with geolocation:
80            year = st.select_slider('年', years)
81            st.map(
82                data=pop_prefs,
83                latitude='緯度',
84                longitude='経度',
85                size=year,
86                color='#32CD3280'
87            )
```

コードは大きく5つに分かれています。

- population.pyを使った2つの表の読み込み（6～15行目）。
- 全タブ共通のタイトルとリンクの部分（18～26行目）。
- 第1タブの表（31～32行目）。
- 第2タブのグラフ（35～76行目）。
- 第3タブの地図（79～87行目）。

表を読み込みキャッシュするget_tables関数はpopとpop_prefsの2つの表を返します(10行目)。前者は緯度経度を含まない人口だけのデータで、グラフで使います。後者は緯度経度込みのデータで、表と地図で使います。

●リンク付きボタン

メインコンテナはst.columnsを使って3分割し(21行目)、順にアプリケーションの表題(22行目)、人口データソースのe-Statへのリンク(18、23〜24行目)、緯度経度データへのリンク(19、25〜26行目)を横一列に配置します。

```
18    POPULATION = 'https://www.e-stat.go.jp/stat-search/files?toukei=00200524 ➡
          &tstat=000000090001&tclass1=000000090004&tclass2=000001051180'
19    GEOLOCATIONS = 'https://gist.github.com/ctsaran/42728dad3c7d8bd91f1d'
20
21    cols3 = st.columns(3)
22    cols3[0].markdown('**推計人口 (2000〜2015年) **')
23    cols3[1].link_button(':material/link:人口データ', POPULATION,
24                    help=f'総務省: {POPULATION}')
25    cols3[2].link_button(':material/link:緯度経度データ', GEOLOCATIONS,
26                    help=f'Gist: {GEOLOCATIONS}')
```

クリックすればリンク先にジャンプするボタンであるst.link_buttonコマンドの見栄えと用法は、st.buttonとさして変わりません。第1引数にはラベル名を指定します。st.buttonにはない第2引数(キーワードはurl)にはURLを指定します。

ここではhelpオプション引数も指定することで、ボタン上にホバーしたらツールチップが現れるようにしています。

●データフレームの表示

第1タブでは、st.dataframeコマンドからpandasのデータフレームを表形式で表示します(32行目)。

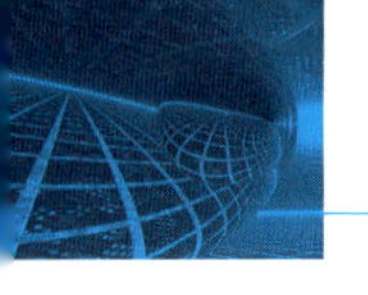


```
31  with table:
32      st.dataframe(pop_prefs)
```

データは第1引数から指定します。NumPyの行列、リストのリスト、辞書のリストといったpd.DataFrame以外の2次元データも受け付けます。辞書のリストでは、辞書のキーが列見出しとして扱われます。入れ子になっていない単品のリストやpd.Seriesなど1次元のデータも受け付けます。

●グラフの選択

折れ線グラフにはst.line_chartを、棒グラフにはst.bar_chartをそれぞれ使います。この2つを容易に切り替えられるよう、関数名と引数を収容した辞書を用意します（36～52行目）。

```
35  with graph:
36      GRAPHS = {
37          '折れ線グラフ': {
38              'function': st.line_chart,
39              'kwargs': {
40                  'x_label': '年',
41                  'y_label': '人口（単位千）'
42              }
43          },
44          '棒グラフ': {
45              'function': st.bar_chart,
46              'kwargs': {
47                  'x_label': '年',
48                  'y_label': '人口（単位千）',
49                  'stack': False
50              }
51          }
52      }
```

キーは2つだけで、functionがグラフのコマンド（関数オブジェクト）、kwargsがそれらコマンドのキーワード引数と値の辞書です。

グラフのコマンドはラジオボタン（st.radio）から選択し（63〜67行目）、76行目で実行しています。データフレームは緯度経度を含まないpopsのほうです。

```
63        graph_type = cols2[1].radio(
64            label='グラフタイプ',
65            options=list(GRAPHS.keys()),
66            horizontal=True
67        )
 ⋮
75        g = GRAPHS[graph_type]
76        g['function'](data=pop, **g['kwargs'])
```


●折れ線グラフと棒グラフ

折れ線グラフのst.line_chartと棒グラフのst.bar_chartの用法はほとんど同じです。

どちらも第1引数（76行目のdata）からデータフレームを指定します。st.dataframe同様、2次元に広がるデータ構造ならたいてい受け付けます。

軸ラベルはデフォルトでは加えられません。オプション引数は横方向（x）がx_label、縦方向（y）がy_labelです。これらは辞書GRAPHSに収容してあります。辞書にあるキーワード引数とその値を引数内で展開するには、ダブルアスタリスク**を使います（辞書のアンパッキング）。

棒グラフには、折れ線グラフにはないオプションがいくつかあります。

1つはstackで、複数のデータが同じx軸上にあるとき、そのデータを積み上げていく（累計する）か否かを指定します。データフレームが転置されている状態（このアプリケーションの初期状態）では、グラフ横軸は年で、その枠に47都道府県のデータがプロットされます。stack=False（49行目）なら、47個のデータが並べて配置されます（各年47本の棒グラフが16年分並ぶのでヤマアラシ状態になります）。デフォルトのstack=Trueでは、47個のデータが1本の棒グラフ上に積み上げられます。次のように47都道府県の値が累計されるので、トータルでの棒の高さが日本全体の人口を示します（図8.14）。しかし、それがこのグラフから読み取りたいことではないはずです。

図8.14　積み上げ棒グラフ

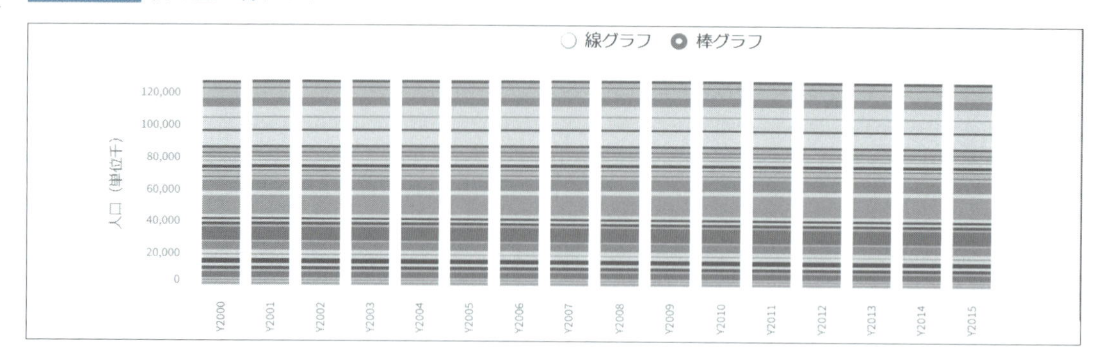

ここでは使用していませんが、horizontalというオプションもあり、Trueにセットすると棒グラフを縦方向ではなく横方向に伸ばして描きます。グラフの縦軸と横軸が入れ替わるので、オプションのx_labelとy_labelは手で入れ替えなければなりません。次に例を示します（stack=Trueの場合）。

図8.15　棒グラフを横方向に伸ばす

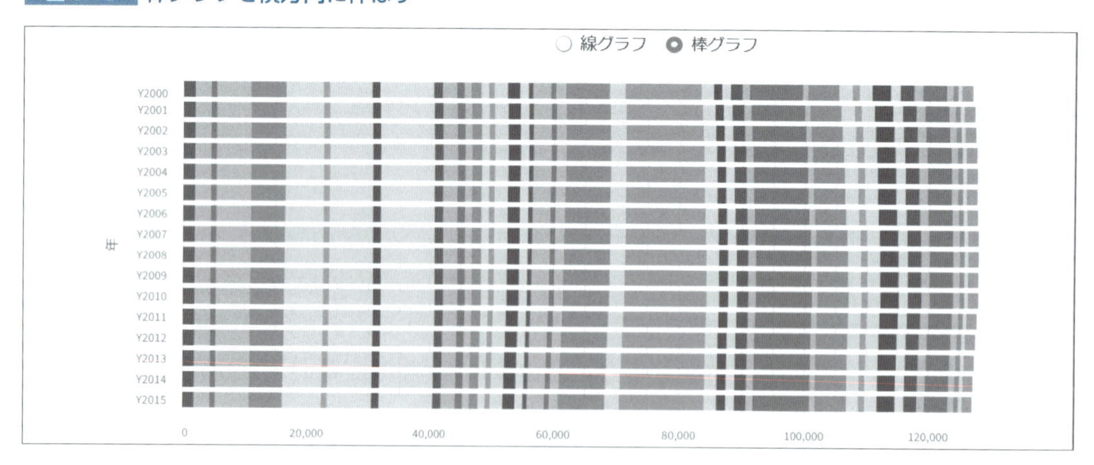

グラフのカラーリングは、このコマンドの背後にあるVega-Altairというビジュアライゼーションパッケージが決定しています。興味のある方は、次のURLを参照してください。

Vega Documentation "Color Schemes"
https://vega.github.io/vega/docs/schemes/

●都道府県の選択と転置

都道府県が選択されたり、転置が指示されたりしたときは、pandasの機能でデータフレームを直接操作します（69～73行目）。データフレーム自体が変更されますが、ユーザインタフェースが操作されるたびに毎回未加工のデータがキャッシュから読み込まれるので問題はありません（13行目）。


```
13  pop, pop_prefs = get_tables()        # 人口のみ と 人口+緯度経度
14  pref_names = list(pop.index)
 ⋮
54      prefs = st.multiselect(
55          label='表示する都道府県を選択してください',
56          options=pref_names,
57          help='未選択時はすべての都道府県が選択されます')
58      cols2 = st.columns(2)
59      transpose = cols2[0].checkbox(
60          label='転置',
61          value=True
62      )
 ⋮
69      if len(prefs) > 0:
70          pop = pop.loc[prefs]
71
72      if transpose is True:
73          pop = pop.transpose()
```

70行目では、df.locを使って、54行目の項目選択フィールドから得た都道府県だけを抽出しています。st.multiselect（54～57行目）は未選択のときは空リストの[]を返すので、len(prefs)でその状態を検出します（69行目）。

73行目では、59行目のチェックボックスがチェックされていたら、df.transposeでデー

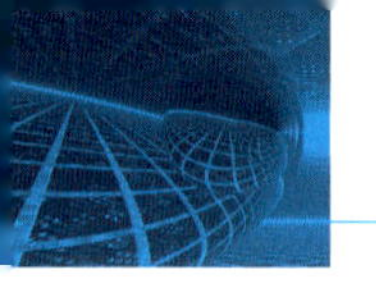

タフレームを転置しています。ここでも、2種類のインタフェースを水平に配置するのにst.columnsを使っています（58行目。2段組みの右側にはラジオボタン）。

●地図

地図の生成にはst.mapコマンドを使います（81～87行目）。

```
81        st.map(
82            data=pop_prefs,
83            latitude='緯度',
84            longitude='経度',
85            size=year,
86            color='#32CD3280'
87        )
```

第1引数にはデータフレームを指定します（引数キーワードはdata。82行目）。グラフと同じく、st.dataframeがサポートしているオブジェクトならなんでも受け付けますが、緯度と経度の情報を収容した列が含まれていることが前提です。

latitudeキーワード変数には、緯度を収容したデータフレームの列名を指定します（83行目）。ここでは「緯度」列です。緯度は赤道を基準として北に向かうのがプラス方向、南に向かうのがマイナス方向の-90～90の値です。デフォルトはNoneで、その場合は"lat"、"latitude"、"LAT"、あるいは"LATITUDE"と名付けられた列を探します。

longitudeキーワード変数には、経度を収容したデータフレームの列名を指定します（84行目）。ここでは「経度」列です。経度はグリニッジ天文台を基準として東（日本方向）に向かうのがプラス方向、西（アメリカ方向）に向かうのがマイナス方向の-180～180の値です。こちらもデフォルトはNoneで、その場合は"lon"、"longitude"、"LON"、あるいは"LONGITUDE"と名付けられた列を探します。

sizeキーワード変数には、緯度経度で示される地図上の点に描く円の大きさを収容したデータフレームの列名を「文字列」で指定します（85行目）。この値が数値1つのときは、その値がすべてに共通した固定サイズと解釈されます。したがって、2000年の列のつもりで2000（整数）を指定すると、すべての円がサイズ2000になります。表を整形したときに年を「Y2000」と文字列に矯正したのは、これが理由です。

ここでは、後述のスライダーで選択した列名（変数year）を用います。

サイズの単位はメートルです。本章では千の単位の人口をそのまま使っているため、人口12000千人の東京なら、都庁（新宿）を中心に半径12キロメートルの円が描かれます（だいたい三鷹くらいまで）。高知だと800メートル程度です。単純にメートルで決まるとズームアウトしたときに見えなくなってしまうので、ピクセル単位での最小の半径が定められています。そのため、ズームの状態によっては、円のサイズは区別がつきません。

colorキーワード変数には円の色を収容した列名を指定します（86行目）。すべての円に同じ色を使うのなら、#で始まる16進数RGBAの色値、4要素の整数タプル（0〜255）、または4要素の小数点タプル（0.0〜1.0）も指定できます。透明度を示すアルファチャネルも含んだ4要素であるところに注意してください。アルファチャネルを除いた3要素のRGBでもかまいませんが、完全不透明になります。不透明な円だと、下の地図情報が読めない、円が重なったときに区別が付かないといった問題が生じるので、ある程度の透過性は確保しておくべきです。アルファの値は不透明度を示し、0だと完全透明、255（あるいは1.0）だと完全不透明です。

地図生成にはpydeckという、Pythonのデータビジュアライゼーションライブラリが使われています。とても高機能なのはありがたいのですが、機能が多く、細かいところまで設定が効くので、覚えるのが大変です。その点、st.mapは必要最小限以外はお仕着せにすることで、手間が省けるように設計されています。半面、変更できないマッピングの属性もあり、歯がゆいところもあります。そういうときはpydeckを直接操作し、表示にはst.pydeck_chartを使います。

pydeckについては次のURLから調べられます。

pydeck
https://deckgl.readthedocs.io/

●年の選択

年の見出しは「Y2000」のように文字列なので、直接的にはスライダーウィジェットst.sliderが使えません（2000〜2015の数値スライダーにし、得られた値をf'Y{year}'にする手はあります）。そういうときには、st.select_sliderコマンドです（80行目）。

```
15    years = list(pop.columns)
```

```
 ⋮
79  with geolocation:
80      year = st.select_slider('年', years)
```

第1引数にはラベル文字列を、第2引数には選択肢をリストなどのイテラブルから指定します。データフレームから列見出しを抽出するなら、そのcolumnsプロパティです（15行目）。

戻り値は選択された項目名で、たとえば"Y2000"です。

8.6 付録：選択型スライダー

●オブジェクトを選択肢にする

選択型スライダーの選択肢には文字列だけでなく、オブジェクトも使えます。ただし、スライダーは選択肢の文字列表現の取得に__str__を使うので、この特殊メソッドがクラスに実装されているのが前提です。

例として、色名から色を選択するスライダー式のインタフェースを取り上げます。

●コード

select_slider.pyは次のとおりです。

リスト8.3 select_slider.py

```
1   import numpy as np
2   from PIL import Image, ImageColor
3   import streamlit as st
4
5   class Color:
6       def __init__(self, name):
7           self.name = name.lower()
8           self.rgb = ImageColor.getrgb(self.name)
9           self.image = Image.new('RGB', (50, 50), self.name)
10          self.hue = ImageColor.getcolor(self.name, 'HSV')[0]
```

```
11
12      def __str__(self):
13          return self.name
14
15      def __lt__(self, other):
16          return self.hue < other.hue
17
18      def get_image(self):
19          return self.image
20
21      def get_rgb(self):
22          return self.rgb
23
24      def get_hue(self):
25          return self.hue
26
27
28  colors = sorted([Color(c) for c in ImageColor.colormap.keys()])
29
30  selected = st.select_slider('HTML/CSS色名', colors)
31  if selected:
32      st.image(selected.get_image())
33      st.markdown(f'''
34          {selected} `{selected.get_rgb()}` Hue={selected.get_hue()}''')
```

Colorクラス（5～25行目）はHTML/CSSで利用できる"AliceBlue"などの色の名前（7行目）、そのRGB値のタプル（8行目）、その色を示した50×50の画像（9行目）、色相値（10行目）をカプセル化したものです。

注目してほしいのは特殊メソッドです。

__str__（12～13行目）はオブジェクトを文字列表現にするときに呼ばれるメソッドで、ここでは色名そのものを返します。これは、スライダーの選択肢として用いられます。

__lt__（15～16行目）はオブジェクト間の大小関係を判定するときに呼ばれるメソッドで、オブジェクトのソート（28行目）で使われます。ここでは色相（0～255）の値（10行目）を基準にソートします。これで、スライダー上の色の順番が虹と同じになり、意味もわかりやすくなります。もっとも、HTML/CSSの140個ほどの色名は0～255の色相値に均等に分散していないのに対し、スライダーの項目の間隔はリストの均等割りなので、

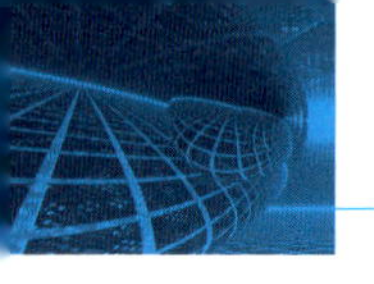

スライダーの位置と色相図にあるべき色の位置が微妙にずれます。

●実行例

実行例を次に示します。

図8.16　選択式スライダーを用いた色選択インタフェース

スライダーの左端が黒（black）で右端がライトピンク（lightpink）なのは、色相値が黒は0で、ライトピンクは248だからです。

このように、数値以外のデータも扱えるところがst.select_sliderの便利なところです。

●色名と値の対応

HTML/CSSの色名、そして色名と色の値の対応は、Pillowから調べられます（5.3節）。色関係の機能はImageColorモジュールに収容されています（2行目）。

```
 2    from PIL import Image, ImageColor
 ⋮
 7            self.name = name.lower()
 8            self.rgb = ImageColor.getrgb(self.name)
 9            self.image = Image.new('RGB', (50, 50), self.name)
10            self.hue = ImageColor.getcolor(self.name, 'HSV')[0]
 ⋮
28    colors = sorted([Color(c) for c in ImageColor.colormap.keys()])
 ⋮
32        st.image(selected.get_image())
```

色名はImageColor.colormapという辞書型の定数に収容されています。辞書は色名をキーとして、色の値を#で始まる16進数6桁の数字で示します。次に例を示します。

```
>>> from PIL import ImageColor
>>> ImageColor.colormap
{'aliceblue': '#f0f8ff', 'antiquewhite': '#faebd7', 'aqua': '#00ffff', ...
 'whitesmoke': '#f5f5f5', 'yellow': '#ffff00', 'yellowgreen': '#9acd32'}
```

28行目ではキーだけを抽出して、Colorオブジェクトのリストを生成しています。ソート順は色相値（Color.hue）です。

RGBの10進数タプル表現は、ImageColor.getrgbに色名を指定することで得られます（8行目）。この拡張版がImageColor.getcolorで、追加の第2引数でカラーモードを指定することで、その色空間の値を取得できます（10行目）。"HSV"を指定すると色相・彩度・明度の3要素タプルが得られるので、色相だけ取得するなら添え字の[0]を加えます。

色見本の画像はImage.newで作成します（9行目）。第1引数には色の種類（モード）、第2引数にはサイズ、第3引数には背景色を指定します。戻り値はPillowの画像オブジェクト（Image）なので、そのままst.imageから表示できます（32行目）。

HTML/CSSの色名は、W3Cが管理している「CSS Color Module」に定義されています。ドキュメントのバージョンは、現時点の標準がLevel 3（2022年1月）、ドラフト段階のものがLevel 4です。前者では4.3節の「Extended color keywords」に、後者では6.1節の「Named Colors」にそれぞれ掲載されています。色を酷使する商用アプリケーションを開発しているのでもなければ、両者の違いは気にしなくてもよいでしょう。Level 4のリンクを次に示します。

W3C "CSS Color Module", Level 4 (Draft), Section 6.1 "Named Colors"
https://www.w3.org/TR/css-color-4/#named-colors

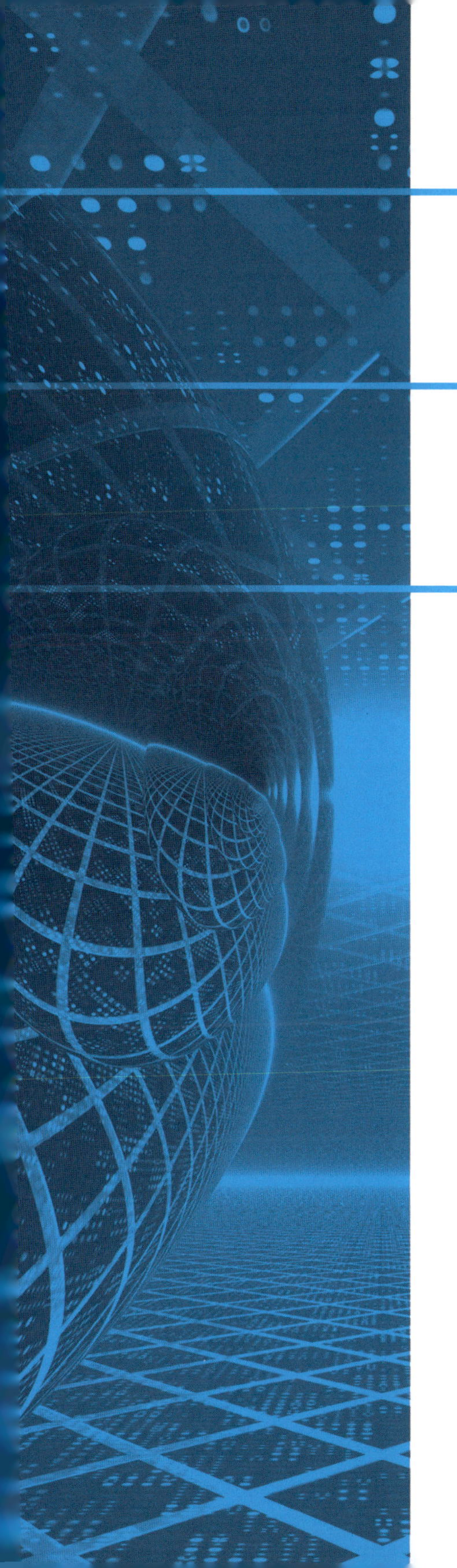

第9章

ブラックジャック

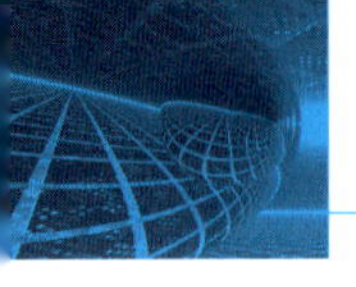

9.1 目的

●アプリケーションの仕様

Streamlitはゲームは得手ではありません。ボタンクリックが発生するたびにスクリプトを再実行するので、ユーザインタラクションの多いアプリケーションには不向きだからです。StreamlitのGallery（ユーザアプリケーションの展示場）を見ても、クイズものはあれど、コンピュータゲームらしいゲームはあまりありません。

しかし、できないこともありませんし、Streamlitの独特な制御の流れを学ぶには、ゲーム作成はよい練習台です。

本章では、トランプゲームのブラックジャックを実装します。

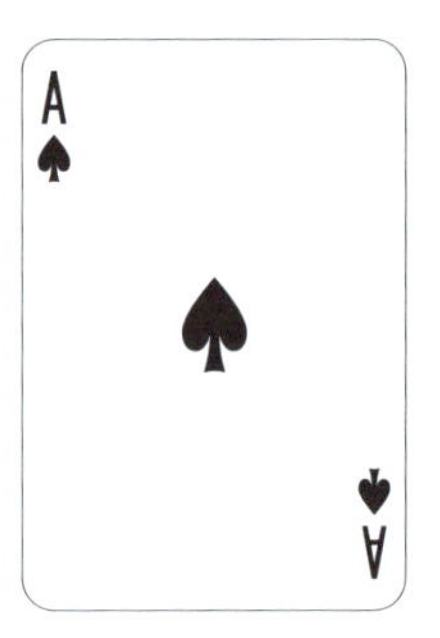

チップをかけるとか、手札の種類に強弱があるなど、いろいろなスタイルのルールがありますが、ここではカードの点数だけをベースに勝負をするシンプルなものとします（ルールは後述）。

プレイ中の画面を図9.1に示します。

図 9.1 ブラックジャックアプリケーション〜プレイ中（blackjack.py）

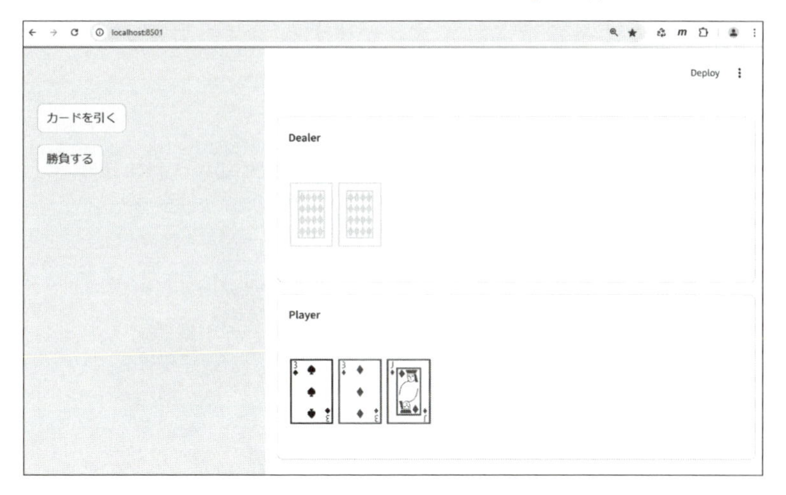

メインコンテナの上部がディーラーのエリアで、伏せたカードが2枚置かれています。下部がプレイヤーのカードで、本人視点なのでカードは表を向けています。サイドバーにはボタンがあり、[カードを引く] ならカードが引かれ（図9.1は1枚引いたあと）、[勝負する] なら勝負に移ります。

カードを引きすぎると、21点を超えて「どぼん」です。ディーラーのカードを見ることなく、ゲーム終了です。サイドバーの [再勝負?] で最初からスタートできます。

図 9.2 ブラックジャックアプリケーション〜プレイヤーのどぼん（blackjack.py）

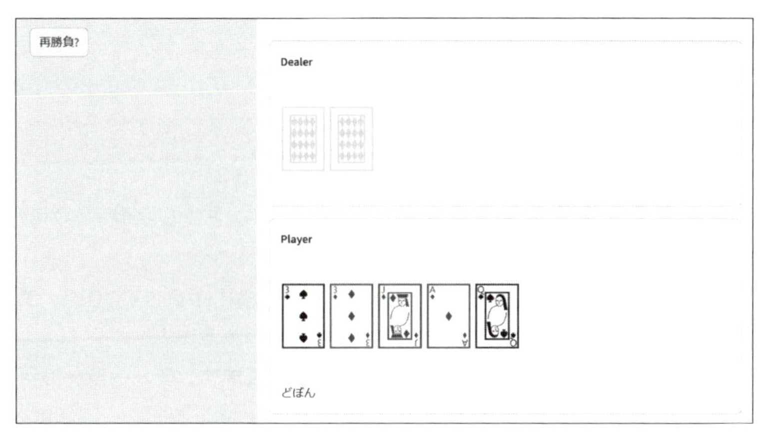

21点以下の状態で勝負をし、勝てば、風船が上がります（図9.3）。負ければ、下部のプレイヤーのエリアに負けと表示されます。いずれにせよ、サイドバーの［再勝負?］で最初からスタートできます。

図9.3　ブラックジャックアプリケーション〜プレイヤーの勝ち（blackjack.py）

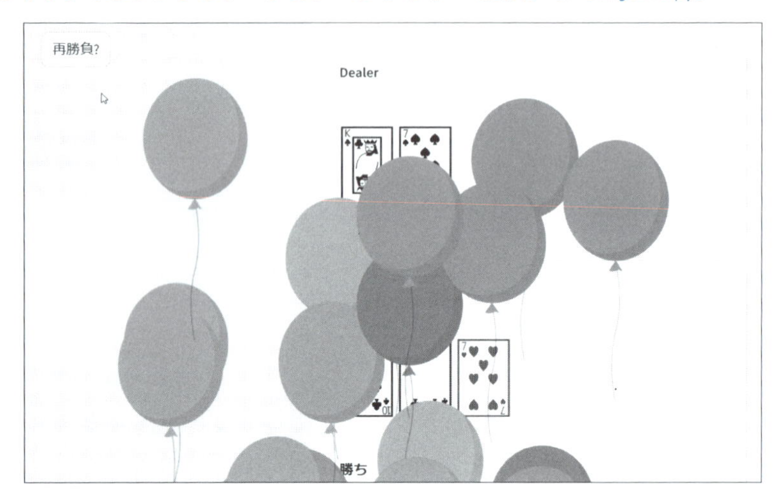

本章のスクリプトはこの3つの状態（プレイ中、プレイヤーのどぼん、勝負）を切り替えることで、ゲームを制御します。

●ルール

本章のブラックジャックのルールを次に示します。シンプルな、ローカルなルールです。本式のルールはネットを検索してください。

- ゲームはコンピュータがコントロールする相手（ディーラー）とプレイヤーの対戦型で、カードの点数を合算したスコアの大小を競います。
- カードそれぞれの点数は、数字のカードはその数のまま、絵札はすべて10点、エースは1または11点（好きなほうを選んでよい）です。
- 最初、ディーラーとプレイヤーには2枚ずつカードが配られます。ディーラーの手はプレイヤーには見えません。
- プレイヤーは、手持ちの札が21点以下のできるだけ高いスコアになるようにカードを引きます。何枚引いてもかまいません。頃合いがよければ、勝負に出ます。

- 21点を超えたら、勝負をする前にプレイヤーの負けです（どぼん）。
- 21点以下で勝負をかけ、ディーラーよりも高いスコアなら、プレイヤーの勝ちです。反対にディーラーが高ければディーラーの勝ち、両者同じなら引き分けです。
- プレイヤーが勝負をかけると、ディーラーは手が16点以下なら必ずカードを引きます。17点以上ならそれ以上は引かず、それで勝負に出ます（どぼん恐怖症でかなり弱腰です）。ディーラーが21点を超えれば、自動的にプレイヤーの勝ちです。

●紹介するStreamlitの機能

アプリケーションの実装をつうじて、次のStreamlitの機能を紹介します。

- スクリプトの強制再実行（st.rerun）。JavaScriptのlocation.reloadに相当します。

最終章ともなると主要なコマンドは出尽くしているので、新規のコマンドはこれ1つです。

●コード

ブラックジャックをコンソールからプレイするのがbj.pyで、それをWebアプリケーション化するのがblackjack.pyです。

本章で掲載するファイル名付きのコードは、本書ダウンロードパッケージのCodes/blackjackディレクトリに収容してあります。

9.2 外部データについて

本章のアプリケーションでは、外部のデータは利用しません。

トランプの絵柄は、画像ではなくUnicodeの絵文字を極端に大きなポイント数にして表示します。

トランプのブロックはU+1F0A0からU+1F0FFの間の96コードポイントぶんを占めています（図9.4[注1]）。このブロックには複数のジョーカーやタロット由来のカードといった普段使わないものも含まれているので、52枚ぶんよりも大きいエリアが占有されています。

注1　英語版Wikipedia "Playing cards in Unicode"より。

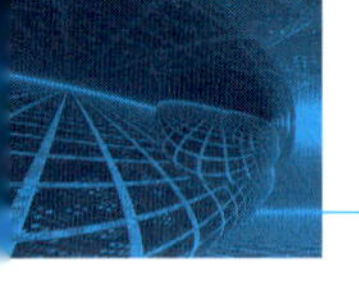

図9.4 トランプのユニコードポイント

	0	1	2	3	4	5	6	7	8	9	A	B	C	D	E	F
U+1F0Ax	🂠	🂡	🂢	🂣	🂤	🂥	🂦	🂧	🂨	🂩	🂪	🂫	🂬	🂭	🂮	
U+1F0Bx		🂱	🂲	🂳	🂴	🂵	🂶	🂷	🂸	🂹	🂺	🂻	🂼	🂽	🂾	🂿
U+1F0Cx		🃁	🃂	🃃	🃄	🃅	🃆	🃇	🃈	🃉	🃊	🃋	🃌	🃍	🃎	🃏
U+1F0Dx		🃑	🃒	🃓	🃔	🃕	🃖	🃗	🃘	🃙	🃚	🃛	🃜	🃝	🃞	🃟
U+1F0Ex	🃠	🃡	🃢	🃣	🃤	🃥	🃦	🃧	🃨	🃩	🃪	🃫	🃬	🃭	🃮	🃯
U+1F0Fx	🃰	🃱	🃲	🃳	🃴	🃵										

スペード♠はU+1F0A1のエースからスタートして、U+1F0AEのキングまでのコードを占有しています。13枚なのに14個ぶん使われているのは、ジャックとクイーンの間にナイトという、あまり使われないカードが含まれているからです（C列）。コードポイントはこれに続いてU+1F0B1から始まるハート♥、U+1F0C1からのダイヤ◆、U+1F0D1からのクラブ♣です。

トランプ背面にはU+1F0A0が割り振られています。

9.3　外部ライブラリについて

本章のアプリケーションでは、サードパーティのPythonパッケージは使用しません。ディーラーはAIではなく、17点を目安にカードを引くか引かないかを判断する人工無能です。

9.4　ブラックジャック

●コード

テキストベースのブラックジャックゲームのコードbj.pyを次に示します。

リスト9.1 bj.py

```
1   from random import shuffle
2
3   SURFACES = list('🂡🂢🂣🂤🂥🂦🂧🂨🂩🂪🂫🂭🂮' + '🂱🂲🂳🂴🂵🂶🂷🂸🂹🂺🂻🂽🂾' +
4                   '🃁🃂🃃🃄🃅🃆🃇🃈🃉🃊🃋🃍🃎' + '🃑🃒🃓🃔🃕🃖🃗🃘🃙🃚🃛🃝🃞')
5   BACK = '🂠'
6   COLORS = ['MidnightBlue', 'Crimson', 'Crimson', 'MidnightBlue', 'PaleGoldenRod']
7   FORMATS = '<span style="font-size: 96px; color: {color};">{surface}</span>'
8   SUITS = list('SHDC')
9   SEPARATOR = ' '
10
11
12  def back_cards(separator=SEPARATOR):
13      backs = [ FORMATS.format(color=COLORS[4], surface=BACK) ] * 2
14      return SEPARATOR.join(backs)
15
16
17  class Card:
18      def __init__(self, num):
19          self.num = num                      # 0~51
20          pip = num % 13                      # 0~12
21          suit = int(num / 13)                # 0~3
22
23          self.text = f'{SUITS[suit]}{pip+1}'
24          self.unicode = SURFACES[num]
25          self.html = FORMATS.format(color=COLORS[suit], surface=SURFACES[num])
26
27          if pip == 0:                        # A
28              self.point = 11
29          elif pip >= 9:                      # 10, J, Q, K
30              self.point = 10
31          else:                               # 2-9
32              self.point = pip + 1
33
34
35      def __str__(self):
36          return self.text
```

```
37
38
39        def get_unicode(self):
40            return self.unicode
41
42
43        def get_html(self):
44            return self.html
45
46
47
48    class Deck:
49        def __init__(self):
50            self.cards = [Card(i) for i in range(52)]
51            shuffle(self.cards)
52
53
54        def __str__(self):
55            return str([card.num for card in self.cards])
56
57
58        def draw(self):
59            return self.cards.pop(0)
60
61
62
63    class Player:
64        def __init__(self, deck):
65            self.deck = deck
66            self.score = 0
67            self.hand = []
68            self.draw(); self.draw()
69
70
71        def __str__(self):
72            return f'{str([str(c) for c in self.hand])} => {self.score}'
73
74
```

```
75        def draw(self):
76            self.hand.append(self.deck.draw())
77
78            points = [card.point for card in self.hand]
79            if sum(points) > 21 and 11 in points:
80                pos = points.index(11)
81                points[pos] = 1
82                self.hand[pos].point = 1
83
84            total = sum(points)
85            if total > 21:
86                total = None
87
88            self.score = total
89
90
91        def auto_draw(self, thresh=16):
92            while self.score is not None and self.score <= thresh:
93                self.draw()
94
95
96        def show_unicode(self, separator=SEPARATOR):
97            return separator.join([c.get_unicode() for c in self.hand])
98
99
100       def show_html(self, separator=SEPARATOR):
101           return separator.join([c.get_html() for c in self.hand])
102
103
104       def showdown(self, other):
105           if other.score is None:
106               message = '勝ち'
107           elif self.score > other.score:
108               message = '勝ち'
109           elif self.score < other.score:
110               message = '負け'
111           else:
112               message = '引き分け'
```

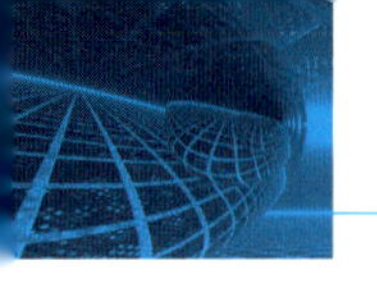


```
113
114             return message
115
116
117
118     if __name__ == '__main__':
119         deck = Deck()
120         player = Player(deck)
121         print(player)
122         print(player.show_unicode())
123         print(player.show_html())
124
125         while True:
126             c = input('D=引く, S=勝負 > ').lower()
127             if c == 'd':
128                 player.draw()
129                 print(player)
130                 if player.score == None:
131                     break
132             else:
133                 break
134
135         dealer = Player(deck)
136
137         if player.score == None:
138             print('どぼん')
139         else:
140             dealer.auto_draw()
141             print(dealer)
142             print(player.showdown(dealer))
```

ルールを単純化したわりには長くなってしまいました（本書最長）。
コードはゲームを表現する次の3つのクラスで構成されています。

- Cardは、1枚のカードを表現します（17〜44行目）。カードには通番（0〜51の識別子）、表面上の数値（ただし0〜12）、マーク（♠♥♦♣を数値の0〜3で表現）、カード表面のUnicode文字といったカードの属性や表示方法をプロパティとして収容しています。

- Deckは、52枚のシャフルした山札を表現します（48〜59行目）。山札にはdrawメソッドがあり、1枚、山札からカードを引けます。
- Playerは、プレイヤーとディーラーの手札を表現します（63〜114行目）。手札にはCardインスタンスのリストや、それらの合算点数のプロパティを収容しています。メソッドには山札からカードを引く操作やカードを表示する機能があります。勝負の段階で自動的にカードを引くディーラー用のメソッドもあります。

118〜142行目は、コンソールからプレイするためのテスト用メインです。"D"（draw）を入力すれば山札（119行目のdeck）から1枚引き、"S"（showdown）ならその手札で勝負に出ます。プレイヤーのどぼんなら、ディーラーの手札（135行目）を見せずに終了です（137〜138行目）。21点以下での勝負なら、勝敗結果を示します（139〜142行目）。

●実行例

実行例を示します。プレイは1回きりなので、複数回の勝負なら、その都度スクリプトを呼び出します。

プレイヤーの手は次のように表示されます。

```
$ python bj.py
['C13', 'C3'] => 13
🃞 🃓
<span style="font-size: 96px; color: MidnightBlue;">🃞</span>
 <span style="font-size: 96px; color: M idnightBlue;">🃓</span>
```

16ポイント程度のコンソール出力では絵文字は読み取れません。「C13」（クラブのキング）のようなコードを用意したのはこのためです。Sがスペード♠、Hがハート♥、Dがダイヤ♦、Cがクラブ♣です。

クラブのキングとクラブの3なので、この時点でスコアは13点です。カードを引きます。

```
D=引く, S=勝負 > D
['C13', 'C3', 'S10'] => None
どぼん
```

スペードの10を引いたので、23点となり、どぼんです。スコアはNoneにセットします。

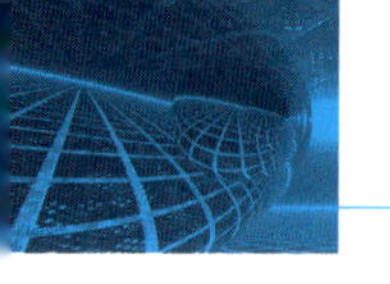

次の例は、勝負をしてプレイヤーが負けたケースです（絵文字部分は割愛）。

```
['H8', 'C2'] => 10                          # スコアが10なので1枚引く
D=引く, S=勝負 > D

['H8', 'C2', 'H9'] => 19                    # プレイヤーの勝負手
D=引く, S=勝負 > S

['C11', 'H13'] => 20                        # ディーラーの勝負手
負け
```

●トランプの表現

ジョーカーを使わないブラックジャックでは、トランプは13×4＝52枚で構成されます。これらカードは、クラスCard（17～44行目）で表現しています。

```
17    class Card:
18        def __init__(self, num):
19            self.num = num                    # 0～51
```

カードには、識別子として順に0～51の通番を振ります（19行目のnum）。最初がスペードで0から12までです。エースが0、札の10が9、キングが12です。識別子の値が0スタートなため、額面より1つ少ないところが注意点です。スペードの次がハートで13～25、そしてダイヤが26～38、クラブが39～51です。

識別子numを13で割ると、余りの0～12がカードの額面より1少ない値です（20行目のpip）。0～3の商はマーク（スート）の識別子で、0がスペード、1がハート、2がダイヤ、3がクラブを示します（21行目のsuit）。

```
20            pip = num % 13                    # 0～12
21            suit = int(num / 13)              # 0～3
```

このpipからカードの点数pointプロパティを計算します（27～32行目）。エースは1点か11点ですが、初期状態では11点とします（27～28行目）。

```
27          if pip == 0:                        # A
28              self.point = 11
29          elif pip >= 9:                      # 10, J, Q, K
30              self.point = 10
31          else:                               # 2-9
32              self.point = pip + 1
```

■文字列表現

23行目のtextプロパティは、マークの頭文字と数字で構成したカードの文字列表現です。ハートの9なら"H9"、スペードのクイーンなら"S12"です。Cardオブジェクトからこのテキスト表現を取得するにはstrをかけます（特殊メソッドの__str__）。

```
8   SUITS = list('SHDC')
⋮
23          self.text = f'{SUITS[suit]}{pip+1}'
⋮
35      def __str__(self):
36          return self.text
```

絵文字が読み取れないコンソールのためのもので、Streamlitアプリケーションでは使いません。

■絵文字表現

24行目のunicodeプロパティは、Unicode絵文字でカードの絵柄を表しています。オブジェクトからこのUnicode文字を取得するにはget_unicodeです（39～40行目）。

```
3   SURFACES = list('🂡🂢🂣🂤🂥🂦🂧🂨🂩🂪🂫🂭🂮' + '🂱🂲🂳🂴🂵🂶🂷🂸🂹🂺🂻🂽🂾' +
4                   '🃁🃂🃃🃄🃅🃆🃇🃈🃉🃊🃋🃍🃎' + '🃑🃒🃓🃔🃕🃖🃗🃘🃙🃚🃛🃝🃞')
⋮
24          self.unicode = SURFACES[num]
⋮
39      def get_unicode(self):
40          return self.unicode
```

■ HTML表現

25行目のhtmlプロパティは、st.htmlを介して画面に出力するときに使うものです。カードの絵文字は通常の12や16ポイント程度では絵柄が読み取れないので、<span>でフォントサイズを大きく（96ポイント）します。また、スペードとクラブは黒っぽい色、ハートとダイヤは赤っぽい色に彩色します。7行目は、その<span>を生成するためのフォーマット文字列です。HTML表現取得メソッドはget_htmlです（43〜44行目）。

```
 6  COLORS = ['MidnightBlue', 'Crimson', 'Crimson', 'MidnightBlue', 'PaleGoldenRod']
 7  FORMATS = '<span style="font-size: 96px; color: {color};">{surface}</span>'
 ⋮
25          self.html = FORMATS.format(color=COLORS[suit], surface=SURFACES[num])
 ⋮
43      def get_html(self):
44          return self.html
```

●トランプの裏面

ディーラーの盤上に示すカードの裏面（U+1F0A0）は表側のカードとは別に、関数で定義しています（12〜14行目）。9行目のSEPARATORは複数の<span>（カード）を並べて示すときの間隔です。

```
 9  SEPARATOR = ' '
 ⋮
12  def back_cards(separator=SEPARATOR):
13      backs = [ FORMATS.format(color=COLORS[4], surface=BACK) ] * 2
14      return SEPARATOR.join(backs)
```

2枚ぶんのHTML表現を返すのは、（この簡略ルールのゲームでは）ディーラーの2枚の手札が常に伏せて置かれるからです。

●山札

Cardオブジェクトは通番の整数値から生成できるので、山札はrangeだけで作成できます（49〜51行目）。

```
1    from random import shuffle
︙
48   class Deck:
49       def __init__(self):
50           self.cards = [Card(i) for i in range(52)]
51           shuffle(self.cards)
```

リストの要素をランダムに混ぜるなら、標準ライブラリのrandom.shuffleです（51行目）。山札から1枚取るdrawメソッドは、単純にリストからのpopです（58～59行目）。

```
58       def draw(self):
59           return self.cards.pop(0)
```


●手札

プレイヤーおよびディーラーの手札を表現するのがPlayerクラスです（63～114行目）。メンバプロパティはそのときの山札へのリファレンス（deck）、現在のスコア（score）、手札（Cardのリスト、hand）です。インスタンス化したらさっそく2枚引きます（68行目）。

```
63   class Player:
64       def __init__(self, deck):
65           self.deck = deck
66           self.score = 0
67           self.hand = []
68           self.draw(); self.draw()
```

手札クラスには各表示形式での手札表示メソッドを用意しています（71～72、96～97、100～101行目）。いずれも、ループしてCardを連結しているだけです。

```
71       def __str__(self):
︙
96       def show_unicode(self, separator=SEPARATOR):
︙
100      def show_html(self, separator=SEPARATOR):
```

■スコア計算

Playerにもdrawメソッドがあり、端的にはCardのdrawを呼んでいるだけですが（76行目）、同時にその時点のスコア（scoreプロパティ）も計算します。

まず、Card.pointだけを集めたリストを用意します（75〜78行目）。

```
75        def draw(self):
76            self.hand.append(self.deck.draw())
77
78            points = [card.point for card in self.hand]
```

この状態では、エースは11点です。ここまでのスコアが21点を超えるようなら（79行目）、1枚だけpointを1点に下げて調整します。（81行目）。たとえば、最初から2枚のエースが配られたら、額面は22点ですが、一方を1点にすることで12点にします。次の順番で絵札を引くとまた22点になりますが、もう一方も1点にすることで12点にします。

```
79            if sum(points) > 21 and 11 in points:
80                pos = points.index(11)
81                points[pos] = 1
82                self.hand[pos].point = 1
```

エースによる調整を入れても21点を超えたら、点数をNone（どぼん）にします（84〜86行目）。

```
84            total = sum(points)
85            if total > 21:
86                total = None
87
88            self.score = total
```

■ディーラーの動作

プレイヤーが勝負をかけたら、auto_drawメソッドからディーラーがカード操作をします（91〜93行目）。メソッドは単純に、スコアが16点以下なら17点以上になるまでカードを引き続けるだけです。

```
91      def auto_draw(self, thresh=16):
92          while self.score is not None and self.score <= thresh:
93              self.draw()
```

かなり弱腰なプレイですが、確率的には悪くないアプローチです。

■勝負

プレイヤーが勝負をかけ、ディーラーがカードを引き終えたら、勝敗をshowdownメソッドから決定します（104〜114行目）。このメソッドは（プレイヤーの）「勝ち」、「負け」、「引き分け」の文字列を返します。単純にプレイヤーと他者（104行目にある引数other）との間でスコアを比較しているだけです。

9.5 ブラックジャックアプリケーション

●コード

前節で作成したbj.pyを組み込んだブラックジャックアプリケーションのコードblackjack.pyを次に示します。

リスト9.2 blackjack.py

```
1   import streamlit as st
2   import bj
3
4   class State:
5       def __init__(self):
6           self.state = 'play'                # play, bust, or showdown
7           self.deck = bj.Deck()
8           self.player = bj.Player(self.deck)
9
10
11  if 'state' not in st.session_state:
12      st.session_state.state = State()
13
14  state = st.session_state.state
```

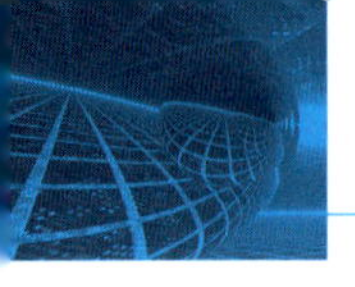


```
15
16    container_dealer = st.container(border=True)
17    container_dealer.markdown('**Dealer**')
18
19    container_player = st.container(border=True)
20    container_player.markdown('**Player**')
21
22    if state.state == 'play':
23        with st.sidebar:
24            if st.button('カードを引く'):
25                state.player.draw()
26                if state.player.score is None:
27                    state.state = 'bust'
28                    st.rerun()
29
30            if st.button('勝負する'):
31                state.state = 'showdown'
32                st.rerun()
33
34        container_dealer.html(bj.back_cards())
35        container_player.html(state.player.show_html())
36
37    elif state.state == 'bust':
38        with st.sidebar:
39            if st.button('再勝負?'):
40                del st.session_state.state
41                st.rerun()
42
43        container_dealer.html(bj.back_cards())
44        container_player.html(state.player.show_html())
45        container_player.markdown(f'どぼん')
46
47    else:
48        with st.sidebar:
49            if st.button('再勝負?'):
50                del st.session_state.state
51                st.rerun()
52
```

```
53          dealer = bj.Player(state.deck)
54          dealer.auto_draw()
55          message = state.player.showdown(dealer)
56
57          container_dealer.html(dealer.show_html())
58          container_player.html(state.player.show_html())
59          container_player.markdown(f'**{message}**')
60          if message == '勝ち':
61              st.balloons()
```

ポイントは2つあります。

1つはゲームの状態を「プレイ中」"play"、「プレイヤーのどぼん」"bust"、「勝負」"showdown"の3つに分け、それぞれに異なる画面をレンダリングするところです（22、37、47行目のif-elseで切り分け）。

もう1つは、状態の変化を誘引するイベントが発生したら、スクリプトを強制的にリロードさせているところです（28、32、41、51行目のst.rerun）。

ページは3つのコンテナに分けています。サイドバーにはプレイ操作のボタンを配置します。メインコンテナはst.containerで2つに分け、上をディーラーが、下をプレイヤーが使います（16〜20行目）。

●状態管理

プレイヤーの手札や山札といった現在のゲームの状態はst.session_stateに記憶します。個別に扱うよりはまとめたほうが管理しやすいので、これらはクラスStateで表現します（4〜8行目）。

```
2   import bj
3
4   class State:
5       def __init__(self):
6           self.state = 'play'              # play, bust, or showdown
7           self.deck = bj.Deck()
8           self.player = bj.Player(self.deck)
9
```

```
10
11  if 'state' not in st.session_state:
12      st.session_state.state = State()
```

状態を示すstateプロパティの初期値は"play"です（6行目）。

Stateオブジェクトを記憶するキーはstateとしました（11～12行目）。st.session_state.stateと毎回書くのは面倒なので、以降、stateとして参照します（14行目）。

```
14  state = st.session_state.state
```

●状態1：プレイ中

プレイ中の画面をレンダリングしているのは22～35行目です。

```
22  if state.state == 'play':
```

プレイ中の画面のサイドバーには［カードを引く］（24行目）と［勝負する］（30行目）のボタンをそれぞれ配置します。

```
23      with st.sidebar:
24          if st.button('カードを引く'):
 ⋮
30          if st.button('勝負する'):
```

［カードを引く］ボタンが押下されたら、Player.drawでカードを引きます（25行目）。その結果のスコアがNoneなら「どぼん」なので、状態を"bust"に変え（27行目）、後述するst.rerunで強制的にスクリプトを再実行させます（28行目）。

```
24          if st.button('カードを引く'):
25              state.player.draw()
26              if state.player.score is None:
27                  state.state = 'bust'
28                  st.rerun()
```

[勝負する] ボタンが押下されたら、状態を"showdown"に変え (31行目)、こちらでも再実行します (32行目)。

```
30          if st.button('勝負する'):
31              state.state = 'showdown'
32              st.rerun()
```

それ以外なら、"play"状態が続行しています。ディーラーのコンテナには2枚のカード裏を、プレイヤーのコンテナには新しく引かれたカードも含めた手札をそれぞれ表示します。

```
34      container_dealer.html(bj.back_cards())
35      container_player.html(state.player.show_html())
```


●強制再実行

アプリケーションの再実行にはst.rerunを使います (28、32、41、51行目)。コマンドが実行されると、ブラウザのリロードがクリックされたかのように、スクリプトを最初から実行し直します。JavaScriptのlocation.reloadに相当します。

一般的な用法では、コマンドには引数はありません。戻り値もありません。

リファレンスは、便利な機能ではあるが、下手をすると再実行の無限ループに陥ることもあるので、利用には注意を払うべきだと述べています。

●状態2：プレイヤーのどぼん

プレイヤーがどぼんになったときの画面をレンダリングしているのは37〜45行目です。

```
37  elif state.state == 'bust':
```

サイドバーには、再びゲームをするかを問う [再勝負?] ボタンを配置します (39行目)。[再勝負?] ボタンがクリックされたら、最初から始めるので、状態を削除してから (40行目) 再実行します (41行目)。

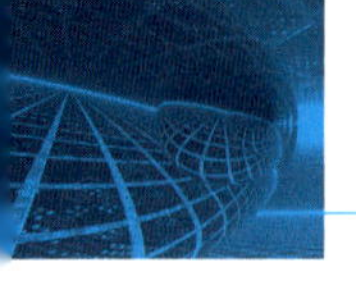


```
39            if st.button('再勝負?'):
40                del st.session_state.state
41                st.rerun()
```

"play"状態でカードを引き、その結果どぼんになった（26行目の判定で"bust"状態になった）ときは、[再勝負?] ボタンは押下されていないので、コマンドの戻り値はFalseです。その場合は、手札を表示し（43～44行目）、「どぼん」と表示します（45行目）。ディーラーのカードは伏せたままです（43行目）。

```
43        container_dealer.html(bj.back_cards())
44        container_player.html(state.player.show_html())
45        container_player.markdown(f'どぼん')
```

●状態3：勝負

"play"状態で [勝負する] ボタンから遷移してきたら（30行目の判定で'showdown'状態になった）、勝敗判定に移ります（47～61行目）。

まず、ディーラーにカードを引かせます（53～54行目）。

```
53        dealer = bj.Player(state.deck)
54        dealer.auto_draw()
```

勝敗の結果はPlayer.showdownから取得します（55行目）。

```
55        message = state.player.showdown(dealer)
```

あとは、結果を表示するだけです。57行目ではディーラーの手も表示しています。

```
57        container_dealer.html(dealer.show_html())
```

GitHub

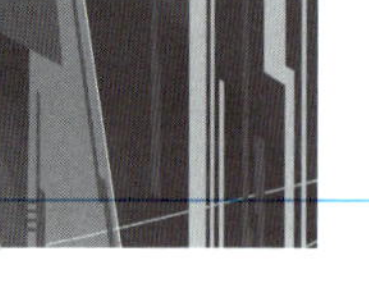

Streamlit Community Cloudにアプリケーションを展開するには、GitHubのアカウントが必要です。本付録では、その作成とファイルアップロードの方法を示します。Streamlitにソースを引き渡すことだけが目的なので、最もシンプルな方法だけを説明します。Gitコマンドも使いませんし、ブランチなども気にしません。

手順および画面は本書執筆時点のものです。細かい手続きやルックアンドフィールで変更がしばしばありますが、エッセンスは変わりありません。

A.1　アカウント作成

●GitHub トップページ

GitHubのトップページに行き、右上の［Sign up］ボタンからアカウントを作成します。

GitHub
https://github.com/

図 A.1　GitHub トップページ

●メールアドレス、パスワード、ユーザ名を設定

メールアドレス、パスワード、ユーザ名をプロンプトに従って順に入力します。これらは1つ完了すれば次が出てくる、五月雨式の設計になっています。図A.2は、メールアドレスとパスワードを入力し終え、ユーザ名を入力しようとしている画面です。

図A.2 メールアドレスとパスワードを入力した状態。ユーザ名の入力待ち

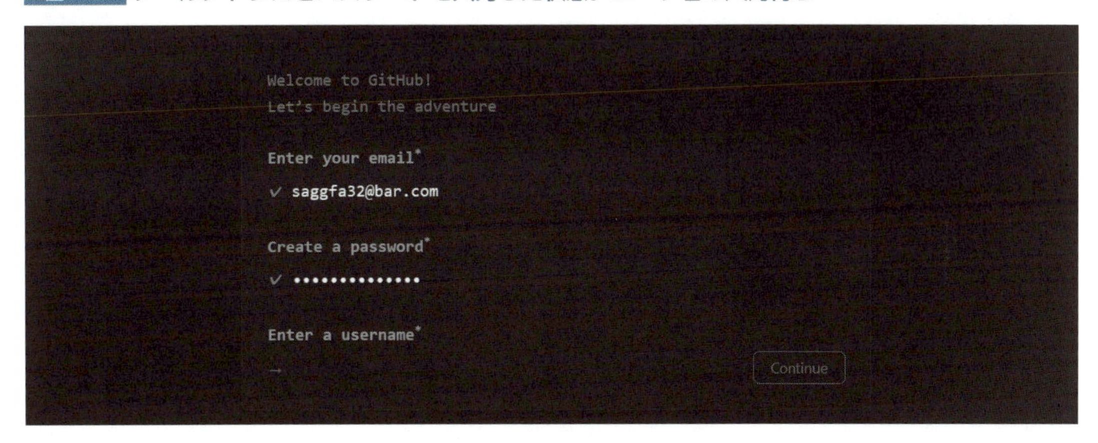

メールアドレスは各種通知の受信に用いられます。

パスワードに必要な強度は、小文字と数字を混ぜているなら8文字以上、そうでないなら15文字以上です。この条件を満たさなければ、パスワードとして受け付けられません。入力中にその時点までの強度が表示されるので、それに従ってください。

ユーザ名はアカウントにアクセスするとき、自分のリポジトリ（ソースコードの置き場所）を特定するときに使います（ユーザ名がoctocatならhttps://github.com/octocat/）。ユーザ名がすでに登録されていれば、その旨が示されます。

これら3点が入力されると「Email preferences」（メールの設定）が現れます（図A.2にはまだ出ていません）。「Receive occasional product updates and announcements」（マーケティング情報を受け取りますか？）のチェックボックスのオンオフは各人の自由です。

完了したら[Continue]で続きます。

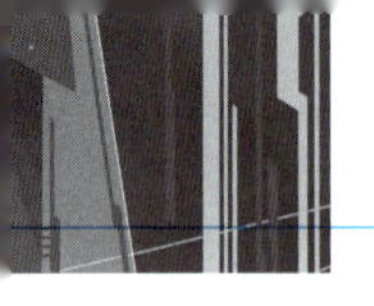

●アカウント検証

ロボットでないことを、パズルをこなすことで証明します。[検証する] をクリックしてタスクを完了してください。

図 A.3　アカウント検証

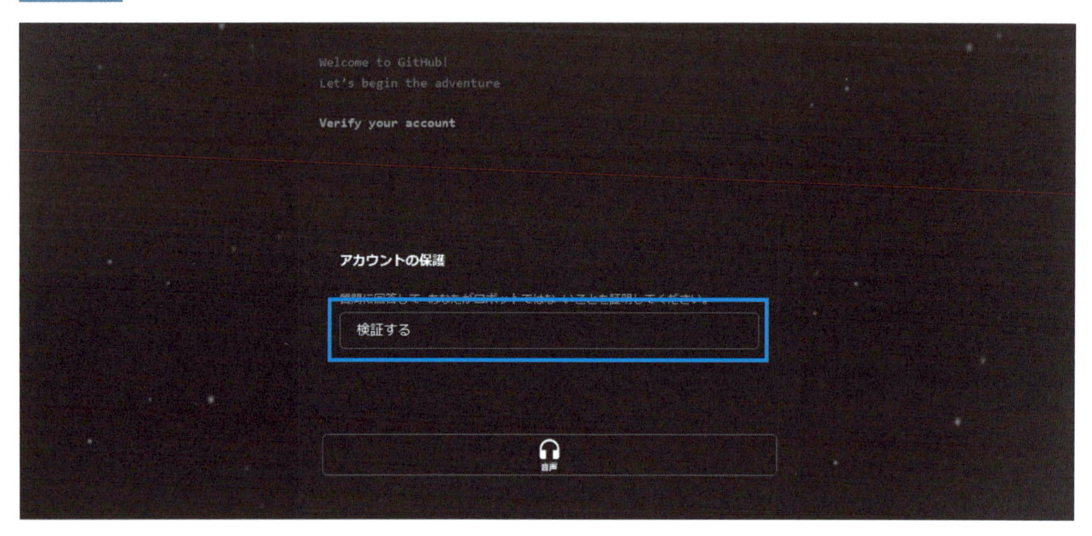

成功すると、登録したメールアドレスにコードが送られてきます（筆者が試したときは8桁の整数値でした）。受信したら、画面上のフィールドに入力します。

コードが検証されると、Welcome画面に遷移します。

何人で使うのかや興味のある機能はどれかなど、各種アンケートが提示されたり（適当に答えてくれればよい）、有償無償のプランがオファーされたり（通常の用法では無償で問題ないので「Continue with free」を選択）、パスキーと呼ばれるログイン時に必要な認証情報をPCに保存しておく方法が勧められたり（Windows 11以降ならあると便利だが、なくてもユーザ名、パスワード、2段階認証でログイン可能）、といろいろ訊かれたりセットしたりするものが出てきますが、いずれも適当でかまいません。必要があれば、あとでユーザ設定から変更できます。

完了すれば初期画面に遷移します。

●ログアウト

画面右上のアイコンがメインメニューのプルダウンになっているので、そこから [Sign out] を選択します。アイコン画像 (図A.4の囲み) は自身のアバターで、デフォルトではドット絵風です。

図 A.4 アイコンからメインメニューを開いてログアウト

●ログイン

ログインをするには、トップページの [Sign in] ボタン、または直接`https://github.com/login`からログイン画面を出します。

図 A.5 ログイン画面

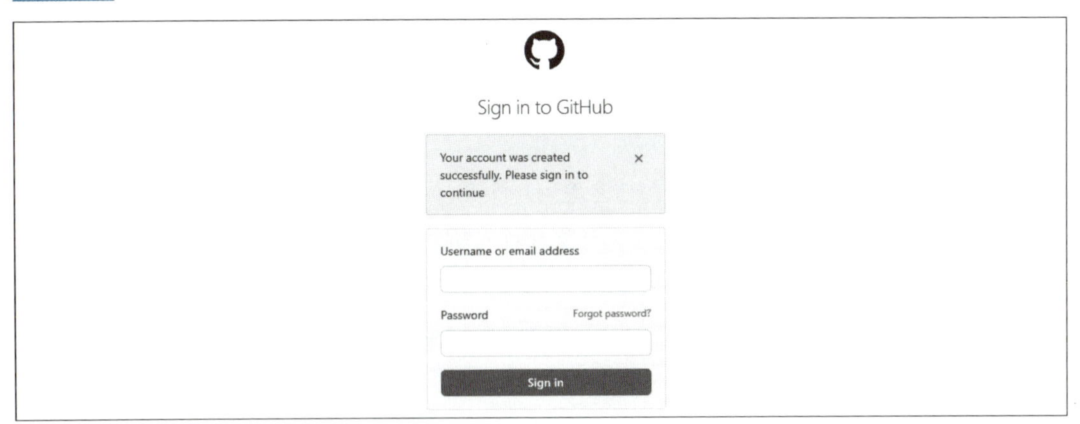

ログインはメールアドレスからでもアカウント名からでもできます。

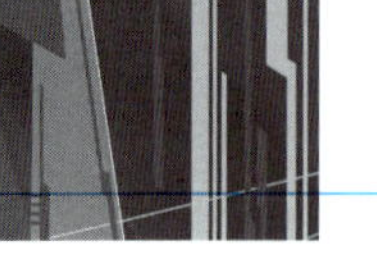

A.2　リポジトリの作成

●リポジトリ名

ログインをするとDashboardページに遷移します。

図 A.6　Dashboard ページ

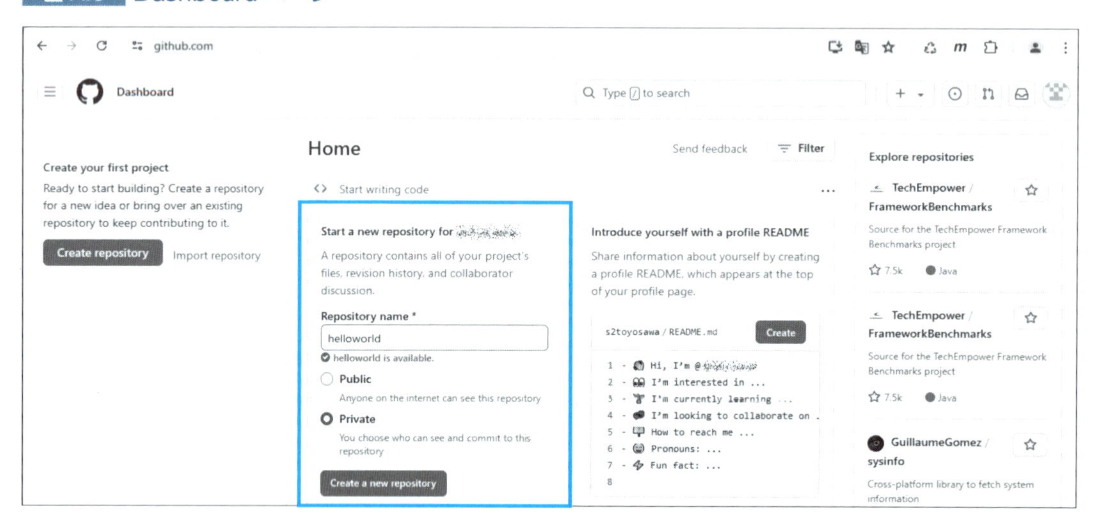

画面を縦に4分割したときの左から２番目、太字で「Home」とあるエリアのすぐ下に「Start a new repositroy for *foo*」（ユーザ*foo*の新規リポジトリを作成します）があります。新規リポジトリはここから作成します。リポジトリは、アプリケーションの名称およびそのコードを収容するフォルダだと思ってください。以降、このリポジトリは次のURLからアクセスできるようになります。

```
https://github.com/<user_name>/<repository_name>
```

「Repository name」（リポジトリ名）フィールドに名称を入力します。未使用の名称なら、「xxx is available」（xxxは利用可能です）と表示されます。

リポジトリの可視性は「Private」と「Public」から選べます。前者は、コードなどリポジトリ中のファイルが読めるのを許可を得たユーザのみに絞るときに使います。後者は、誰でも（GitHubのアカウントがなくても）読めるようにするときに使います。

ここではPrivateを選択しています。なお、Privateでは、リポジトリをStreamlitに上げるときに別途許可を与えなければなりません。

[Create a new Repository]（新規リポジトリを作成）ボタンをクリックすれば、リポジトリが作成されます。

●ソースファイルの追加

リポジトリが作成されると、セットアップ方法が表示されます。

図 A.7 新規リポジトリ

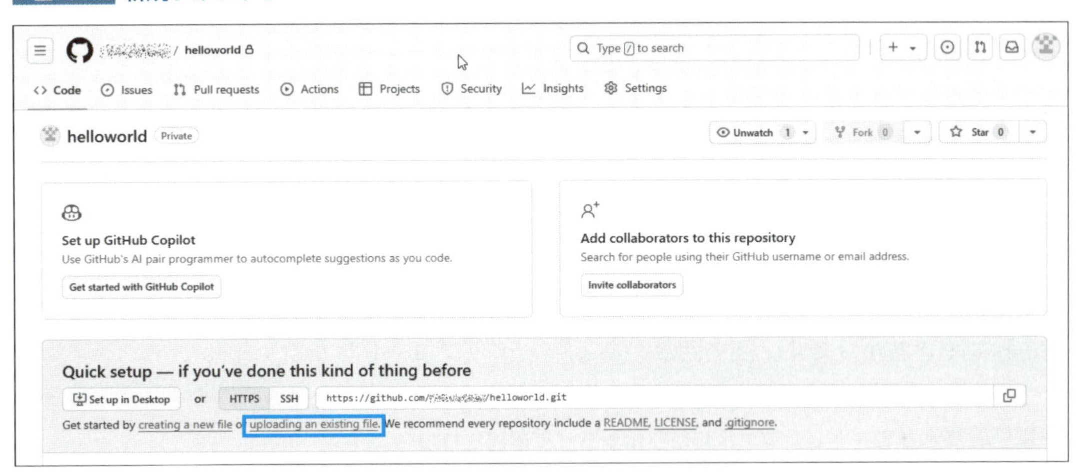

下方に、「Quick setup」（手早くセットアップ）と名付けられたセクションがあります。そこの「uploading an existing file」（今あるファイルをアップロード）をクリックすれば、ファイルアップロード画面に遷移します。ドラッグ＆ドロップでファイルをコピーします。

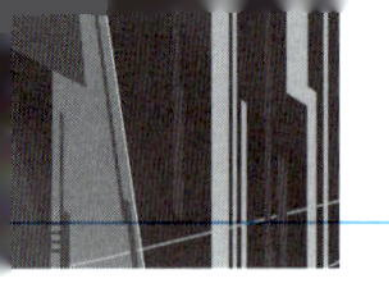

図 A.8　ファイルアップロード画面

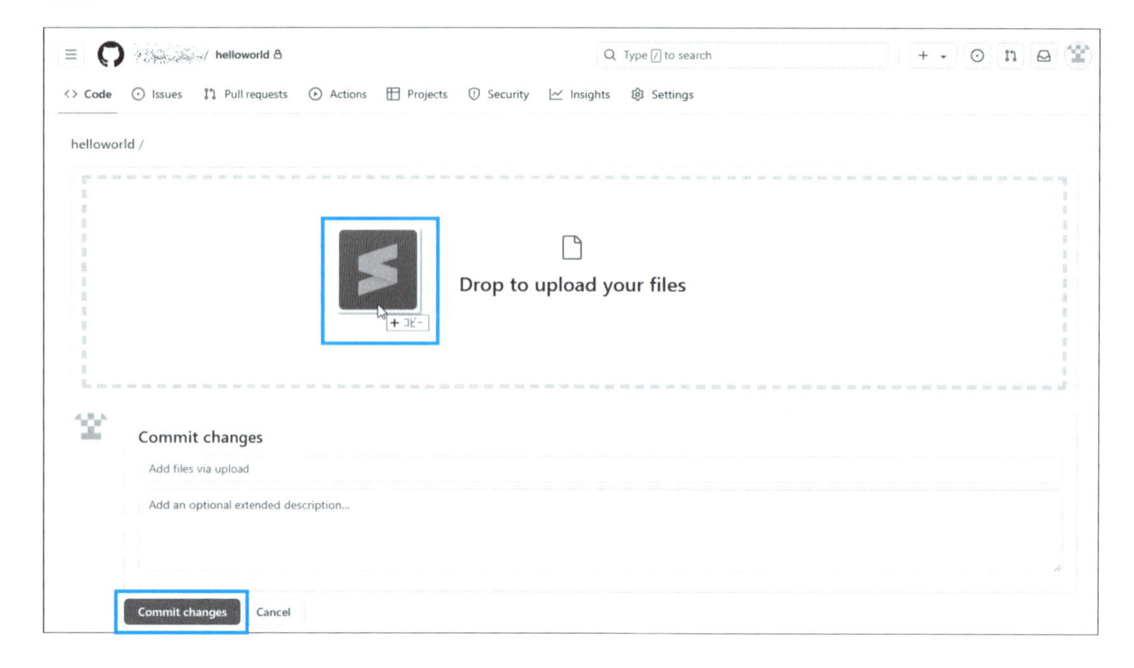

コピーしたら、[Commit changes]（変更を遂行）ボタンをクリックします。図A.9のリポジトリのページに遷移します。

これでできあがりです。図で囲みのあるのがアップロードしたファイルです。

図 A.9　アップロードしたファイルがリポジトリに追加された

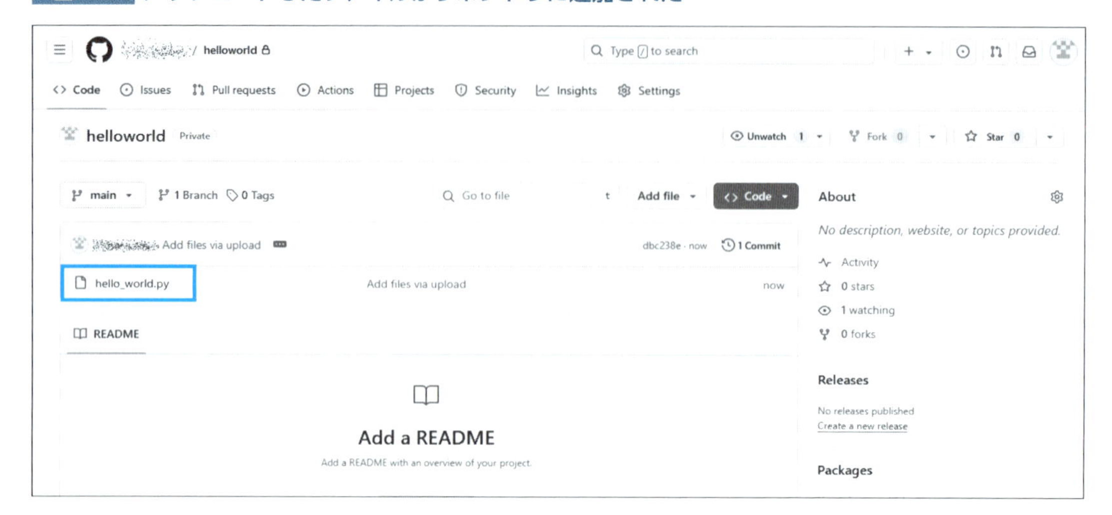

下方に「Add a README」(READMEファイルを追加してください) と出ていますが、なくても別条はありません。

●さらにファイルの追加

アプリケーションが画像など複数のファイルで構成されているのなら、リポジトリページの [Add file] (ファイルを追加) プルダウンメニューから [Upload files] (ファイルをアップロード) を選択し、上記と同じステップでファイルをアップロードします。

図 A.10 [Upload files] からさらにファイルを追加できる

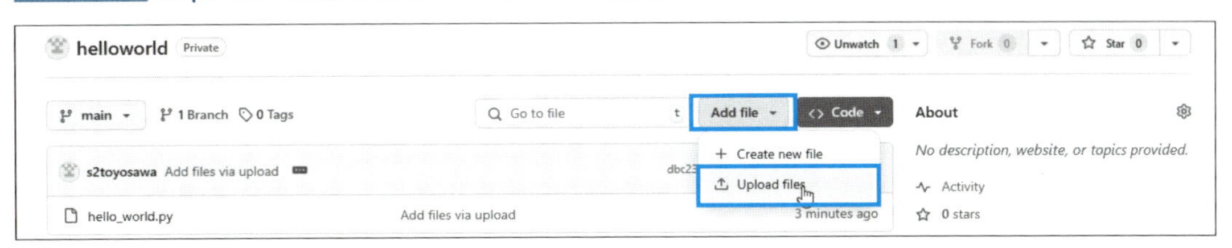

●ファイルの削除

ファイルを削除するには、ファイルをクリックすることでFilesモードに移り、右上のメニュー[…] から [Delete file] (ファイルを削除) を選択します。

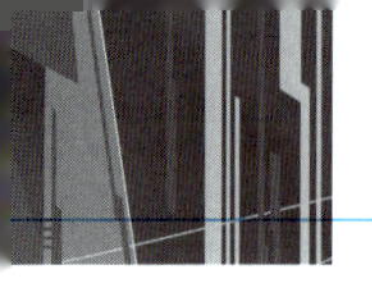

図 A.11　ファイルの削除

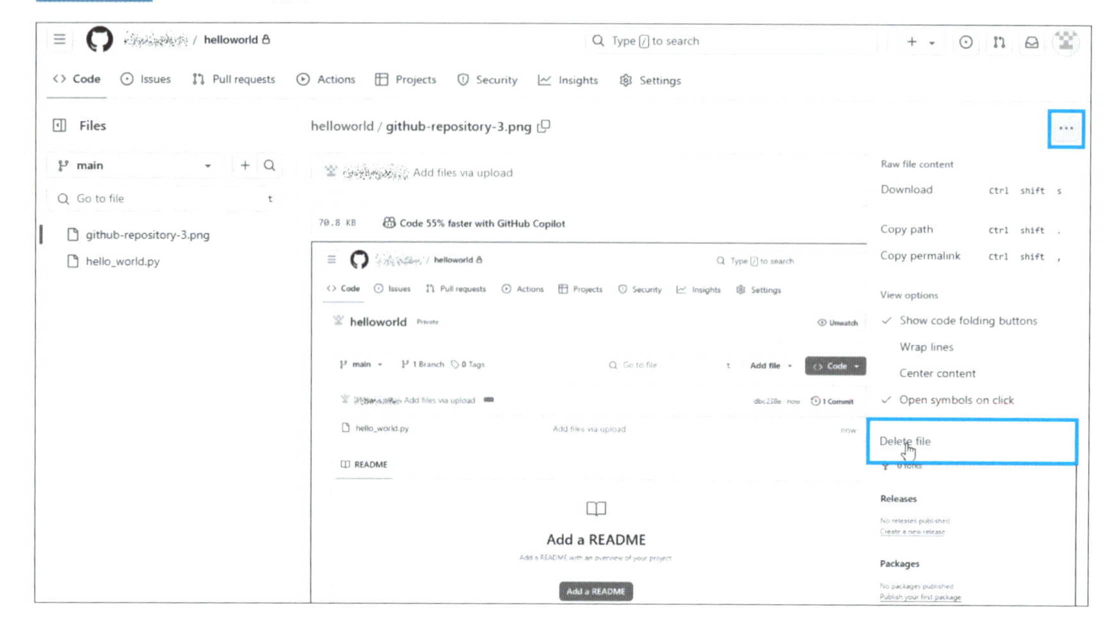

［Commit changes...］（変更を遂行…）ボタンをクリックすると、再確認のページに遷移するので、また［Commit changes］をクリックします。

付録 B

マークダウン記法

本付録ではマークダウンの記法を説明します。マークダウンにはいろいろなフレーバー（拡張仕様）がありますが、ここに示すのは基本機能とStreamlitで動作するいくつかの拡張機能です。

Streamlitのマークダウンは GitHubスタイルです（GFM：GitHub-flavored Markdown）。仕様は次を参照してください。

GitHub Flavored Markdown Spec
https://github.github.com/gfm/

図に示す用例は、すべてStreamlitアプリケーションを実行したものです。マークダウン文字列のレンダリングはst.markdownから表示し、コード（マークダウン自体の記述）はst.echoでエコーバックしています。ファイル名付きのコードは、本書ダウンロードパッケージのCodes/markdownディレクトリに収容してあります。

B.1 見出し

HTMLの<h1>などに相当する見出しは、行頭からハッシュ#をレベルの深さのぶん（1～6個）だけつなげて構成します。最後の#と見出し文の間にはスペースを挟みます。#の数と<h>の数字は一致しています。サンプルを次に示します。

図 B.1 見出しの表示（sections.py）

```
st.markdown('''
# 見出しレベル1 <h1>
## 見出しレベル2 <h2>
### 見出しレベル3 <h3>
#### 見出しレベル4 <h4>
##### 見出しレベル5 <h5>
###### 見出しレベル6 <h6>''')
```

見出しレベル1 <h1>

見出しレベル2 <h2>

見出しレベル3 <h3>

見出しレベル4 <h4>

見出しレベル5 <h5>

見出しレベル6 <h6>

B.2 テキスト

●普通のテキスト（段落）

コマンドやタグなどの修飾なしでそのまま書きます。サンプルを次に示します。

図 B.2 段落の表示（texts.py）

```
st.markdown('''
文字列はそのまま表示されます。HTMLの<p>（段落）と同様にレンダリングされます。

空行を挟むと、段落が区切られます。
空行が挟まれていないと、前の行と連結されます。

<br/>のように改行させるには、行末に半角スペースを2つ置きます。␣␣
こんな感じです。''')
```

文字列はそのまま表示されます。HTMLの<p>（段落）と同様にレンダリングされます。

空行を挟むと、段落が区切られます。 空行が挟まれていないと、前の行と連結されます。

のように改行させるには、行末に半角スペースを2つ置きます。
こんな感じです。

1つ以上の空行に挟まれた行が段落としてまとめられます。段落はHTMLの<p>と同じで、上下にある程度のマージンが置かれます。

空行がなければ、「空行を挟むと…」とそれに続く行のように改行が入っていても連結されます

強制的に改行させるには、「
のように…」の行で示したように、行末に半角スペースを2個以上置きます（図B.2では、紙面でわかるように␣で置き換えています）。段落内の改行なので、行間のスペースが薄めに取られます。

●絵文字

絵文字はそのままでも印字できますが、拡張機能によりショートコード（略称）も使えます。後述する彩色とマテリアルのアイコン用例も含めたサンプルを図B.3に示します。

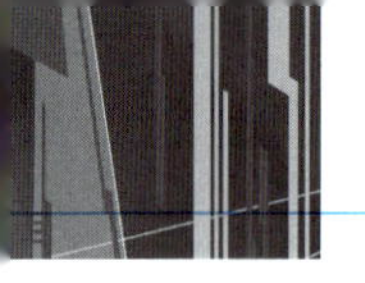

図B.3 絵文字・彩色・マテリアルアイコンの表示（extensions.py）

```
st.markdown('''
    絵文字は:coffee:のようにショートコードも使えます。

    テキスト前景色は:red[緋色の研究]から指定します。

    テキスト背景色は:green-background[緑の目の少女]から指定します。

    Google Matrial Iconsは:material/favorite:です。
''')
```

絵文字は ● のようにショートコードも使えます。

テキスト前景色は緋色の研究から指定します。

テキスト背景色は 緑の目の少女 から指定します。

Google Matrial Iconsは♡です。

ショートコードは絵文字を示すキーワードの前後をコロン:で挟んだ文字列で、:coffee:の格好です。Streamlitで利用可能な絵文字ショートコードは次のページから確認できます。

Streamlit アプリケーション “Streamlit emoji shortcodes”
https://streamlit-emoji-shortcodes-streamlit-app-gwckff.streamlit.app/

●テキストの彩色

GitHubマークダウンではテキストに色を付けられませんが、Streamlitにはテキスト彩色の拡張機能が用意されています。前景色なら:**色名**[**彩色する文字列**]、背景色なら:**色名**-background[**彩色する文字列**]です。色名部分に指定可能な色名は次の7色です。

```
blue green orange red violet gray/grey rainbow
```

grayとgreyはどちらも同じ灰色です（英米のスペル違い）。

●Google マテリアルアイコン

Googleが提供するマテリアルアイコン（シンボル）も、`:material/icon_name:`のようにコロン`:`で挟んで記述します。スラッシュ`/`以降のアイコン名称には、もともとの名前を小文字化し、スペースはアンダースコアに直した文字列を指定します（小文字スネークケース）。Network Lockedというアイコンなら`network_locked`です。

Googleマテリアルアイコンは次のページに掲載されています。

Google Fonts "Icons"
https://fonts.google.com/icons

図 B.4 Google マテリアルアイコンのページ

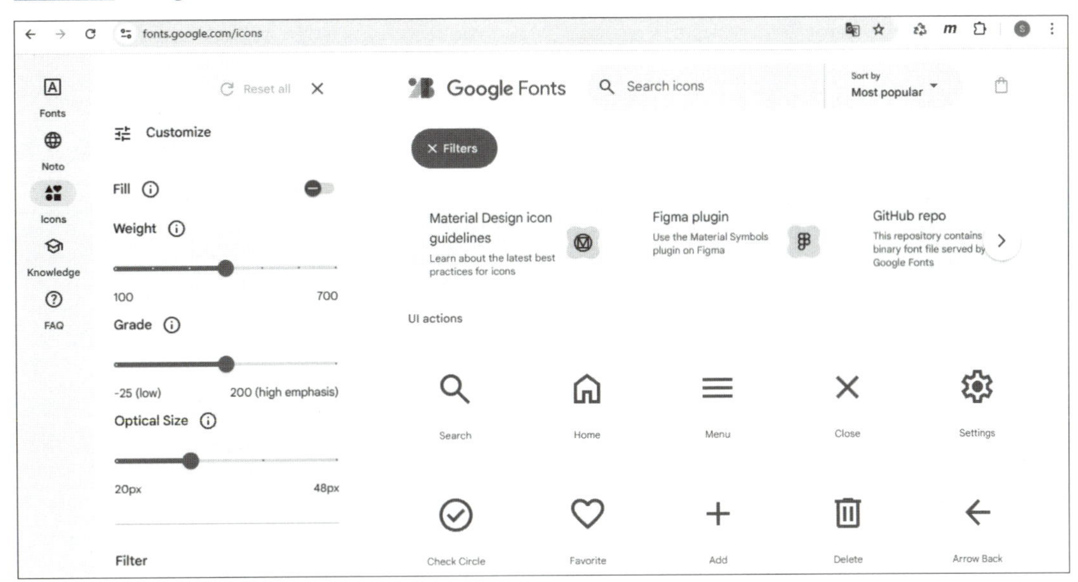

●テキストの装飾

太字（<strong>）にするにはアスタリスク2つ`**`でくくります。斜体（<em>）は`*`1つです。取り消し線（<strike>）はチルダ`~`です。サンプルを次に示します。

図 B.5 テキストの装飾（decorations.py）

```
st.markdown('''
**太字**はアスタリスク * 2つでくくります。
*Italic*はアスタリスク * 1つです。ブラウザによっては、*斜体*（和文字）が斜めになりません。
***Bold italic***は上記2つの組み合わせなので、アスタリスク * 3つです。
~取り消し線~はチルダ ~ です。1つでも2つでも挙動は同じです。
''')
```

太字はアスタリスク*2つでくくります。
*Italic*はアスタリスク*1つです。ブラウザによっては、斜体（和文字）が斜めになりません。
Bold italicは上記2つの組み合わせなので、アスタリスク*3つです。
~~取り消し線~~はチルダ~です。1つでも2つでも挙動は同じです。

ブラウザによっては、和文字が斜体になってくれないときもあります。
アスタリスクの代わりにアンダースコア _ も使えます。

●文字のエスケープ

マークダウンがコマンドとして解釈する特殊文字をリテラルに出力するには、バックスラッシュ\でエスケープします。たとえば、ハイフン-を行頭に置くとリストと解釈されるため、\-のようにします。

バックスラッシュを前置きすることでリテラル文字を出せる文字は次のものです。

```
\ ` * _ { } [ ] < > ( ) # + - . ! |
```

サンプルを次に示します。

図 B.6 文字のエスケープの表示（escapes.py）

```
st.markdown('\- 行頭に特殊文字を置くなら、エスケープ。')

escaped = [f'\\{s}' for s in list('\\`*_{}[]<>()#+-.!|')]
st.markdown(' '.join(escaped))
```

-行頭に特殊文字を置くなら、エスケープ。

\ ` * _ { } [ ] < > ( ) # + - . ! |

18個の文字にそれぞれバックスラッシュを前置きして引用符でくくるのは面倒なので、

ループ（リスト内包表記）を使っています。f'\\など2重バックスラッシュの前のものはPython側が消費するエスケープです。

B.3 引用文

引用文（<blockquote>）は、段落先頭に大なり記号>を置きます。サンプルを次に示します。

図B.7 引用文の表示（blockquote.py）

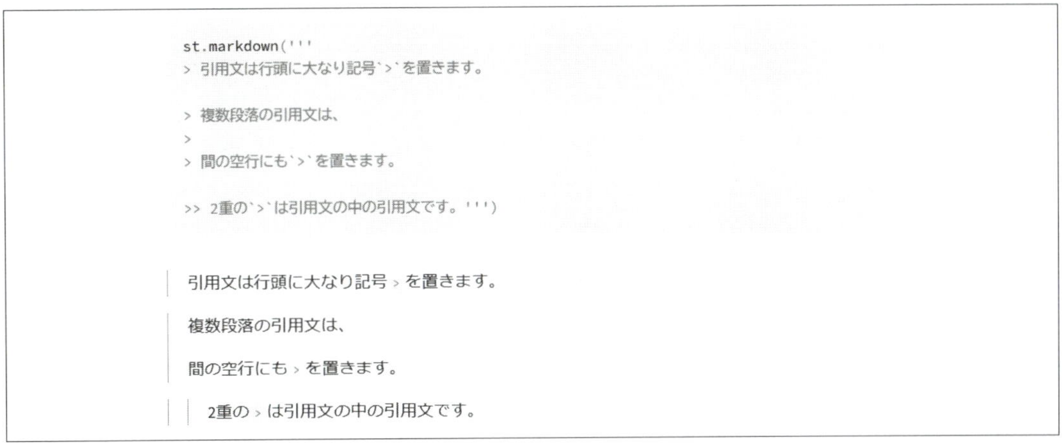

```
st.markdown('''
> 引用文は行頭に大なり記号`>`を置きます。

> 複数段落の引用文は、
>
> 間の空行にも`>`を置きます。

>> 2重の`>`は引用文の中の引用文です。''')
```

> 引用文は行頭に大なり記号 > を置きます。

> 複数段落の引用文は、
>
> 間の空行にも > を置きます。

>> 2重の > は引用文の中の引用文です。

引用文中で改行するには、「複数段落の…」からの3行のように、引用文の間に>だけの行を置きます。引用文の中の引用文にするには>を二重にします。

B.4 リスト

順序なしのリスト（<ul>）は行頭にハイフン-を置き、スペースを挟んで項目文を記述して作成します。順序ありのリスト（<ol>）の行頭は、半角数字、ドット（.）、スペースです。インデントすれば、入れ子のリストになります。サンプルを次に示します。

図 B.8 リストの表示（lists.py）

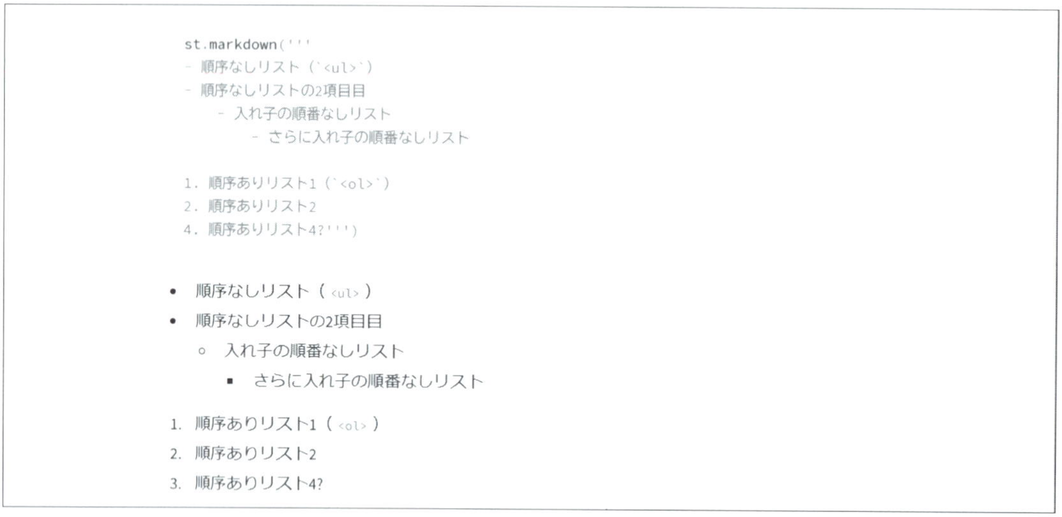

```
st.markdown('''
- 順序なしリスト（`<ul>`）
- 順序なしリストの2項目目
    - 入れ子の順番なしリスト
        - さらに入れ子の順番なしリスト

1. 順序ありリスト1（`<ol>`）
2. 順序ありリスト2
4. 順序ありリスト4?''')
```

- 順序なしリスト（<ul>）
- 順序なしリストの2項目目
    - 入れ子の順番なしリスト
        - さらに入れ子の順番なしリスト

1. 順序ありリスト1（<ol>）
2. 順序ありリスト2
3. 順序ありリスト4?

順序なしリストの先頭文字はアスタリスク*でもかまいません。

順序ありリストでは、行頭の数字に意味はありません。コードでは1、2、4の順で番号を打っていますが、実行すると1、2、3に付け替えられます。

数字で始まりドット.が続く文は、すべて順序ありリストと解釈されます。「1986.」のような文を行頭で書くときは、ドットをエスケープします。つまり、1986\.です。

B.5 コード

インライン要素（行内に埋め込む文字列）を等幅フォントで表示するには、バッククォート`でくくります。<code>に相当する操作です。<pre>のように複数行を等幅にするには、3連バッククォートを用います。サンプルを次に示します。

図 B.9 コードの表示（codes.py）

~~~~
st.markdown('''
等幅フォントで描くインライン要素（`<code>`）はバッククォートでくくります。
コードのように複数行をまとめて等幅にするときは3連バッククォートでくくります。

```
import streamlit as st
st.markdown(...
```

``2連バッククォートを使うと、内側の `word` のくくりはリテラルとして扱われます。``''')
~~~~

等幅フォントで描くインライン要素（<code>）はバッククォートでくくります。
コードのように複数行をまとめて等幅にするときは3連バッククォートでくくります。

```
import streamlit as st
st.markdown(...
```

2連バッククォートを使うと、内側の `word` のくくりはリテラルとして扱われます。

2連バッククォートを使うと、内側の文がリテラルに表示されます。これを使えば、バッククォートそのものを等幅にできます。もっとも、入れ子が読みにくくなるので、HTMLの<code>タグと数値文字参照を使った<code>`</code>のほうがお勧めです。

B.6 リンク

ハイパーリンク（<a href="...">）は標題を角括弧[]でくくり、丸括弧()でくくったURLを続けます。画像埋め込み（<img>）は、先頭に感嘆符!が付く以外はハイパーリンクと同じです。サンプルを次に示します。

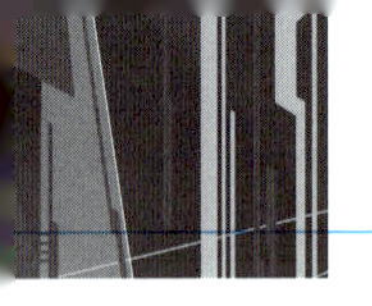

図B.10　リンクの表示（links.py）

```
st.markdown('''
[Streamlitトップページ](https://streamlit.io/)
[GFM仕様](https://github.github.com/gfm/ "細かいことまで知りたい人向け")
![Pythonロゴ](https://www.python.org/static/community_logos/python-logo.png)
''')
```

Streamlitトップページ
GFM仕様
細かいことまで知りたい人向け
python

リンク先の()の中には、URLとの間にスペースを挟んでツールチップ文を加えられます。図B.10では、「GFM仕様」にマウスをホバーさせることで「細かいことまで…」という文言をポップアップさせています。<img>でいえば、画像が表示できないときの代替テキストを指定するalt属性に相当します。

B.7　横線

ウィンドウいっぱいに横線を引くには（<hr>）、ハイフン３つ以上の---を使います。アスタリスク***でもかまいません。サンプルを次に示します。

図B.11　横線の表示（rule.py）

```
st.markdown('''
---
横線
***''')
```

横線

B.8 表

列間の区切りにパイプ文字 | を使うことで作表できます。サンプルを次に示します。

図 B.12 表の表示（table.py）

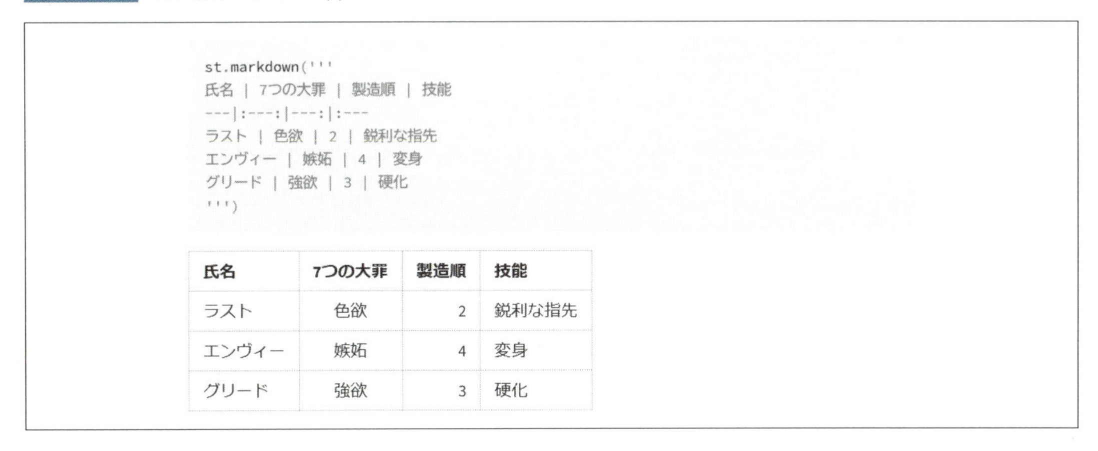

```
st.markdown('''
氏名 | 7つの大罪 | 製造順 | 技能
---|:---:|---:|:---
ラスト | 色欲 | 2 | 鋭利な指先
エンヴィー | 嫉妬 | 4 | 変身
グリード | 強欲 | 3 | 硬化
''')
```

氏名	7つの大罪	製造順	技能
ラスト	色欲	2	鋭利な指先
エンヴィー	嫉妬	4	変身
グリード	強欲	3	硬化

見出しと最初の行との間には３個以上のハイフン --- で区切りを入れます。

ハイフンにコロン **:** を加えることで列内の配置を指定できます。左揃えにはコロンを左付けして **:**--- とします（図8.12の４列目）。これはデフォルトの --- と同じです。中央揃えは左右にコロンを加えて **:**---**:** です（２列目）。右揃えは ---**:** です（３列目）。

行の先頭と末尾のパイプ | はオプションで、入れても入れなくてもかまいません。同様に、パイプとセル要素の間のスペースも任意です。

付録C

Streamlit
コマンドリスト

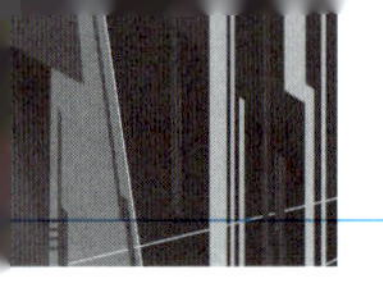

本書で説明したStreamlitコマンド、特徴的な共通キーワード引数、サーバ設定パラメータをアルファベット順で示します（計80点）。

コマンド	章節番号	説明
address	1.5	サーバ設定パラメータ（[server]セクション）。バインドアドレスを変更する。デフォルトは未指定（すべてインタフェース）。
config.toml	1.5	Streamlitサーバの設定ファイル。
disabled	7.5	共通キーワード引数。ユーザインタフェース系ウィジェットを使用不可（グレーアウト）にする。HTMLのdisabled属性に相当。
function.clear	7.5	functionで指定された関数のキャッシュのみを削除する（st.cache_resourceとst.cache_dataで共通）。
gatherUsageStats	1.5	サーバ設定パラメータ（[browser]セクション）。利用統計自動収集をオンオフする。デフォルトはfalse（収集する）。
headless	1.5	サーバ設定パラメータ（[server]セクション）。起動時にブラウザ（クライアント）も起動するかを指定する。デフォルトは起動（false）。gioエラーを抑制するにはtrueをセットする。
key	5.5	共通キーワード引数。ユーザインタフェース系コマンドが生成するウィジェットの識別子を設定する。この値は、st.session_stateのキーとして使われる。
magicEnabled	1.5	サーバ設定パラメータ（[runner]セクション）。スクリプトの評価結果を画面に出力する「マジック」をオンオフする。デフォルトはfalse（マジック有効）。
magic	2.4	リテラルあるいは変数をそれが表現する格好で表示する魔法（コマンドではなく挙動の総称。コマンドならst.writeに同じ）。
on_change	4.7	共通キーワード引数。ユーザインタフェース系ウィジェットの多くで、イベントコールバック関数を指定する。HTMLのonchange属性に相当。
on_click	7.5	共通キーワード変数。クリックイベントのコールバック関数を指定する。HTMLのoncick属性に相当。
pages/	5.9	マルチページを作成するときの子ページを収容するサブディレクトリ名。
port	1.5	サーバ設定パラメータ（[server]セクション）。リスニングポート番号を変更する。デフォルトは8501。
sslCertFile	1.5	サーバ設定パラメータ（[server]セクション）。TLS/SSLを使うときのサーバ証明書ファイルを指定する。デフォルトは平文（証明書なし）。
sslKeyFile	1.5	サーバ設定パラメータ（[server]セクション）。TLS/SLを使うときのプライベートキーファイルを指定する。デフォルトは平文（プライベートキーなし）。

コマンド	章節番号	説明
st.audio	7.5	オーディオプレイヤーを配置する。
st.balloons	1.9	背景に下から上がってくる風船のアニメーション（数秒）を表示する。
st.bar_chart	3.7	データを棒グラフに描く。
st.button	7.5	ボタンインタフェースを配置する。HTMLでは<input type="button">に相当。
st.cache_data.clear	7.5	そのセッションで保持しているデータキャッシュをすべて削除する。
st.cache_data	3.7	関数単位でリソースをキャッシュする。
st.cache_resource.clear	7.5	サーバ全体で共通のリソースキャッシュをすべて削除する。
st.cache_resource	3.7	サーバ単位でリソースをキャッシュする。
st.camera_input	6.8	カメラからスナップショットを撮影する。HTMLの<video>とnavigator.mediaDevices.getUserMediaに相当。
st.caption	1.6	キャプション文字列を加える。
st.chat_input	4.7	チャット専用の入力フィールドを配置する。
st.chat_message	4.7	チャット専用コンテナ（左上にヒトかロボのアバターが加わる）。
st.checkbox	3.7	チェックボックスウィジェットを配置する。HTMLでは<input type="check">に相当。
st.code	1.6	等幅フォントでテキストを印字する。<code>に相当。
st.columns	2.4	画面をいくつかの縦方向のコンテナ（コラム）に分割する。
st.container	4.7	汎用コンテナ。
st.context.headers	2.5	HTTPリクエストヘッダを返す。
st.dataframe	8.5	表形式のデータをインタラクティブな表に出力。強いていえば<table>に相当。
st.divider	5.6	意味的な区切りに引く水平線。HTMLでは<hr/>に相当。マークダウンでst.markdown('---')とするのと同じ。
st.download_button	5.6	データを（サーバからブラウザに）ダウンロードする。HTMLでは<input type="button">とJavaScriptの組み合わせに相当。
st.echo	1.9	このコマンドのブロックをwithで作成すれば、そこに示されたコードは実行されるとともに画面に表示される。
st.empty	3.7	1つしか要素を置けない「紙芝居的」なコンテナ。
st.error	3.7	エラーメッセージを枠でくくって表示する（色系統は赤）。
st.exception	3.7	例外メッセージとスタックトレースを枠でくくって表示する（色系統は赤）。
st.expander	2.4	詳細折り畳みコンテナ。HTMLの<details>に相当。類似のコマンドにst.popoverがある。
st.file_uploader	5.5	ローカルファイルをアップロードするユーザインタフェース系ウィジェット。HTMLなら<input type="file">に相当。

C

コマンド	章節番号	説明
st.header	1.6	<h2>に相当する大見出しを印字する。
st.html	2.4	HTML文字列をレンダリングして配置する。
st.image	3.7	画像を表示する。HTMLの<img>に相当。
st.info	3.7	参考情報メッセージを枠でくくって表示する（色系統は青）。
st.json	5.9	JSONテキストを表示する。オブジェクトや配列などの構造型の要素は▶マークから開いたり閉じたりできる。
st.latex	5.9	LaTeXのコマンドをレンダリングする。主として数式の印字に用いられる。
st.line_chart	8.5	データを折れ線グラフに描く。
st.link_button	8.5	クリックするとリンク先にジャンプするボタン。<input type="button" onclick='location.href="..."'>に相当。
st.logo	2.4	画面左上にリンク付きロゴマークを表示する。
st.map	8.5	指定の緯度経度のポイントを地図上に円でマークする。
st.markdown	2.4	マークダウン記法の文字列をレンダリングして表示する。
st.metric	5.9	デジタルメーター風のレイアウトで数値を示す。
st.multiselect	3.7	リストされた項目から複数を選択する選択メニュー。「タグセレクタ」とも呼ばれる。直接該当するHTMLタグはないが、機能的には<select multiple>に近い。
st.navigation	5.4	マルチページのエントリポイントを生成する。動作させるにはそのオブジェクトのrunメソッドを使う。
st.number_input	5.8	数値専用の入力フィールドを配置する。
st.Page	5.4	マルチページのページオブジェクトを生成する。これをst.navigationのオブジェクトに加えるとマルチページアプリケーションになる。
st.popover	5.6	中身を可視不可視にトグルできるコンテナ。st.expanderと似ている。
st.progress	3.7	プログレスバーを表示する。
st.query_params	2.5	リクエストURLで指定されたクエリ文字列を辞書として返す。
st.radio	5.6	ラジオボタンウィジェット。HTMLでは<input type="radio">に相当。
st.rerun	9.5	スクリプトを強制的に再実行させる。JavaScriptのlocation.reloadに相当。
st.select_slider	8.5	任意の文字列を扱えるスライダー。HTMLでは<input type="range" list="datalist">に相当。
st.selectbox	4.7	複数の選択肢から選ぶプルダウンメニュー。HTMLの<select>に相当。
st.session_state	4.7	リロードをされてもデータを保持する領域。HTTPのクッキーに相当。

コマンド	章節番号	説明
st.set_page_config	2.4	ブラウザタブの文字列、ファビコン、画面レイアウトを指定する。
st.sidebar	4.7	ページ左にサイドバー（縦に細いコンテナ）を用意する。
st.slider	5.7	スライダー式の数値入力インタフェース。HTMLの<input type="range">に相当。
st.snow	1.6	背景に上から降ってくる雪の結晶のアニメーション（数秒）を表示する。
st.stop	3.7	スクリプトの処理を強制終了する。サーバは止まらないので、sys.exitというより、returnに近い挙動を示す。
st.subheader	1.6	<h3>に相当する中見出しを印字する。
st.success	3.7	処理の成功裏の終了時のメッセージを枠でくくって表示する（色系統は緑）。
st.tabs	3.7	タブ形式のコンテナを生成する。
st.text_input	3.7	ファイルアップロードウィジェットを配置する。HTMLの<input type="text">に相当。
st.text	1.6	整形済みテキスト（等幅）を印字する。<pre>に相当。
st.title	1.6	<h1>に相当するタイトル見出しを印字する。
st.warning	3.7	警告メッセージを枠でくくって表示する（色系統は黄）。
st.write	2.4	汎用オブジェクト配置コマンド。たいていのオブジェクトなら、引数に指定するだけでそのデータ型に適切な表現でレンダリングしてくれる。
UploadedFile	5.5	st.file_uploaderでアップロードされたファイル、あるいはst.camera_inputでキャプチャした画像を収容するオブジェクト。io.BytesIOの子なので、そのメソッドが利用できる。
with	2.4	コンテナを限定するときに用いる（Pythonの機能の1つであるコンテクストマネージャ）。

C

付録 D

HTMLタグリスト

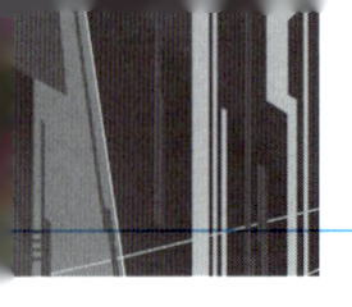

本書で説明したStreamlitコマンドに対応するHTMLのタグやCSSプロパティをアルファベット順で示します（計37点）。マッチングは「おおむね」で参考までです。必ずしも対応するHTMLの機能と一致しているわけではありません。

HTMLタグ	章節番号	Streamlitコマンド
<a href="url"><img src="img"></a>（アンカーでくくられた画像）	2.4	st.logo(img, url)
<a name="xxx">	1.6	見出しコマンドのst.title、st.header、st.subheaderのキーワード引数anchorから指定。
<audio controls>	7.5	st.audio（コントロールを隠すことはできない）
<body style="width: xxx;">	2.4	st.set_page_config(layout="width"または"centered")
<caption>	6.8	st.image(caption="....")またはst.caption
<code>	1.6	st.code
<details>	2.4	st.expander
<details>	5.6	st.popover
<div style="display: block">	4.7	st.container
<div style="display: flex;">（CSSでコンテナを横並びにする）	2.4	st.columns
<div>（CSSでディスプレイモードと幅を設定して画面をコラム方向に分割）	4.7	st.sidebar
<h1>	1.6	st.title
<h2>	1.6	st.header
<h3>	1.6	st.subheader
<hr/>	5.6	st.divider
<img>	3.7	st.image
<input type="button" onclick='location.href="..."'>	8.5	st.link_button
<input type="button">	7.5	st.button
<input type="check">	3.7	st.checkbox
<input type="file">	5.5	st.file_uploader
<input type="number">	5.8	st.number_input
<input type="password">	3.7	st.text_input(type="password")

HTMLタグ	章節番号	Streamlitコマンド
<input type="radio">	5.6	st.radio
<input type="range" list="datalist">	8.5	st.select_slider
<input type="range">	5.7	st.slider
<input type="text">	3.7	st.text_input
<link rel="icon" href="url">	2.4	st.set_page_config(page_icon=...)
<option>	4.7	st.selectbox
<p>	2.4	st.markdown
<pre>	1.6	st.text
<select multiple>	3.7	st.multiselect（が機能的に最も近い。ルックアンドフィールは異なる）
<select>	4.7	st.selectbox
<table>	8.5	st.dataframe
<title>	2.4	st.set_page_config(page_title=...)
<video> & navigator.mediaDevices.getUserMedia	6.8	st.camera_input
disabled（HTML属性）	7.5	disabled（キーワード引数）
location.reload	9.5	st.rerun

索引

記号・数字

A

B

C

D

K

L

M

N

O

P

R

S

T

U

V

W

X

Y

Z

あ

り

る

れ

ろ

わ

◆著者プロフィール

豊沢 聡

プログラマー(主としてPython、JavaScript)、ネットワークエンジニア (TCP/IPおよびWeb技術を得意とする)、研究者 (専門分野はマルチメディアアプリケーションとその評価。博士)、教育者 (大学、職業訓練校などでの教育歴あり)。

著書、訳書、監修書はこれで40冊目。執筆書籍は『OpenCV.jsで作る画像・ビデオ処理Webアプリケーション』(秀和システム)、『実践RESTサーバ Node.js、Restify、MongoDB によるバックエンド開発』(カットシステム)、『Webスクレイピング　Pythonによるインターネット情報活用術』(カットシステム)、『TCP/IPのツボとコツがゼッタイにわかる本』(秀和システム) など。訳書は『Fluent Python—Pythonicな思考とコーディング手法』(オライリー・ジャパン) など。

カバーデザイン　bookwall
本文設計・編集・組版　トップスタジオ
担当　細谷 謙吾

■お問い合わせについて

本書の内容に関するご質問につきましては、下記の宛先までFAXまたは書面にてお送りいただくか、弊社ホームページの該当書籍コーナーからお願いいたします。お電話によるご質問、および本書に記載されている内容以外のご質問には、いっさいお答えできません。あらかじめご了承ください。

また、ご質問の際には「書籍名」と「該当ページ番号」、「お客様のパソコンなどの動作環境」、「お名前とご連絡先」を明記してください。

お問い合わせ先
〒162-0846　東京都新宿区市谷左内町21-13
株式会社技術評論社　第5編集部
「作ってわかる[入門]Streamlit」質問係
FAX:03-3513-6173

● **技術評論社Webサイト**
https://gihyo.jp/book/2025/978-4-297-14764-8

お送りいただきましたご質問には、できる限り迅速にお答えするよう努力しておりますが、ご質問の内容によってはお答えするまでに、お時間をいただくこともございます。回答の期日をご指定いただいても、ご希望にお応えできかねる場合もありますので、あらかじめご了承ください。

なお、ご質問の際に記載いただいた個人情報は質問の返答以外の目的には使用いたしません。また、質問の返答後は速やかに破棄させていただきます。

作ってわかる[入門]Streamlit
～Pythonによる実践Webサービス開発

2025年3月12日　初版　第1刷発行

著　者　豊沢 聡
発行者　片岡 巌
発行所　株式会社技術評論社
東京都新宿区市谷左内町21-13
電話　03-3513-6150　販売促進部
03-3513-6177　第5編集部
印刷／製本　TOPPANクロレ株式会社

ISBN978-4-297-14764-8 C3055
Printed in Japan